Dancing with
the Honey Bees

安奎 —————— 著

與蜜蜂共舞

安奎的蜜蜂手札

人類在什麼時候開始會養蜜蜂，大概很難確知。基督教的舊約聖經提到上帝應許給亞伯拉罕的迦南地是「流奶與蜜之地」，人們一直以為這個蜜，指的是由棗子和無花果製成的蜜，多數人認為那裡的蜜應該都是天然的野蜜；新約聖經提到施洗約翰在曠野中吃蝗蟲與蜜，應該也是野蜜。今年二月，有機會到埃及旅遊，其中最引我注意一種常見的昆蟲便是蜜蜂。壁畫上見到描繪人們採蜜和養蜂活動，古埃及莎草紙上也記錄了蜂蜜療傷和治病之事。在法老王的陵墓中，曾發現一罐三千多年的蜂蜜，至今未變質，說明當時已知道蜂蜜的好處。據國外媒體報導，考古學家們在以色列北部地區，發現約30個具有3,000年歷史的蜂箱，這些蜂箱由稻草和黏土製成，每個均可容納數百個蜂房。這項新發現表明，以色列早在3,000年前，就擁有較成熟的養蜂產業。而在四千多年前的埃及人已懂得將蜂箱自尼羅河船上游隨波逐流，讓蜜蜂沿著河岸採蜜，因此確知，人類養蜂至少在四千年或更早就很普遍了。

臺灣近代養蜂始自日據時代，但一直沒有系統性的研究。好友安奎教授在中興大學昆蟲系就讀時，就鍾情於養蜂研究，畢業後留校擔任助教，亦投入養蜂的實務和教學。獲得博士學位後，曾在臺大開授「養蜂學」，並與何鎧光教授合著《養蜂學》一書，是第一本國內有關養蜂的大學用書。安教授利用公餘之暇蒐集各種相關資料，不論報章、雜誌、古籍、國內外相關會議、相關活動、相片及影片等，整理成本書，給愛好養蜂的人士和普羅大眾參考，是一本「非教科書」類的科普書，也是了解臺灣養蜂史的寶貴資料。

本書內容包含歷史、典故、理論、實務、甚至養蜂觀光工廠，可說是一本有關蜜蜂的百科全書，介於學術與通俗之間，讀來趣味橫生，不只風趣，也是「蜂趣」。尤其書末附上豐富的圖片和微電影，更增加其可讀性。

筆者剛自埃及旅遊回來，正驚嘆埃及文明在四千年前即有養蜂技術，且有文字記載。四千年後的臺灣，正好有安教授這本新書問世，也算為臺灣的養蜂事業留下可貴的紀錄。這本《與蜜蜂共舞》，與安教授前一本著作《與虎頭蜂共舞》相互輝映。安教授身為當代風流人

士，文筆流暢，言之有物，談的都是與蜂有關的蜂言蜂語，我很高興在此邀請大家一起來拜讀他的「蜂流韻事」。

長榮大學前校長暨名譽教授
陳錦生博士
2020.3.25

　　繼《與虎頭蜂共舞》之後，蜂學專家安奎教授又要與蜂共舞了。這次的舞伴換成了蜜蜂，書名是《與蜜蜂共舞》。雖然虎頭蜂與蜜蜂都是膜翅目的社會性昆蟲，二者予人的印象卻是兩極化。虎頭蜂是蜜蜂的頭號殺手，也是會要人命的昆蟲，而蜜蜂卻是人們喜愛且樂於保護的昆蟲，因為牠是蜂蜜、蜂蠟、蜂王乳的生產者，這會讓我們聯想到味道甜美、營養豐富，養顏美容且療效卓越的聖品。

　　若還想知道每隻只有丁點重（0.1公克）的蜜蜂的其他本事，包括生態系健康的企業管理與人類糧食的產物保險，我們可以從這本《與蜜蜂共舞》的解密大全獲得滿意的答案。《與虎頭蜂共舞》曾榮獲「好書大家讀」的知識性讀物組好書推薦，相信這本書更能受到讀者的青睞。昆蟲是不可思議的無脊椎動物，不但物種多樣性高，還主宰人類的許多幸福甚至生存。希望安奎教授再接再厲出版有關昆蟲與人類的其他書，嘉惠他的粉絲。蜜蜂可以說是所有昆蟲中被人類研究得最深入的一種。一方面牠們跟我們一樣是社會性動物，另一方面是牠們是經濟昆蟲，也是維繫生態系健康的關鍵種。

　　一般而言，人們多把注意力放在繽紛而香氣四溢的綻放的花朵上，對於花叢間身體細小、色彩平庸、飛行飄忽不定的蜜蜂視而不見。但要是我們進一步了解蜜蜂的採蜜、收花粉、取蠟的行為，便會發現蜜蜂有更多迷人的、不可思議的地方。

　　四年前，我曾近距離面對一團錦簇亮麗的炮仗紅，當時觀察到一隻西方蜜蜂旁若無人、飛快地鑽進一朵盛開的炮仗花，不過一、二秒鐘馬上退出，再過幾秒鐘又換了一朵炮仗花，不過還是立即退出，如此緊湊忙碌的訪花，卻未能有所收穫，當我正為牠著急之際，牠又換了一朵花，這次鑽進去六、七秒鐘才退出來，我推想應有所斬獲吧，誰知花粉籃竟還是空空如也！如此二十秒內訪了五朵花，平均進入一朵花要花四秒鐘，五次當中可能只有一次有收穫。

　　那真是一幕令我難忘的訪花鏡頭。那天我從清境農場開車下山，車子繞著霧社水庫旁的山路蜿蜒南下，我放慢車速，欣賞水庫四周起伏的山巒與遠方變幻的白雲。車子開著開著，眼前突然冒出一道長長的橘紅色花牆。高約三公尺，長約十公尺，牆上爬滿炮仗紅，沒有遊

客能逃過這片活生生展現在眼前的花牆。

　　我一直對昆蟲的採蜜行為深感興趣。野花草叢裡若無蜜蜂或蝴蝶相隨，整個景致便有如黑白照片或幻燈片，缺乏色彩與活力。就蜜蜂而言，一個普通的蜂巢內多的話有五萬隻蜜蜂。許許多多的工蜂白晝外出採蜜、花粉和蠟片。溫帶地區的相關研究指出，一般工蜂多在離巢 2 公里內的地區活動，這距離也可能擴充到 6 公里。如果蜜源少，工蜂甚至會飛到 10 公里外採蜜，而且是當天去回。一隻蜜蜂每趟要訪 50~100 朵花，終其一生也不過能採個 0.42 毫升的蜜而已！要累積一公斤的蜜，蜂群得訪四百四十萬朵花，加起來要飛行九萬公里，累死約一千二百隻蜜蜂。一個蜂巢每年可以生產 120~150 公斤的蜜，靠的是多少隻這小小的蜜蜂啊！當你享受一湯匙的蜜，切記這可是三打蜜蜂一生打拚來的，這豈不讓人感嘆：「誰知匙中蜜，滴滴皆辛苦。」

　　我們一般只能看到蜜蜂進進出出花朵中心，而無法窺探其採蜜的究竟。幸好，今年八月發表在《生物學訊息學刊》的研究給了我們部分的答案。蜜蜂的舌對花蜜的糖濃度異常敏感。如果花蜜的糖黏度較低（19~25%），蜜蜂用吸蜜的方式就可以取到蜜，這正如一般科學家的認知。然而，這篇論文指出，如果花蜜的糖黏度較高（30~50%），蜜蜂的長管口器就很難吸進濃稠的蜜。不過別擔心，蜜蜂會馬上改吸為舔。當舌碰觸到濃蜜時，蜜蜂的中舌表面的約一萬條毛刺會立即豎起，沾滿蜜糖後，中舌縮到口器裡頭，口器便會把舌刺上的濃蜜吸進一個專門儲藏蜜的胃裡。

　　另一個有趣的延伸問題是糖含量稀或稠對蜂採蜜的影響。今年（2020）年初發表在《皇家學會互聯學刊》上的一篇論文對此問題頗有著墨。對熊蜂而言，花蜜越濃當然收獲越豐，只是採蜜的投資（即能量）也越大，回巢後吐出時也更費力。讓我們想一想，吸一口既濃又黏的溶液並非易事，而又要從一根細管吐出剛才吸進的那濃稠溶液則是難上加難。對以靠花蜜為生的蜂而言，吸濃蜜固然花力氣，而吐濃蜜則要花更多的力氣，因此，如何在吸與吐之間獲得最多蜜並花最少力氣，就要靠要採蜜昆蟲的本領了。花裡泌蜜的位置與蜜的濃稠度會影響到蜜蜂的採蜜行為，採蜜是每一隻蜜蜂的每日功課。有人認

為，若要蜜蜂等動物提高對農作物的授粉效率，科學家得考慮培育出特定花蜜濃度的作物品系。這是過去壓根兒沒有的想法，的確是個作物育種學的新挑戰。

最後，昆蟲（包括蜂類）對生態系與人類有多重要？我們不妨用兩個數字與兩句話來說明。全世界的昆蟲多樣性佔全世界所有動物多樣性的四分之三，估計約有九十多萬種已命名的昆蟲，其數量更達一千京隻（或一千萬兆隻，或一百萬的三次冪隻）。科學家認為昆蟲是地球的征服者。生物學家愛德華·威爾森說：「這個世界是由昆蟲統治的。」所有昆蟲中直接或間接與人類的生存息息相關的便是蜂類（尤其是蜜蜂）了。全世界重要的九十多種農作物，有八成是靠昆蟲授粉（其中有百分之九十二是蜂類）。全世界的四分之三的開花植物靠動物傳粉，而人類有三分之一的糧食靠動物授粉而來，此類昆蟲中有八成是蜜蜂。

據說愛因斯坦曾說過：「如果蜂從地球上消失，人類只有四年的命可活。」但是，無論如何，昆蟲（尤其是蜜蜂）對人類直接或間接帶來的好處是非常巨大的，而人類必須正視當代的單一作物耕作方式、農藥的汙染，還有全球環境變化，這些帶給授粉昆蟲莫大的生存壓力。

朋友，我們在餐桌上每夾三次菜入口，別忘了感謝昆蟲一次，因為如上所述，人類有三分之一的糧食靠動物授粉而來。此外，最重要的是人人更要盡一己之力保護環境。

國際珍古德教育及保育協會（中華民國總會）理事長
金恆鑣博士
2020.8.28

　　安奎教授是國內蜂學領域的重量級學者，他博學多聞，發表蜜蜂相關的著作，除合著的《養蜂學》為臺灣第一本部編大學養蜂學用書外，還有許多專業的學術報告和推廣性科普文章，是學術和實務學養俱佳的蜂學大師。退休之後，安教授仍勤於筆耕，繼《與虎頭蜂共舞》，接著花費將近五年時間整理彙編完成《與蜜蜂共舞——安奎的蜜蜂手札》一書，由書名來看，不難想像此書為安教授研究蜜蜂與之共舞五十多年的心得紀錄，內容豐富多采可期。

　　蜜蜂是與人類關係最密切的社會性昆蟲，有別於螞蟻與白蟻的工蟻，蜜蜂的工蜂具翅，即是人們白天看到穿梭於花朵間忙碌地採集花蜜和花粉的個體，其輕盈的身材、優美的飛舞姿態和振翅的嗡嗡聲，常成為文人墨客創作的題材，如《三字經》中「蠶吐絲，蜂釀蜜，人不學，不如物」，和唐代詩人羅隱的〈蜂〉「不論平地與山尖，無限風光盡被占。採得百花成蜜後，為誰辛苦為誰甜？」等詩詞歌頌對蜜蜂的崇敬。

　　蜜蜂採集花粉花蜜的同時，也為許多植物傳授花粉，進而提高蟲媒農作物之產量與品質。據美國多年前的估計，蜜蜂為農作物授粉所產生的間接經濟效益，將近其蜂產品總產值的百倍。隨著農業結構的改變及生態環境日漸遭受破壞，未來農作物依賴人為飼放蜜蜂，以達授粉的需求將更殷切；以近年來盛行的網室栽培作物為例，利用蜜蜂授粉比人工授粉既省工省錢，又能提升農產品的質量，效益顯著。人類飼養蜜蜂及利用蜂產品的歷史久遠，較為人熟知蜂產品有蜂蜜、蜂王乳、蜂花粉等，其美味與營養價值，廣受世人喜愛。近年蜂膠已經成為熱門的保健食品，而利用蜜蜂或蜂產品進行醫療保健的蜂療法也逐漸受到重視。

　　蜜蜂不僅是對人類有益的重要資源昆蟲，又因其獨特的生物特性，加上容易飼養取得試驗材料，因此成為生物學家最佳的研究模式物種，研究蜜蜂的學問——蜜蜂學早已成為顯學；安奎教授是國內第一位以蜜蜂為題材獲得國家博士學位的昆蟲學家，之後在國立臺灣博物館服務二十餘年，這期間他仍持續蜂學的研究，並藉著博物館的平台，整合產官學研資源推廣昆蟲學、養蜂學及蜂產業不遺餘力。本人

先後擔任臺灣昆蟲學會的總幹事和理事長期間，在安教授策劃下和博物館合辦多次的展覽，如：臺灣昆蟲特展、臺灣昆蟲攝影展、臺灣昆蟲博覽會等；此外，他也和相關團體辦理過蜜蜂與蜂產品特展及研討會等。本人一直以來非常感佩安教授推廣昆蟲學和養蜂產業的熱忱和貢獻，他是提升臺灣養蜂產業的重要推手。

　　本書為安教授畢生研究蜜蜂及參與活動的紀錄，分為五篇，每篇起頭為該篇內容的摘述，之後為各節文章，各文章之最後為簡短的結語；其寫作方式如同教授的科學報告，全書並附三百餘張照片和圖表，可見其用心之深。除第三篇為蜜蜂生物學基礎知識外，其餘各篇屬於作者的親身經歷和收集彙整而成的內容，其文筆簡潔順暢易讀，可作為養蜂學的參考書。

　　今年二月上旬某日下午，我們全家有機緣到臺中拜會安教授，承教授夫婦親切接待並話家常，當時安教授面邀為本書寫序，雖然我不是研究蜜蜂，但本人深感榮幸不敢婉拒。猶記得當時安教授拿出部分初稿並播放他拍攝的數部微電影和我分享，他侃侃而談解說內容，興奮之情溢於言表，我相當感動其對蜂學的執著。本人有幸在出書之前拜讀全書初稿，深感本書內容豐富，極具參考與應用價值，謹略抒數語表達對安教授的崇高敬意，並衷心推薦此書。

國立臺灣大學昆蟲學系名譽教授

吳文哲博士

2020.7.31

　　蜜蜂是大自然的瑰寶，在自然界中扮演著維持生物多樣性的重要推手角色，更是人類的好朋友。蜜蜂所生產蜂蜜、蜂王漿、花粉等產品，自古即被許多民族視為天然保健食物的珍品。

　　這本《與蜜蜂共舞》是安奎教授繼《與虎頭蜂共舞》之後的一本值得讀者細細品、慢慢讀的好書。安老師一生鍾情於蜜蜂相關事務，舉凡蜜蜂生物學、蜜蜂養殖技術、蜜蜂教學與研究、蜜蜂科普教育推廣等都是安老師鍾愛關注，並經常發表蜂言蜂語的專長項目。除此之外，安老師亦長年關心臺灣養蜂產業的發展，並在整個產業發展過程提供許多寶貴的具體建議；尤其在我擔任臺灣蜜蜂與蜂產品理事長任內榮任我們學會榮譽顧問，經常給予我個人以及學會在蜜蜂、虎頭蜂科研與學術研討許多提點，指導學界如何與蜂農及養蜂團體相輔相成，協助推動國際與兩岸交流等等；由於在蜜蜂與蜂產品諸多面向的指導與鼓勵，讓學會得以運作順暢獲益良多。

　　臺灣的養蜂始於民間蜂農朋友，後來才有學界的參與，因此即便是臺灣的養蜂技術一流，蜂農民胼手胝足、篳路藍縷的開創精神可歌，但是這些臺灣早期的養蜂歷史卻多流傳在蜂農朋友的腦海裡及言談中；市面上留存的史料很少。難能可貴的是安老師一路走來收集、記錄臺灣養蜂的發展軌跡、養蜂教學發展史、蜜蜂研究歷程、與各種養蜂產業的點點滴滴，保存許多臺灣養蜂相關的第一手資料，當然這些材料也都完整收錄在這本書中，成為臺灣養蜂史最珍貴的史料。

　　除了臺灣的蜜蜂教學研究與養蜂產業外，安老師更在 1977 年首度組團與養蜂前輩參加世界蜜蜂大會，是帶領臺灣蜂界走向國際的第一人，開啟臺灣蜂界國際交流的篇章。今天這一本《與蜜蜂共舞》深入淺出，有專業、有歷史、有文物、有故事、有影音、有深情，是一本值得閱讀的好書，推薦給各位。

國立中興大學昆蟲學系教授兼系主任
杜武俊博士
2020.7.23

　　安奎博士是兩岸第一位蜜蜂學博士，足見他在蜂學領域的崇高地位。他與我同樣師承已故的臺大昆蟲系何鎧光名譽教授，是我的大師兄，也是我尊敬的老師之一。安老師為人風趣，不擺架子，我與他可說是雖師亦友。安老師鑽研蜂學長達半個世紀，學術基礎自不在話下；最令我尊敬者，他充分發揮博物學者的專長，詳實又精準地記載文獻資料，他的「特殊專長」在本書展現無遺。

　　書中第一、二篇記載 1980 年代以前的臺灣養蜂史料，當時我都還沒入行，這對我真是如獲至寶。第四篇記載安老師參與國際養蜂交流的過程與心得，這段歷程我多數參與其中，怎奈我實在欠缺安老師的能力，除了拍些紀念照，卻未留隻字片語；透過本書，讓我有往事歷歷在目之感。

　　《與蜜蜂共舞》是一本精彩的好書，它提供我許多珍貴的蜂學史料，又提供很多珍貴的照片，讓人讀起來趣味橫生。此外，本書又記載了諸多蜜蜂生物學的知識。記得 2009 年與安老師一同參加在法國舉行的第 41 屆國際蜂會，我們驚見業餘興趣養蜂者在歐洲非常盛行，安老師當時就料定臺灣必然也會走向類似之路。果然，不出幾年，業餘養蜂就在臺灣風行不墜。對廣大的臺灣蜂友而言，這是一本必備的好書。

國立宜蘭大學生物技術與動物科學系特聘教授

國立宜蘭大學蜜蜂與蜂產品研發中心主任

陳裕文博士

2020.4.23

　　一提到昆蟲，許多人立刻就會想到蜜蜂。蜜蜂這個名詞從小就伴隨著我們，不論是兒歌或是書本上的知識，通常深刻印在我們腦海中的都是蜜蜂勤奮忙碌的採花粉、花蜜的印象。過去四分之一世紀以來，我們也常常在報章雜誌的報導中得知蜜蜂事實上過得並不好，蜂群大量在地球上消失的情況，影響到農業活動及生態的平衡，著實令人擔憂。除了蜜蜂本身，蜜蜂最容易讓人聯想到的就是蜂蜜了。在臺灣，為了有效率地採集蜂蜜來改善農村經濟，日治時期便有計畫地培訓與推廣蜂蜜產業，養蜂技術的精進與產業的蓬勃發展則延續到今日。

　　本書作者安奎教授，早年師承已故的臺灣大學名譽教授何鎧光博士的養蜂專業，為我國第一位以研究養蜂技術拿博士學位的「蜜蜂博士」。安教授的職涯歷程中始終對於養蜂學、蜂產品產業以及蜜蜂天敵虎頭蜂的生態投入心力研究，且對於相關的歷史資料搜集相當完備，至今無人能出其右。為借重安教授的專長與豐富經歷，臺灣蜜蜂與蜂產品學會聘請安教授為榮譽顧問，即使已經退休，仍為學會業務推展提供指引。豐富史料收集必須有系統性地整理才能嘉惠讀者，安教授費心整理資料，深入淺出地以此書本及影音檔案呈現，讓有興趣的探索者與仍在甜蜜事業上打拼的後進可以一窺發展事蹟，其奉獻之精神尤其令人感佩。

　　雖定名為《與蜜蜂共舞》，事實上是闡述著一世紀以來在臺灣這塊土地上發生與蜜蜂相關的大小事，以及臺灣養蜂參與國際上的重要交流活動。從「臺灣養蜂的珍貴文獻」中可看出早期臺灣養蜂所碰到的問題與研究，對照現今全臺灣超過十間專門以蜜蜂為研究主題的研究室，可看出當年篳路藍縷之辛苦。本書從諸多面向來探討蜜蜂與養蜂，是非常值得所有關心臺灣甜蜜事業的讀者細味品嘗。

國立臺灣大學昆蟲學系教授
臺灣蜜蜂與蜂產品學會理事長
楊恩誠博士
2020.5.26

　　1968 年在中興大學昆蟲系時，選修了「養蜂學」，開始對蜜蜂發生興趣。1971 年返回興大當助教，管理昆蟲系四箱教學用蜂群，累積了許多實際養蜂經驗。後來獲知德國慕尼黑大學教授馮・弗里希博士（K. von Frisch），研究蜜蜂的舞蹈語言將近三十年，於 1973 年獲得諾貝爾「生理學或醫學獎」（The Nobel Prize in Physiology or Medicine），更自我期許將蜜蜂研究訂為未來努力的目標。

　　1980 年獲得博士學位後，考量研究蜜蜂過於專業，謀職不易，跨行進入博物館。在博物館工作期間，蒙指導教授何鎧光博士邀約，在國立臺灣大學昆蟲學系共同開授「養蜂學」課程，並協助蜜蜂研究工作。1997 年整理十餘年授課講義及相關研究報告，與何教授共同出版《養蜂學》一書，是臺灣第一本由國立編譯館主編的養蜂學大學用書。

　　進博物館工作不久，為深入了解工作內容，希望去國外進修博物館學。1983 年通過教育部博士後研究公費留考，赴美進修一年。因對於早年設定研究蜜蜂的目標始終無法忘懷，所以學成返國回到工作崗位，盡力整合博物館資源，籌辦蜜蜂展覽、支援兩岸蜜蜂會議、參加國際養蜂會議等，促進臺灣養蜂事業發展。2000 年文建會公開甄選「國立臺灣博物館館長」，受到肯定錄取。20 餘年來，憑藉博物館平台，跨領域串聯產官學資源，啟動各界力量，致力提升養蜂產業的價值及水準。

　　退休後受聘明新科技大學教授，2013 年經中國養蜂學會張复興理事長推薦，協助中國湖北省武漢市的養蜂企業，規劃「蜜蜂觀光工廠」專案，重新研讀蜜蜂與養蜂相關書籍。回顧「與蜜蜂共舞」五十多年，始終如一，樂此不疲。2015 年底將蒐集的資料、研究及經驗，彙整出版《與虎頭蜂共舞──安奎的虎頭蜂研究手札》一書。接著持續五年整理蜜蜂的相關資料，完成《與蜜蜂共舞──安奎的蜜蜂手札》。

　　本書分五篇，第一篇：蜜蜂與養蜂。包括臺灣 1980 年以前的養蜂概況、臺灣養蜂協會的創立經過、蜂蜜評審的起源、蜜蜂與蜂產品特展、穿蜂衣的故事等。第二篇：臺灣養蜂的珍貴文獻。包括臺灣 1934 年的蜜蜂專書《蜜語》、教皇庇護十二世在 17 屆國際蜂會致詞、

馬雅皇蜂引進之觀察、二十世紀初期臺灣的養蜂事業等。第三篇：蜜蜂的祕密。包括蜜蜂與煙的淵源、巧奪天工的蜂巢、掃描電顯下的蜜蜂、工蜂的神奇分工、工蜂的舞蹈語言、黃雨事件之謎、神奇的蜂療、可怕的殺人蜂等。第四篇：國際養蜂交流。包括澳洲亞特蘭大第 26 屆國際蜂會、泰國清邁第 5 屆亞洲蜂會、武漢第 4 屆海峽兩岸蜂會、法國蒙彼利埃第 41 屆國際蜂會、首屆新疆黑蜂論壇、美國華府的世界蜜蜂日等。第五篇：蜜蜂與養蜂的資源。包括國際養蜂重要團體、國際養蜂重要雜誌、國際養蜂重要書籍。附錄中有：1. 主要參考資料、2. 郝懿行的《蜂衙小記》、3. 安奎教授的蜜蜂與養蜂報告。書中收錄照片及圖片 327 張，含掃描式電子顯微鏡（SEM）照片 17 張，以及自行錄製的微電影 9 片。

　　臺灣養蜂事業發展多年，政府主管機關協助輔導，學者專家努力奉獻，在本書各篇章中，略可一窺梗概。期盼未來有更多專家學者，投入蜜蜂研究，共同為臺灣的養蜂事業發展繼續努力。本書經再三校對，或仍有謬誤之處，企盼國內外學者專家不吝指教。

安奎　謹誌

2020.8.2

	微電影名稱	所屬章節	QR Code
1	穿蜂衣表演	1.7	
2	掃描電顯下的蜜蜂	3.4	
3	小蜜蜂洗澡	3.6	
4	杭州第 9 屆亞洲蜂會	4.7	
5	法國第 41 屆國際蜂會 -1. 新型養蜂器具展	4.8-1	
6	法國第 41 屆國際蜂會 -2. 大會場外的展覽	4.8-2	
7	法國第 41 屆國際蜂會 -3. 踩高蹺的服務員	4.8-3	
8	首屆新疆黑蜂論壇	4.9	
9	美國華府的世界蜜蜂日	4.10	

目次

contents

002　推薦序　蜂流韻事

　　／長榮大學前校長暨名譽教授　陳錦生博士

004　推薦序　誰知匙中蜜，滴滴皆辛苦

　　／國際珍古德教育及保育協會（中華民國總會）理事長
　　金恆鑣博士

007　推薦序　臺灣養蜂產業的重要推手

　　／國立臺灣大學昆蟲學系名譽教授　吳文哲博士

009　推薦序　與蜜蜂深情共舞

　　／國立中興大學昆蟲學系教授兼系主任　杜武俊博士

010　推薦序　一本精彩好書

　　／國立宜蘭大學生物技術與動物科學系特聘教授　陳裕文博士

011　推薦序　從珍貴史料看臺灣的養蜂發展

　　／國立臺灣大學昆蟲學系教授　楊恩誠博士

012　自序　與蜜蜂共舞──安奎的蜜蜂手札

014　蜜蜂微電影欣賞

020　**PART 1　蜜蜂與養蜂**

025　1.1 臺灣 1980 年以前的養蜂概況

033　1.2 臺灣省養蜂協會創立經過

037　1.3 全國蜂蜜品嘗展示會

043　1.4 臺灣蜂蜜評審的起源

048　1.5 蜜蜂與蜂產品特展

057 　1.6 生活文化探源──蠶與蜂特展

067 　1.7 穿蜂衣的故事

074 **PART 2 臺灣養蜂的珍貴文獻**

079 　2.1 臺灣 1934 年的蜜蜂專書《蜜語》

087 　2.2 臺灣之養蜂問題

092 　2.3 教皇庇護十二世在 17 屆國際蜂會致詞

098 　2.4 臺灣之養蜂業調查

102 　2.5 蜜蜂病害與敵害之初步研究

105 　2.6 臺灣蜂場經營之研究

112 　2.7 馬雅皇蜂引進之觀察

119 　2.8 二十世紀初期臺灣的養蜂事業

130 **PART 3 蜜蜂的祕密**

136 　3.1 蜜蜂與煙的淵源

145 　3.2 巧奪天工的蜂巢

154 　3.3 有秩序的蜂群生活

163 　3.4 掃描電顯下的蜜蜂

173 　3.5 令人讚嘆的蜜蜂器官

182 　3.6 工蜂的神奇分工

193 　3.7 工蜂的舞蹈語言

201 　3.8 蜜蜂的費洛蒙

209	3.9 黃雨事件之謎
215	3.10 神奇的蜂療
222	3.11 可怕的殺人蜂

230	**PART 4　國際養蜂交流**
236	4.1 澳洲亞特蘭大第 26 屆國際蜂會
241	4.2 美國密西根州養蜂協會演講
245	4.3 兩岸蜜蜂交流溯源
250	4.4 泰國清邁第 5 屆亞洲蜂會
255	4.5 菲律賓拉古納第 7 屆亞洲蜂會
259	4.6 武漢第 4 屆兩岸蜂會
264	4.7 杭州第 9 屆亞洲蜂會
270	4.8 法國蒙彼利埃第 41 屆國際蜂會
277	4.9 首屆新疆黑蜂論壇
285	4.10 美國華府的世界蜜蜂日

294	**PART 5　蜜蜂與養蜂的資源**
298	5.1 國際養蜂重要團體
302	5.2 國際養蜂重要雜誌
305	5.3 國際養蜂重要書籍

311　附錄 1　主要參考資料

313　附錄 2　《蜂衙小記》

316　附錄 3　安奎教授的蜜蜂與養蜂報告

321　謝辭

PART 1
蜜蜂與養蜂

臺灣過去的養蜂概況為何？臺灣的養
蜂協會是如何成立的？盛況空前的全
國蜂蜜品嘗展示會有什麼特色？如何
為蜂蜜做評選？「蜜蜂與蜂產品特
展」與「蠶與蜂特展」包括哪些展出
項目？要怎麼把蜜蜂「穿」在身上？
精彩內容盡在本章。

劉福明理事長在臺北新公園表演穿蜂衣（林俊聰攝）

1.1 臺灣 1980 年以前的養蜂概況：1918 年日治時代，「臺灣商工協進會」在臺北市主辦大型博覽會及展售會；1934 年李炳生先生出版的迷你書《蜜語》；1953 年臺灣第一個嘉義市蜜蜂運銷合作社的紀錄，都是蒐集到的珍貴資料。1956 年 7 月日本井上晃先生帶來採收蜂王乳技術，1959 年 8 月范宗德先生出版養蜂專書《蜂話》，則是早年的大事。農復會於 1962 年聘請美國賴爾博士來臺灣，在大學開授養蜂學課程，更為臺灣養蜂事業奠定了良好的發展基礎。

1.2 臺灣省養蜂協會創立經過：臺灣省養蜂協會在當年特殊的時空背景下，承蒙主管機關及學術機構全力協助，才能順利成立。協會成立初期，主要任務是調查蜜源植物種類及分布、解決冬季蜜源植物不足問題、養蜂技術交流、全省蜜蜂病蟲害調查及蜂群設立戶籍的工作。當年，國立臺灣大學昆蟲學系嚴奉琰教授，也擔任農復會技正，是臺灣省養蜂協會創立的重要推手。

1.3 全國蜂蜜品嘗展示會：1977 年 7 月全國蜂蜜品嘗展示會展出七天，邀約國立中興大學昆蟲系師生 16 位，包括 4 位碩士、5 位碩士生及 7 位大學生，輪流在展示會現場為消費者詳細解說。當年全國任何一項工商展覽中，都沒有如此堅強的服務陣容，是展示會的最大特色。這次展示會，也是臺灣省養蜂協會與國立中興大學昆蟲學系合作的開端。

1.4 臺灣蜂蜜評審的起源：1982 年行政院農業發展委員會及農林廳
輔導下，臺灣省養蜂協會首次辦理蜂蜜評審。蜂蜜樣品依國家標
準化驗結果，加上評鑑委員依色澤、香氣及風味評比，決定評審
結果。評審入選的蜂蜜品質優良，深獲社會大眾信賴。蜂蜜評審
是臺灣養蜂事業的特色，許多其他國家試圖比照辦理，均不易付
諸實現。

1.5 蜜蜂與蜂產品特展：1983 年 7 月在臺博館辦理蜜蜂與蜂產品特展。
觀眾參觀特展，有喝、有看，還能深入了解蜜蜂及蜂產品的相關
知識，觀眾幾乎天天爆滿。記述辦理的經過、展覽內容及相關活
動等。同時辦理系列演講，邀請何鎧光教授、貢穀紳教授及中國
醫藥學院甘偉松教授開講。

1.6 生活文化探源——蠶與蜂特展：1991 年 11 月至 1992 年 1 月，
臺博館與苗栗蠶蜂場合辦此項特展，多數展品都是蠶蜂場的珍
藏，展覽活動有蜂產品品嘗、穿蜂衣表演、穿蜂衣攝影比賽、展
場有獎徵答、現場演示、觀眾問卷調查等。特展觀眾問卷調查，
結果發表在國立自然科學博物館的《博物館學季刊》。由數據顯
示，這是一場非常成功的科普展覽。

1.7 穿蜂衣的故事：穿蜂衣表演在臺灣的養蜂事業，已經形成一種新的風潮，也是一種特色。本文記述，臺灣最早官方辦理穿蜂衣表演的來龍去脈，穿蜂衣的過程，解說穿蜂衣表演的注意事項等。穿蜂衣表演完畢，不同群不同日齡的蜜蜂，放回到一個蜂箱，能夠相互融合，又能接受新的蜂王。蜜蜂這種行為，似乎與一群蜜蜂只效忠一隻蜂王的行為相左。為什麼？請從本書各篇中，自行尋找答案。

1.1 臺灣 1980 年以前的養蜂概況

　　1997 年與臺大昆蟲學系何鎧光教授,共同著作的大學用書《養蜂學》中,詳細記述臺灣早期養蜂事業的發展過程。退休後時間較充裕,再彙整 1918 年至 1980 年間養蜂與蜜蜂的專文及報告,增補臺灣早期養蜂事業的發展概況。

1.1.1 日治時代的養蜂

　　1918 年日治時代,「臺灣商工協進會」在臺北市主辦大型博覽會及展售會,會中設有日本各縣市展品的獨立展覽館,展出機械類及養蜂機具等多種產品。臺灣各地蜂農前往參觀,展覽場中日本名古屋岐阜縣的渡邊養蜂場,展示 12 群義大利蜜蜂、滾輪式巢礎製造機、多種養蜂器具及相關書籍等。嘉義市教漢文老師連往、諸峰醫院醫師張錦燦及陳源祥之父陳朝,共同買下展場中的 12 箱蜜蜂。林宜鐘之父林涂及林華山之父林瑞朋,合資買進滾輪式巢礎製造機。就此,由於優良蜂種及養蜂器具,將臺灣的養蜂事業向前推進一大步。

　　故友李錦洲尊翁李炳生先生,於 1934 年 7 月 20 日出版的迷你書《蜜語》,是蒐集臺灣養蜂資料中,最早又最小的一本精緻好書(參見本書 2.1 臺灣 1934 年的蜜蜂專書《蜜語》)。

1.1.2 嘉義市成立蜂蜜運銷合作社

　　1945 年三宜養蜂場林宜鐘先生,前往日本名古屋渡邊養蜂場,學習製造巢礎技術,奠定臺灣生產巢礎及經營養蜂器具的基礎。由於嘉義及鄰近地區有龍眼、柑橘等多種重要蜜源植物,再加上不斷改良養蜂器具,因此嘉義成為臺灣養蜂事業的發展重鎮。臺灣光復以前全省蜂群約 1 萬箱,1949 年臺灣蜂群數目有 6,000~7,000 箱,但因連年戰亂,臺灣養蜂事業呈衰退狀態。依據嘉義蜂農經驗,以前使用繼箱採蜜,但後來無法延續使用,是因飼養蜜蜂搬運不便,而且飼養技術不良,導致該時期的養蜂事業僅能勉強維持。

臺灣光復後，「嘉義市蜂蜜運銷合作社」在政府農政單位輔導下，於 1953 年 11 月 25 日成立，是臺灣第一個由蜂農籌組的合作社，會址在嘉義市中正路 165 號。成立的宗旨是促進社員生產技術，提高品質，使蜂產品達到國際水準，提供社會大眾最優良的天然蜂蜜。創社會員 46 人，蜂群 6,750 箱，是全省最大的蜂蜜合作社。理事長賴張明喜，理事陳朝、林宜鐘、莊金波、蘇華章、魏日德、李漢、吳源福及陳源祥。監事長是林滄州，監事吳壬貴及林東水。1956 年 7 月日本井上晃先生（圖 1.1-1）拜訪嘉義市蜂蜜運銷合作社，帶來「採收蜂王乳技術」影片，指導臺灣蜂農生產蜂王乳。這是臺灣生產蜂王乳的起源，為養蜂事業引進新的蜂產品，也帶來一番新氣象。

　　1960 年前後，有蜂王乳丸劑自國外進口，媒體輿論質疑，蜂農也都反對，許多人撰文否認蜂王乳的功效。1961 年在縣政府的合作股陳榮松博士企劃下，由嘉義市蜂蜜運銷合作社代表臺灣，第一次外銷法國 20 噸蜂蜜。早年越南總統來臺訪問時，我國贈送給越南政府農業部 110 箱蜜蜂，也是由該合作社提供。1961 及 1962 年間，臺灣蜂農開始採收新鮮蜂王乳，並量產上市。1964 年臺灣蜂王乳年產約 50 公斤。

　　1962 年臺灣蜂群的數目增加至 3 萬箱左右，西方蜜蜂約 2 萬箱、在來種蜂約 1 萬箱。多數分布在嘉義、屏東等地，其次為臺南、彰化、苗栗、臺東、臺中、臺北等縣市。專業蜂場有 10 餘家，飼養約 300 箱，另副業養蜂 5~6 家，飼養 20~30 箱。專業蜂農追逐花蜜遷移蜂群，而副業蜂農則是定點飼養。如果養蜂場以飼養 50~70 箱蜜蜂估計，每年可採收蜂蜜 1,800~2,000 公斤。

　　嘉義市蜂蜜運銷合作社於 1964 年獲得合作社獎，1967 年、1971 年、1975 年及 1979 年獲得縣長獎，1984 至 1990 年獲得嘉義市長獎。

▌1.1-1 日本井上晃（中）及陳源祥（左）

▌1.1-2 副總統謝東閔參觀展售會

1.1-3 省主席邱創煥指導

1.1-4 嘉義市長張博雅指導

1.1-5 嘉義縣長林金生指導

1.1-6 農林廳長余玉賢指導

歷年合作社辦理的蜂產品展售會，邀請副總統謝東閔（圖 1.1-2）、省主席邱創煥（圖 1.1-3）、嘉義市長張博雅（圖 1.1-4）、嘉義縣長林金生（圖 1.1-5）、農林廳長余玉賢（圖 1.1-6）及臺北果菜公司總經理陳榮松等，蒞臨參觀指導。合作社的貢獻頗受政府各級首長重視，留下許多珍貴照片，佐證早期養蜂事業的發展史蹟。

1.1.3 國際 APIMONDIA 蜂會的論文

范宗德先生是早期養蜂界的一位傳奇性人物，自空軍中校退伍後，在臺北縣山區飼養蜜蜂。由於精通英文，訂閱美國及英國養蜂學專業雜誌及學刊，並博覽英美養蜂重要書籍。曾於 1956 年 3 月 24 日，在維也納舉行的第 16 屆國際 APIMONDIA 養蜂會議中，發表「中國蜂禦敵及通風」論文。這是蒐集臺灣養蜂資料中，最早在國際養蜂會議發表的報告。范先生又將教皇庇護十二世（Pius XII），於 1958 年 9 月 23 日，在 17 屆羅馬國際 APIMONDIA 蜂會的致詞全文，翻譯成中文。兩篇譯文，皆附錄於范先生 1959 年 8 月出版的臺灣第一本養

蜂專書《蜂話》中。1967 年 9 月范先生又出版《現代養蜂法》，是一本養蜂入門專書。全書分為十篇，包括養蜂的目的、蜜蜂的生活、養蜂場、蜂群管理、四季管理和採收蜂蜜、天然分蜂及防止法、人工養王、花蜜及蜜源植物、生理及病蟲害、蜜蜂的銷售等，是初學養蜂的寶典。1968 年國立中興大學昆蟲系貢穀紳教授開授「養蜂學」時，同學們都以《現代養蜂法》為參考書籍。

1.1.4 大學開授養蜂學

1962 年農復會透過美國密西根州立大學聘請賴爾博士（Dr. Clay Lyle）來臺灣，在國立臺灣大學及國立中興大學擔任客座教授，協助臺灣養蜂事業發展。賴爾博士曾任美國經濟昆蟲學會（美國昆蟲學會前身）會長，及密西西比州立大學農學院院長，同時具有 20 餘年養蜂經驗。當年春天在兩所國立大學，開授「養蜂學」課程。

1962 年 9 月，「行政院國軍退役官兵就業輔導委員會」在雲林縣斗六鎮榮民之家，辦理「榮民養蜂訓練班」。朱先墀將軍擔任班主任，范宗德先生擔任教導主任並授課，邀請賴爾博士主持授課。請陳源祥理事長及尹冠三共同授課，另請剛從中興大學畢業的饒連財先生擔任助教兼翻譯。榮民養蜂訓練課程由班主任主持，嘉義市蜂蜜運銷合作社協助辦理。訓練期間全體學員住校學習，訓練班分為兩期，每期訓練一週，學員 17 人，第一期於 1962 年 9 月 22 日畢業（圖 1.1-7）。第二期於 1962 年 9 月 29 日畢業（圖 1.1-8）。結訓後每人贈送 3 箱蜜蜂，回家磨練養蜂技術。其後連續 2 至 3 年適逢氣候乾旱，養蜂事業

▌1.1-7 榮民養蜂訓練班第一期 1962.9.22
（饒連財攝）

▌1.1-8 榮民養蜂訓練班第二期 1962.9.29
（饒連財攝）

陷入困境，這些受過專業訓練的榮民們，在山區特殊環境飼養蜜蜂，適時延續了臺灣養蜂事業的發展。

1.1.5 臺灣省養蜂協會成立

蜂王乳價格逐漸攀升，引起政府農政單位關注，加強輔導養蜂事業，期望以高單價的蜂王乳繁榮農村經濟。在行政院農業發展委員會及農林廳指導下，蜂農於 1969 年 8 月成立「臺灣省養蜂協會」。協會成立之後，蜂農人數及飼養蜂群的數目迅速增加（參見本書 1.2 臺灣養蜂協會創立經過）。

養蜂協會成立，帶動民間飼養蜜蜂的興趣，許多專家撰寫文章推廣。例如 1969 年蔣永昌發表的〈農民的益友－蜜蜂〉（上）、（中）、（下）。1970 年郭慶德發表的〈實用養蜂法〉－ 1、2。為了估算蜂王乳等蜂產品的成本，1972 年賈正亞發表〈臺灣蜂蜜產銷之研究〉，作為農政機構輔導養蜂事業的發展參考。

臺灣養蜂事業的發展，引起當年在臺灣工作的美國人好奇。服務於美國海軍醫學研究所研究員的麥唐納博士（J. L. McDonald），在訪問中南部各地養蜂場後，於 1971 年發表一篇專文，文中記述養蜂事業發展的概況及建議。

1.1.6 蜂王乳 1972 年外銷

1974 年程發和記述，中華民國輸出入貿易統計年刊統計，1964 到 1971 年之間，臺灣外銷蜂王乳的數量、價值及地區，記錄當年蜂蜜及蜂王乳的外銷概況。1966 年蜂王乳開始輸往日本，10 公斤價值為新臺幣 24,000 元，每公斤 2,400 元。1972 年 8 月以前蜂王乳產地價格，每公斤僅 1,500 元。1972 年 9~10 月間價格，因為年關將近，日本市場需求大增，價格飆升，每公斤漲至 5,000~7,000 元。當年年底一度漲破每公斤萬元大關。

1972 年臺灣省養蜂協會發行《臺灣養蜂通訊》，由范宗德主編。刊登陳振凱的〈目前養蜂事業必須重視的問題〉、林鳳山的〈養蜂初步〉、黃齋輝的〈臺灣省養蜂協會沿革〉、羅木田的〈蜂蜜與蜂王乳

的功用〉，以及招衡的〈蜜蜂的語言〉等文章。可惜只發行 1 期，未能延續。

1.1.7 翁文炳理事長的努力

臺灣省養蜂協會第四屆理事長翁文炳，重視蜂產品推廣及行銷，邀請作者在協會擔任副總幹事一年。作者於 1977 年 7 月初，在臺中遠東百貨公司，主辦「全國蜂蜜品嘗展示會」。展示會中首度推出「蜂花粉」上市，邀請倍益康公司負責人楊智為先生，提供蜂花粉在展示會現場供觀眾品嘗。楊先生也配合出版《花粉－自然營養食品中的王者》一書。這次展示會成果斐然，不但吸引絡繹不絕的參觀人潮，而且開啟了臺灣養蜂協會與國立中興大學昆蟲學系的合作契機（參見本書 1.3 全國蜂蜜品嘗展示會）。

1977 年 6 月 5 日發行《中華養蜂》月刊，發行人翁文炳、作者兼任社長，編輯毛潤豐，出版至 1977 年 9 月共 4 期。後來因作者於 1977 年 10 月，率領臺灣養蜂代表團 6 人，赴澳洲參加國際 APIMONDIA 蜂會（參見本書 4.1 澳洲亞特蘭大第 26 屆國際蜂會），出國期間因無人接辦月刊發行業務而停刊。

1.1.8 養蜂事業的重大問題

臺灣養蜂事業逐步發展後，有三個嚴重的問題：假蜜、農藥中毒及蜜蜂病蟲害，逐漸浮現檯面，受到重視。

1. 假蜜

臺灣的「假蜜」問題由來已久，1934 年李炳生就已經記載。當初政府輔導民間成立蜂蜜運銷合作社及養蜂協會等組織，就是要提高蜂產品的品質達到國際水準，讓社會大眾享用最優良的天然蜂蜜。為了估算蜂王乳的生產成本，訂定合理價格，國科會專案委託賁正亞研究，分析蜂蜜及蜂王乳的產銷問題，並記述臺灣蜂蜜市場有「偽蜜」充斥的問題。另承發和接受政府委託，分析養蜂場經營成本，也提及假蜜問題。養蜂協會第二屆理事長陳孟家在工作報告記述：研擬蜂蜜

統銷辦法，以對抗假蜜，支持會員生產純良蜂蜜，協助銷售順暢。

2. 農藥中毒

早在 1971 年作者回國立中興大學擔任助教之際，當年系主任張書忱教授告知，臺灣濫用農藥是養蜂事業最大的罩門。1972 年臺灣省養蜂協會發行《臺灣養蜂通訊》，記載當年民間農作物普遍施用農藥，對養蜂事業威脅甚大。部分農民甚至認為蜜蜂是害蟲，加以殺害。養蜂協會希望政府宣導，讓農民了解蜜蜂並非害蟲，需加以保護。並希望各地農民能統一空中噴藥，使用低毒性農藥，以減少蜜蜂受害。1972 年范宗德記述：1971 年 12 月 12 日彰化溪州鄉突遭空中噴藥之害，養蜂協會會員廖後生飼養的 108 箱蜜蜂損失近半，農藥使用是養蜂事業必須重視的問題。

3. 蜜蜂病蟲害

1966 年中興大學昆蟲系李幼成發表〈蜜蜂病害與敵害之初步研究〉，記述：美國賴爾博士在本省實地調查後指出，當時尚未發生嚴重蜜蜂病蟲害。但本省氣溫高濕氣重，是一切昆蟲疾病發生的溫床，應加強檢疫及防範。

1970 年在新竹地區最早發現蜂蟹蟎危害，同期國立臺灣大學昆蟲學系嚴奉琰教授研究室，開始探討蜜蜂病蟲害問題。1971 年嚴奉琰及秦履慶的〈蜜蜂幼蟲病及其病原之研究〉，證實美洲幼蟲病危害。1972 年嚴奉琰及高學文的〈蜜蜂微粒子病及其病理學〉，證實微粒子病危害。1973 年臺灣養蜂協會理事長王嘉雄主持第三屆第一次會員大會，記錄：……發生美洲幼蟲病，為減少損失，多不願燒毀，使用藥物防範。每箱需要 700~800 元。由於病蟲害逐漸嚴重，有後續的報告發表。1975 年羅幹成及趙若素的〈臺灣蜂蟎之生態觀察〉；1976 年安奎的〈談蜜蜂微粒子病〉及〈蜜蜂蜂王的病蟲害〉；1978 年江永智的〈認識防治蜜蜂的疾病〉等。

1980 年 12 月作者獲得博士學位。當年有較多的蜜蜂病蟲害研究報告，包括林長平的〈臺灣蜜蜂螺旋菌質之分離〉；安奎的〈臺灣蜜蜂微粒子病之研究〉；安奎等的〈臺灣蜜蜂微粒子病之研究：II. 蜜蜂微粒子病之藥劑防治〉；何鎧光等的〈蜜蜂蟹蟎的藥劑防治 I. 本省蜜

蜂用殺蟎劑之調查及五種殺蟎劑對蜜蜂之毒性〉；何鎧光及安奎的〈蜜蜂主要病蟲彙報— I. 蜜蜂蟹蟎〉等。

1.1.9 結語

　　1918 年日治時代，「臺灣商工協進會」在臺北市主辦大型博覽會及展售會；1934 年李炳生先生出版的迷你書《蜜語》；1953 年臺灣第一個嘉義市蜜蜂運銷合作社的紀錄，都是蒐集到的珍貴資料。1956 年 7 月日本井上晃先生帶來採收蜂王乳技術，1959 年 8 月范宗德先生出版養蜂專書《蜂話》，則是早年的大事。農復會於 1962 年聘請美國賴爾博士來臺灣，在大學開授養蜂學課程，更為臺灣養蜂事業奠定了良好的發展基礎。

1.2 臺灣省養蜂協會創立經過

在臺灣省養蜂協會擔任副總幹事期間，總幹事黃齋輝提供協會了珍貴資料，加上後續的養蜂報告，彙整成文以供分享。

1.2.1 養蜂協會成立之前

臺灣光復後，在政府農政單位輔導下，1953 年 11 月成立「嘉義市蜂蜜運銷合作社」。日本專家井上晃先生 1956 年帶來「採收蜂王乳技術」影片。1962 年農復會邀請美國賴爾博士（Dr. Clay Lyle）來臺灣，在國立臺灣大學及國立中興大學，開授「養蜂學」課程。政府農政單位推動養蜂事業發展，民間養蜂專家積極努力配合，蜂農也自動自發協同改進，整體趨勢已然形成，促使養蜂產業需要籌組養蜂協會。

1.2.2 臺灣省養蜂協會籌備會

農復會及農林廳主管農業機關，認為養蜂事業有助於繁榮農村經濟，有必要加強輔導。因此派張國良技正及陳國欽技正負責，於1968 年 7 月 23 日在屏東市農會協助召開研討會。各地蜂農出席極為踴躍，隨後由施學昆、林宜鐘、張良煥、蘇綱生、張清安、洪添壽及莊金波等七位蜂農發起，組織籌備會。

1969 年 4 月 4 日社會處核准設立「臺灣省養蜂協會籌備會」，推舉施學昆為主任委員。社會處派陳子約視導及盧啟賢股長指導，召開三次籌備委員會議。

1.2.3 臺灣省養蜂協會成立

1969 年 8 月 15 日臺灣省養蜂協會成立大會，在臺中市平等街 50號舉辦，創會會員共 151 人。大會除討論工作計畫及編列預算外，同時選出 15 人組成理事會，5 人組成監事會，並召開第一次理監事會議。

選出張朝琴、廖伏倒、鐘子瑍、張良煥、施學昆為常務理事，施學昆被推為第一屆理事長，翁地利為常務監事。

當時已進入秋末，年關將近，農復會及農林廳輔助的業務計畫，如調查蜜源植物、製作防熱保溫蜂箱、製作隔王板等業務需要推動。理事長請全體理監事分別在各地區負責調查工作，預定調查蜜源植物總面積 533,638.31 公頃。另製發保溫蜂箱 151 個、塑膠隔王板 360 付。當時正逢「艾爾西颱風」、「芙勞西颱風」相繼襲臺，許多蜂群被吹毀，蜜源植物受摧殘，蜂農損失慘重。養蜂協會陳請農林廳協助，向主辦機關爭取低利貸款五百萬元，期限兩年。但是，受災蜂農會員總共僅借貸 1,645,650 元。

為了進行蜜蜂病蟲害防治，協會購置高溫噴燈 4 台、噴霧器 6 具存於理監事處，提供需要的會員借用。防治藥品 2 磅，因數量太少，無法分配而存於養蜂協會。另請農復會透過美國專家研究，瞭解各地養蜂場罹患「美洲幼蟲病」的問題，並尋求解決方案。

1.2.4 第一屆第一次會員大會

1970 年 12 月 26 日在臺中市中山堂，召開第一屆第一次會員大會，會員人數增為 425 人。會中修訂章程外，並協調執行補助計畫，請全體理監事協助調查「山地野生蜜源植物分布」，共調查 27,792.30 公頃，另製發淺房巢礎 3 萬片。為改善冬季蜜源植物不足的問題，配合養蜂需求，設置大面積油菜綜合示範圍 50 公頃，油菜新品種種植方法改善示範圍 40 公頃，設在西湖、公館、花壇、竹塘及崙背地區，並請蜂農搬移蜂群配合，同時協調共同噴藥工作。

當年 11 月間，在苗栗、嘉義及屏東三地舉辦研討會，請農復會陸之琳組長指導，研討該年度業務及交流養蜂技術。研討會邀請國立中興大學農學院貢穀紳院長（圖 1.2-1）、國立臺灣大學嚴奉琰教授（圖 1.2-2）、美國養蜂專家麥唐納博士，講授飼養管理、蜜蜂病蟲害防治、外國養蜂概況等，會中放映養蜂相關影片。參加研討的會員發言熱烈，對養蜂技術改進很有幫助。上列各項業務經費與技術，均由農復會及農林廳補助。

1.2-1 國立中興大學貢穀紳院長與作者 ▌1.2-2 國立臺灣大學嚴奉琰教授

1.2.5 第二屆第一次會員大會

　　1971 年 8 月 1 日在臺中市居仁國中大禮堂召開，第二屆第一次會員大會，會員人數 565 人。依章程審查預決算，並修正章程 13 條及 20 條等條文，選出各地區會員代表，再由會員代表產生理監事，並以代表大會為最高權力機構。該屆理監事人數，因條文修改由 15 名改為 21 名，選出第二屆理事長陳孟家及其他理事監事。

　　農復會及農林廳補助經費，聘請 3 名蜜蜂調查員，分別到北、中、南（含臺東）三地區，調查蜜蜂病蟲害及蜂群設立戶籍工作，完成調查蜂群設籍者有 43,566 箱蜂群。為摧毀感染幼蟲病巢脾，製作深房巢礎十萬片發送受害會員。請嚴奉琰教授講解病蟲害防治，訓練調查員。請農復會曾建民先生指導，設計工作流程及登記表格等，以利蜜蜂病原研究及防治工作進行，另由農復會邀請國立臺灣大學昆蟲學系協助辦理。1972 年元旦發行《臺灣養蜂通訊》創刊號，理事長陳孟家擔任發行人，請范宗德先生主編。

　　1972 年 8 月以前蜂王乳產地價格，每公斤 1,500 元。1972 年 9~10 月間，因為年關將近，日本市場需求大增價格飆升，到每公斤 5,000~7,000 元，年底一度破萬元大關。1973 年蜂王乳外銷 48 公噸，外銷總金額達 2 億 2 千餘萬元。

1.2.6 第三屆第一次會員大會

臺灣養蜂協會理事長王嘉雄,於 1973 年 8 月 31 日在臺中市自由路 2 段 92 號召開第三屆第一次會員大會。辦理的業務有「泰莉颱風風災」貸款 32 人,全毀及半毀蜂群損失 4,493 箱,請土地銀行總行貸款,核准新臺幣 300 萬元。但是申請貸款會員只有 4 人,貸款金額 10 萬元。辦理空中噴藥一次,常務理事飼養的蜜蜂損失 17 箱,未獲補償。辦理蜂群失竊,彰化縣秀水鄉林炳分 28 箱、屏東縣萬丹鄉蘇魯 56 箱、臺中縣草屯陳水泉 7 箱、彰化縣二水鄉李金桶 14 箱、蘇慧山 10 箱,合計 115 箱。隨後,林炳分失竊 28 箱破獲,竊嫌送彰化地方法院判刑 6 個月。另購置一些蜂群,提供臺北改良場、高雄改良場、花蓮改良場、台糖埔里副產加工廠,以及永森公司三義農產,作為研究推廣之用。

1973 年度工作計畫中列出,調查生產蜂王乳會員人數及每月需用砂糖數量,向政府爭取免稅砂糖,雖兩度遭財政部飭回,仍繼續爭取。調查蜂王乳產量,計算正確成本,統計後做為砂糖減稅資料。另因外國人士參觀某些養蜂場後,來函投訴養蜂場環境衛生不良,採收蜂王乳養蜂場的衛生設施需要改良。因此設置四處示範養蜂場,由理監事及組長率先示範執行。當年發生美洲幼蟲病,使用藥物防範,每箱費用需要 700~800 元,蜜蜂病蟲害問題得到適當控制。

1.2.7 結語

臺灣省養蜂協會在當年特殊的時空背景下,承蒙主管機關及學術機構全力協助,才能順利成立。協會成立初期,主要任務是調查蜜源植物種類及分布、解決冬季蜜源植物不足問題、養蜂技術交流、全省蜜蜂病蟲害調查,以及蜂群設立戶籍的工作。當年,國立臺灣大學昆蟲學系嚴奉琰教授,也擔任農復會技正,是臺灣省養蜂協會創立的重要推手。

1.3 全國蜂蜜品嘗展示會

　　臺灣養蜂協會成立後，於 1977 年主辦全國蜂蜜品嘗展示會，是協會首度辦理的大型展覽會。養蜂協會第四屆理事長翁文炳邀請作者擔任副總幹事，接任新職的第一項任務，就是承辦蜂產品展覽會，協助養蜂事業發展。

1.3.1 承辦「全國蜂蜜品嘗展示會」

　　當年作者在攻讀博士學位，蒐集不少國內外蜜蜂、蜂產品及蜜蜂展覽等相關資料，有信心能辦好展覽會。根據大學期間辦理展覽的經驗，確知選擇展覽場地是成功的關鍵。場地適宜才能聚集人潮，達到宣傳效果。場地確定後，再按空間大小構想展覽內容，進而收集展品，規劃展出。臺灣養蜂協會多數理監事建議，依循往例，租一個場地，將優良的蜂產品陳列，在媒體上做廣告宣傳即可。但是，作者認為既然投入時間、經費及人力，就要辦得有聲有色。為了擴大宣傳效果，建議到臺中市大型百貨公司辦理，當時理監事們都認為百貨公司的場地費可能很高，協會的經費恐怕無法支應。

　　作者應允負責尋找展覽場地，經過評估訪查，選定臺中市人潮最多的「遠東百貨公司」，與負責人柏舜如總經理相約見面，洽談租借場地事宜。大約花費了 30 分鐘，說明個人背景及蜂蜜品嘗展示會的基本理念，柏總經理當下慨然應允。不但免費提供展覽場地，還支援展示會場的美工設計及服務人員（圖 1.3-1）。沒想到接洽如此順利，讓臺灣養蜂協會理監事們都大感意外。

　　展示會定名為「全國蜂蜜品嘗展示會」（圖 1.3-2），由臺灣省農林廳及臺灣養蜂協會主辦，國立中興大學昆蟲系協辦，堅強的主辦及協辦單位，可能是讓柏總經理動心的主要原因。柏總經理對於預定展出的養蜂工具及蜂產品等，均未見過，十分好奇，幸好事先備妥相關照片及資料說明。對於展示現場中，部分時段讓參觀者免費品嘗蜂產品，更是柏總經理的最愛。以往百貨公司從來沒辦過類似的展覽，本項展覽設計為百貨公司的創新行銷策略，吸引許多消費人潮。

▌1.3-1 展示會場入口的服務人員

▌1.3-2 三樓往四樓展場的指標

▌1.3-3 農林廳張訓舜廳長（右3）

▌1.3-4 媒體報導

1.3.2 展示會開幕

展示會日期定於 1977 年 7 月 2 日至 8 日，展覽地點在臺中市自由路遠東百貨公司四樓。展示會開幕的前一天，在臺中市欣欣餐廳舉辦記者招待會，由翁理事長主持，農林廳長官們列席。臺中市各大報社及電視台記者，都感覺非常新奇，紛紛踴躍參加。

全國蜂蜜品嚐展示會開幕，農林廳張訓舜廳長（圖 1.3-3）、謝惠騰股長及李伯符等長官都蒞臨指導，翁理事長、理監事及會員們均熱烈參與。開幕典禮後，作者負責向貴賓導覽解說，引導消費者參觀展覽，還可免費品嚐蜂產品，每天人潮不斷。平面媒體爭相報導（圖 1.3-4），引起熱烈迴響。

1.3.3 展示內容

　　展示會的主要內容：介紹臺灣養蜂協會的組織概況、說明各種蜜蜂產品對人類健康的助益、展出養蜂使用的工具等。展示養蜂用的工具，包括蜂箱、巢框、巢脾等。管理蜂群用的工具，包括噴煙器、蜂掃、啟刮刀及預防蜂螫的面罩等。展示採收蜂蜜的工具，包括搖蜜機（圖 1.3-5）及蜂蜜過濾器等。展示生產蜂王乳的工具，包括人工王台框、塑膠王台、移蟲針、取王乳刀等。

　　展示會特別邀請國立中興大學農藝系楊智為老師參加，是展示會的一項特色。展出他自行研發的罐裝「蜂花粉」，同時展出花粉研磨機，並定時現場演示蜂花粉的製作過程。這是蜂花粉首次在臺灣亮相，蜂花粉提供品嘗，引起觀眾很大的興趣。楊老師出版的專書《花粉》，是臺灣第一本蜂花粉的專業書籍，同時辦理新書發表會，充分展現行銷績效。

　　展示會現場也邀請數家知名養蜂場，販售優良的蜂產品。此外，展示會現場選取部分時段，提供蜂蜜、蜂王乳及蜂花粉，讓消費者免費品嘗。另外，安排蜂產品九折優惠時段，更受消費者青睞。

　　當年的展示會由楊老杰、李錦洲、黃萬全、蘇春木等多位養蜂協會理監事熱情支援及贊助蜂產品，又有國立中興大學農藝系楊智為、植病系毛潤豐、昆蟲系張念台等師生的全力協助。詳列提供展覽及品嘗蜂產品的單位及個人清單，見表 1.3-1。

▌1.3-5 現場展出搖蜜機、防護衣、生產蜂王乳的工具等

表 1.3-1 提供展覽及品嘗的單位及個人

	序號	內容	提供單位及個人
展示部分	1	蜜蜂觀察箱　一組	國立中興大學昆蟲學系
	2	海報共計 17 張。包括蜜蜂行為解說 12 張、蜜蜂及蜂王乳採收過程 1 張、梨山養蜂介紹 1 張、蜂王乳海報 1 張、臺灣省養蜂協會組織概況 1 張、宣傳海報 1 張。蜜蜂漫畫 2 張。	國立中興大學昆蟲學系張念台製作部分圖片由監事翁地利提供
	3	養蜂器具共計16件。包括啟刮刀、蜂刷、王台框、蜂蠟、蜂箱、搖蜜機、花粉採收器等	常務理事楊老杰
	4	蜂蠟 1 件	理事張添福
	5	粒狀天然花粉	第一屆理事長施學昆
品嘗部分	1	巢蜜	第三屆理事長王嘉雄
	2	倍益康花粉	國立中興大學農藝系楊智為老師
	3	新鮮蜂王乳	中華王乳公司黃萬全、劉錦彬、蘇綱生
	4	蜂蜜	臺北：翁地利（蓬萊）、藍玉昇（昊天）
			苗栗：蘇綱生、劉錦彬
			臺中：施學昆、楊老杰、陳榮、王德法、林倪植
			臺南：黃水法（華成）
			高雄：黃萬全（金牌）、劉要（要城）、賴平西（賴家）
			屏東：曾金泰（四海）、陳立光（龍山）、陳慧聰（大岡山）
	5	提供記者招待會（蜂蜜及蜂王乳）	嘉義：蘇春木 高雄：黃萬全

1.3.4 展示會迴響

　　農林廳主辦人謝惠騰股長（圖 1.3-6）對本展示會非常重視，展覽期間幾乎全程參與。他對展覽的看法：這次展示會是農林廳主持「加速農村建設計劃」項下，養蜂部分的最後一個項目。讚賞展示會的成功，超出想像，尤其只以一萬五千元的補助經費，就辦得如此出色，真是難能可貴。對於展示會場、展示會日期的選擇、現場布置、海報

製作、養蜂工具的陳列及一切的籌畫設計等，認為均達空前水準，讚譽有加。邀請國立中興大學昆蟲系師生現場解說，更是特別精心規劃，團隊合作表現優異。臺灣省養蜂協會人才濟濟，如果按步就班地發展下去，臺灣養蜂事業一定有很好的遠景。

▌1.3-6 農林廳謝惠騰股長（黑衣）及工作人員

利用展示會，讓社會大眾認識養蜂事業、蜂產品生產過程及多樣性的蜂產品，非常有意義。當時本省生產蜂王乳已經占世界第一位，但蜂王乳大多外銷，多數國人不知食用，非常可惜。藉海報宣傳及專家現場解說，借助展示會充分行銷蜂產品，超出預期成效。深感像這樣的展示會，應該到全省各地巡迴展出，或到世界各國舉辦。

1.3.5 消費者的心聲

展示會現場由國立中興大學志工們提供解說之外，並且收集消費者對蜂產品最常問的問題。彙整部分，提供以後辦理類似展覽的參考。

1. 蜂蜜部分

蜂蜜對人體有什麼好處？各種蜂蜜為什麼有不同的味道？蜜蜂如何採集蜂蜜？我家小孩吃了蜂蜜會長疹子，常吃蜂蜜會不會有副作用？龍眼蜜是不是用龍眼做出來的？

2. 蜂王乳部分

蜂王乳是不是用蜂蜜提煉出來的？蜂王乳含有什麼成分，效果如何？蜂王乳為什麼這麼難吃？蜂王乳為什麼要冰凍？蜂王乳能不能治療青春痘？

3. 其他蜂蜜產品部分

什麼是蜂蠟？蜂蠟有什麼用途？蜜蜂如何採集蜂蠟？蜂花粉怎麼吃法？對人體有什麼好處？蜂花粉也能吃，會不會引起花粉熱？「蜂巢蜜」與其他蜂蜜有什麼不同，為什麼這麼貴？

從消費者提出的問題，可見當年社會大眾對於蜜蜂及蜂產品的了解有限。消費者提出的問題，已經建議農林廳補助經費印製專冊，廣為宣導。臺灣的養蜂事業及有益健康的蜂產品，應該多辦理展示會，加以推廣宣傳。

1.3.6 結語

全國蜂蜜品嘗展示會展出七天，邀約國立中興大學昆蟲系師生 16 位，包括 4 位碩士、5 位碩士生及 7 位大學生，輪流在展示會現場為消費者詳細解說。當年全國任何一項工商展覽，都沒有如此堅強的服務陣容，是展示會的最大特色。這次展示會，也是臺灣省養蜂協會與國立中興大學昆蟲學系合作的開端。

1.4 臺灣蜂蜜評審的起源

　　臺灣蜂蜜的真假好壞，問題存在已久。臺灣省養蜂協會注意到此問題，為維護消費者健康，並確立信心，1982 年首度辦理蜂蜜評審，由臺灣省政府農林廳林尚甫先生承辦。

1.4.1 臺灣的劣蜜及假蜜問題

　　1953 年林珪瑞記述：蜂蜜經化驗分析標明以防假冒，俾提高人民對蜂蜜價值之見解，始可解決銷售問題。1974 年程發和更語重心長的記述：蜂蜜易於摻假，消費者懷疑蜂蜜的純度，影響銷路。依這些資料可知產、官、學各界，都殷切期盼訂定蜂蜜標準規範，以維持市場秩序。

1.4.2 第一屆蜂蜜評審

　　行政院農業發展委員會及農林廳輔導下，1982 年 6 月 28 日召開了 71 年度蜂蜜評審會議（圖 1.4-1）。農林廳范國揚股長擔任召集人，與會人員有農林廳林俊義、謝惠騰、林尚甫，養蜂協會理事長陳麗仁及蜂農陳汝漢等人。

　　當年蜂農 82 人報名參加第一屆蜂蜜評審，參加評審的蜂蜜有 529 桶，每桶 200 公斤。經初步審查，合乎規定的評審蜂蜜的只有 142 桶，農林廳及養蜂協會派員抽取樣品。抽樣蜂蜜均加封籤，樣品於 5 月 1 日與 5 月 5 日，分兩批送交經濟部商品檢驗局。依國家標準化驗各項成分：包括水分、還原糖，以及蔗糖百分比等。當年對蜂蜜成分的認定，是依據經濟部中央標準局 1979 年 5 月修訂的蜂蜜國家

1.4-1 1982 蜂蜜評審會記要－林尚甫

標準（CNS），蜂蜜品質分為甲級及乙級。評審蜂蜜化驗的結果，在國家標準乙級以上者占93%，甲級以上者占14%。化驗完後，6月28日在養蜂協會公開評審蜂蜜等級。評審以商檢局檢驗結果為本，再依色澤、香氣及風味複評。依兩項的總評分，最後評定等級。當時入選特優級蜂蜜7桶，占參加評審蜂蜜5%。入選優等級蜂蜜29桶，占20%。入選甲級蜂蜜52桶，占37%。

入選的特優蜂蜜及優級蜂蜜，由農林廳頒發獎狀。甲級蜂蜜，由養蜂協會頒發獎狀。等級評審後，開啟大桶蜂蜜封籤，並監督蜂蜜的分裝，分裝後的瓶裝蜂蜜貼上養蜂協會特別印製的標籤。全國首屆蜂蜜評審的入選蜂農名單：特優級有蘇綱生、陳基福、陳麗仁、郭彰三及黃萬全5人，優等級有陳朝凱、黃正雄、黃深淵等20人，甲級有林憲治、陳漢珍、黃盛良等30人。

1.4.3 第二屆蜂蜜評審

第二屆第一次評審委員會，於1983年4月21日在臺中市平等街50號召開。農委會古德業副處長擔任主席兼召集人，出席委員有大學教授李錦楓、關崇智，農林廳蕭榮福、田春門、林尚甫，養蜂協會總幹事黃齋輝、林梲植等人。入選蜂蜜分為特

▌1.4-2 得獎蜂蜜標籤－1983年

優、優等、甲等及參加獎四種，另增加一項參加獎。特優及優等獎由農林廳廳長頒發，甲等及參加獎由養蜂協會頒發，得獎蜂蜜頒贈特殊認證標籤（圖1.4-2）。

第二次評審委員會議於1983年6月27日，在臺中市西屯路1段267巷127之1號2樓的養蜂協會召開。農林廳蕭榮福擔任主席兼召集人，出席委員有關崇智、李錦楓，經濟部商品檢驗局張世揚，農林廳田春門、林尚甫，養蜂協會理事長陳麗仁、林梲植、李錦洲、黃齋輝等人。自3月1日至3月20日，共有蜂農44人參加蜂蜜評選，參加評審的蜂蜜有276桶。部分報名者因手續不符被取消，實際參加的

蜂農 25 人，參加評審的蜂蜜 96 桶。蜂蜜樣品送交經濟部商品檢驗局依國家標準化驗，報告於 1983 年 5 月 28 日完成。蜂蜜樣品送商品檢驗局依國家標準化驗結果，評分占 70%。另有評鑑委員，依色澤、香氣及風味複評，占評分 30%，兩項相加總分是最後評定結果。

平均分數在 94.00 以上為特優，93.99 至 88.00 為優等，87.99 至 78.00 為甲等。入選蜂農名單：特優級有陳清峰、陳侯常、郭彰三、蘇綱生及劉瑞明 5 人，優等級有陳麗仁、黃萬全、林憲治等 20 人，甲級有林明憲、李金榮、陳漢珍等 13 人。特優及優等獎由農林廳廳長頒發，甲等及參加獎由養蜂協會頒發。一人同獲兩項獎者，僅頒發較優的獎牌。

1983 年 7 月 2 日至 31 日的「蜜蜂與蜂產品」特展，由農林廳及國立臺灣博物館主辦，養蜂協會承辦。展覽開幕時，農林廳余玉賢廳長，頒發 72 年度全國蜂蜜檢驗評審特優及優等獎。特展期間的專題演講，邀請張世揚講「蜂蜜為什麼會結晶及其處理」，臺灣養蜂協會理事長陳麗仁講「如何鑑定蜂蜜好壞」，農林廳林尚甫講「蜂蜜的種類、檢驗與評審」等，第二屆的蜂蜜評審及頒獎，場面盛大而隆重，得獎者備感光彩榮耀。

1.4.4 第五屆蜂蜜評審

第五屆蜂蜜評審，於 1986 年 5 月 13 日在臺中市五權中街 45 號舉行。農林廳蕭榮福擔任主席兼召集人，出席委員有農委會古德業、陳秋男、張瀛福，農林廳田春門、陳昭豐，經濟部商檢局張世揚，大學教授朱耀沂、李錦楓、侯豐男、關崇智、陳昭鈞，臺博館安奎，養蜂協會理事長黃深淵、總幹事邱鴻寮等人。該次會議以研討蜂蜜評審相關問題為主，將蜂蜜的色澤、香氣及風味評比占 30%，修訂為色澤及香氣仍各占 10%，風味改為占 15%，稀釋濃度定為 12.5%。

蜂蜜評審的複評會議於 1986 年 7 月 3 日，在臺中市文化中心文英館舉行。作者擔任主席及召集人，與會人員有農委會古德業、張瀛福，農林廳田春門、陳昭豐，經濟部商檢局張世揚，大學教授關崇智，養蜂協會黃深淵、邱鴻寮、黃萬全、陳汝漢、游炳煌、鄭老受、張勝田、陸憲治、林梲植、陳侯常、鍾子寅等人。色香味複評召集人張世

揚，委員 15 人。

該年度參加評審蜂蜜共有 169 桶，水分含量 20% 以上者 94 件，蔗糖含量在 1.6% 以下，還原糖含量 70% 以下者 6 件。通過初步化驗結果參加複選者共 69 件，包括龍眼蜜 61 件，荔枝蜜 7 件，龍眼荔枝綜合蜜 1 件。色香味評比召集人張世揚宣布，蜂蜜的風味評鑑原定將蜂蜜稀釋濃度為 12.5%，因器具不足，捨棄濃度稀釋，改由直接品嘗蜂蜜的風味。69 件樣品分置放在 4 區，龍眼蜜放置 3 區，其他蜂蜜另放一區，評鑑委員按區分組進行，評分表不記名。分數在 91.00 以上為特優 19 件，占 30%。93.99~87.7 為優等 26 件，占 40%。87.6 為甲等 18 件，占 30%。特優級有游炳煌、張朝琴、黃賜料、林忠、郭建智等 15 人，19 件。優等級有劉福明、吳昌富、林獻治等 26 人，甲級有張萬得、林窗明、陳國正等 18 人。

1.4.5 蜂蜜評審的問題

蜂蜜評審辦理 5 年，發現下列幾項蜂蜜評審問題，值得探討。

1. 如何將進口蜂蜜排除在評審之外

全部複審蜂蜜樣品，一律為省產蜂蜜。依色澤、香氣及風味評分。如果認為風味特殊，不是省產蜂蜜，三項之總分評在 17 分以下，屬於省產蜂蜜者評為 18 分以上。在評審前，如何鑑定及排除非省產蜂蜜是一項重要課題。

2. 如何決定等級分配比例

每個蜂蜜樣品統計總分後，依總分排定名次。總分 83 分以上者為得獎範圍，依次 30% 為特優獎、40% 為優等獎、30% 為甲等獎。總分 82.5 分以上時，以四捨五入計算，列為 83 分。入選比例呈常態分布，但此比例是否得宜，值得探討。

3. 如何決定色澤、香氣及風味的複評方式

風味評審以稀釋的蜂蜜為準，如有疑問可評審未稀釋的原蜜。品嘗每瓶蜂蜜後，必須漱口，以免與下一瓶混淆。品嘗五瓶後必須休息，

以防感官疲乏，提高評鑑的精確度。

4. 每次蜂蜜評審後，最後要檢討利弊得失，以供下次辦理蜂蜜評審的參考

1.4.6 蜂蜜評審的成效

當初辦理蜂蜜評審認定蜂蜜成分標準時，因為臺灣產蜂蜜的品質研究，尚無報告可供參考。權宜之計，唯一可作為蜂蜜成分認定標準，就是依據經濟部中央標準局1979年5月修訂的蜂蜜國家標準（CNS）。此評審標準在蜂蜜評審初期，曾有蜂農質疑，認為國家標準乙級蜂蜜的水分在22%以下，要求過於嚴格，建議調整為25%左右，因許多蜂農依當年管理蜂群的方法採收蜂蜜，蜂蜜中的水分根本無法達到乙級水準。實際上，蜂蜜中水分含量與採收蜂蜜的間隔日期，有密切關係。調整蜂蜜採收間隔日期，即能改善蜂蜜品質，另有其他方法，如採用繼箱養蜂等，較容易控制採收蜂蜜的水分含量。

辦理蜂蜜評審是一項大膽的嘗試，每次都在不斷爭論及協調下進行，所幸多數蜂農能夠接受訂定的蜂蜜評審標準。養蜂協會對蜂蜜評審方式每年不斷檢討，不斷從「做中學」，但求止於至善。臺灣養蜂協會期望蜂農生產的蜂蜜能達到國家標準，符合消費者需求。使消費者對評審入選蜂蜜，更具信心。

1.4.7 結語

1982年首次辦理蜜蜂評審，1989年苗栗區農業改良場增加蜜蜂研究改良業務，轉型為苗栗蠶蜂業改良場，接續協助辦理此項業務。直到2020年已有38年，幾乎每年辦理。在國立中興大學區少梅教授等專家協助下，精益求精，審查辦法更加嚴謹。目前經過評審入選的蜂蜜，品質都維持一定水準，深獲社會大眾信賴。

蜜蜂評審對於臺灣養蜂事業發展，有很重要的影響。蜂蜜評審成為臺灣養蜂事業的特色，許多其他國家試圖比照辦理，也不易付諸實現。

1.5 蜜蜂與蜂產品特展

　　1981 年受聘臺博館工作，擔任推廣組組長。當年臺博館的內規，全館五個組，每年每組必須輪流辦理一項具有代表性的特展。1982 年館務會議研商年度展覽時，就選定「蜜蜂與蜂產品」特展，因為昆蟲類的蜜蜂及蝴蝶展覽，在科普教育上都極受歡迎，也深受社會大眾喜愛。由於蜜蜂與蜂產品是個人專長，而且有人脈支援，有幸承辦，真是喜出望外。

1.5.1 特展規劃

　　當年各組辦理展覽，由每位研究人員負責一項展覽，每年依次輪流。從籌措展覽經費、規劃展覽內容、借用標本、實物展出、撰寫展文稿、製作展覽主題單元、規劃展品陳列、安排展覽演講、撰寫展覽文宣、安排記者會及其他相關活動等，都需要全部統包。

　　特展主題經過館務會議決定後，馬上就帶著「蜜蜂與蜂產品」特展規劃草案，到行政院農業發展委員會、臺灣省農林廳、國立臺灣大學、國立中興大學及臺灣養蜂協會等機關，與負責人研商展覽計畫內容，並請求財力、人力及物力支援。特展規劃草案，雖是初稿，但實際上已幾近完整，因為 1977 年 7 月份，曾在臺中市遠東百貨公司主辦「全國蜂蜜品嘗展示會」，深獲好評。當年各相關單位負責人員，多表全力支援。本項特展案進行的能夠如此順利，得利於當年臺灣養蜂事業發展的時空背景，及產官學界的鼎力襄助。

1.5.2 辦理特展的時空背景

　　1972 年臺灣蜂王乳出口價格，一度每公斤破一萬元新臺幣，締造臺灣養蜂事業最燦爛的佳績，也是蜂農最感興奮的一年。1978 年臺灣外銷蜂王乳的價格大跌，只有生產成本的 5 至 7 成。大部分養蜂場幾乎陷入停產狀態，甚至被迫轉業，臺灣養蜂協會數度建議政府輔導蜂王乳外銷。1979 年 1~5 月臺灣與中國蜂王乳出口量相近，臺灣產

蜂王乳品質雖較中國產蜂王乳優良，但因中國蜂王乳外銷日本價格便宜，嚴重打擊臺灣蜂王乳外銷。1979 年 12 月 12 日臺灣養蜂協會邀請經濟部農業司等單位，舉辦「研商外銷蜂王乳產銷計畫」會議，加強開拓蜂王乳的歐美市場。

隨著蜂王乳外銷價格下滑，各界要求臺灣省農會及臺灣養蜂協會加強舉辦產品展示會。利用電視、電台及平面媒體廣為宣傳，並建立內銷市場及批發零售供應制度，積極拓展內銷。因此，以臺博館之名前往農政機關及各大學等單位拜訪時，受訪單位都表示願意協助辦理蜜蜂與蜂產品特展。

1.5.3 特展籌備

特展時間訂於 1983 年 7 月 2 日至 31 日，在臺博館第一特展室展出。召開四次籌備委員會，都請臺灣省農林廳蕭榮福科長擔任主席（圖 1.5-1），聯絡窗口是農林廳計畫承辦人林尚甫先生。出席的籌備委員，農政機關有行政院農委會古德業副處長、陳秋男技正、經濟部農業局廖朝賢技

▌1.5-1 農林廳余玉賢廳長（右 3）、蕭榮福科長（左 1）

正、商品檢驗局張世揚技正、農林廳謝惠騰技正、田春門股長及趙世杰先生、省新聞處洪欽源先生；學術界有國立臺灣大學何鎧光教授、彭武康教授及朱耀沂教授、國立中興大學貢穀紳教授及關崇智教授、中國醫藥學院甘偉松教授、臺中高農蔣永昌老師。養蜂業界有臺灣養蜂協會陳麗仁理事長、李錦洲理事、朱清相理事及黃齋輝總幹事。另有臺灣省美容協會林岡市理事長、林頌珠小姐及陳木士先生。媒體有興農月刊社毛潤豐主編、豐年社張慶貞小姐及自由日報張金雀記者。籌備委員會陣容浩大，涵蓋所有與臺灣養蜂事業發展的相關單位。

一面召開籌備會議，一面啟動特展製作，同時撰寫各展示單元的文字內容，篩選相關活動照片。並請推廣組同仁全體總動員，尤其是推廣組四位說明員全力以赴，即使下班後及週末都不得清閒。經不

斷與國立臺灣大學昆蟲學系聯繫，也特別請同學們就近協助特展的相關工作。美工設計製作部分，特別委託泰北高中美工科協助。四次的籌備會議集思廣益，不斷修訂特展內容及各項細節，期使特展更為完美。雖然辦理這樣一項大型特展千頭萬緒，但仍然依照計畫按部就班推展。

1.5.4 特展主要內容

特展內容是以少數文字介紹，配合較多的照片、圖片及實物，烘托詮釋主題。特展分成 16 單元，每個單元都經過不同設計後再製作。每單元的尺寸，以博物館新設計的展示櫃大小為準，展示櫃內另有檯面，展出工具等實物並貼上說明標籤，註明飼養蜜蜂的用途。特展方式，增加整體版面的美工設計，讓展覽內容更充實且賞心悅目。展出的內容，簡介如後。

1. 世界養蜂簡史

1924 年在西班牙東部比克普山區，發現岩洞壁畫中的採蜜圖，記錄紀元前五千年前的新石器時代，埃及地區及中東乾熱地區人們，利用陶製容器飼養蜜蜂。也簡介 1851 年美國的郎氏（L. L.Langstroth）發現蜂路（bee space）原理，應用此原理製造出標準蜂箱，推廣世界各地普遍採用，使養蜂事業進入極速發展時期。當然也提到臺灣成為生產蜂王乳外銷為主的國家，並享有「蜂王乳王國」美譽。

2. 蜜蜂的近親

胡蜂、切葉蜂、熊蜂、土蜂及馬蜂等都是蜜蜂的近親。

3. 蜜蜂的種類

蜜蜂品種主要有四種，分別是西方蜜蜂（*Apis mellifera*）、東方蜜蜂（*Apis cerana*）、印度大蜂（*Apis dorsata*，大蜜蜂）及印度小蜂（*Apis florea*，小蜜蜂）。臺灣最早記錄的蜂種是東方蜜蜂的中國蜂，也稱為野蜂。

4. 蜜蜂發育

蜂群中分成三個階級，分別是蜂王、工蜂及雄蜂。蜂王及工蜂是雌性，經由受精卵發育而成，雄蜂是未受精卵發育而成（圖 1.5-2）。西方蜜蜂從卵到成蟲的發育日期，蜂王 16 天、工蜂 21 天、雄蜂 24 天。

5. 蜜蜂的構造

分為頭部、胸部及腹部等。

▌1.5-2 蜜蜂發育單元

6. 蜜蜂的行為語言

蜜蜂不會說話，但是有特殊的溝通方式，稱為「蜜蜂的語言」。其組成要素包括舞蹈、氣味（費洛蒙）及聲音等。

7. 蜜蜂的其他行為

蜜蜂分工、按照體內腺體發育程度，擔任不同任務。日齡 20 天以內的工蜂稱為內勤蜂，擔任的工作有清潔、服侍蜂王、築巢等。日齡 20 天以上的工蜂稱為外勤蜂，外出採集花蜜、花粉及水。蜜蜂的行為有幾項特點：團結合作、犧牲奮鬥、勤勞忠誠、友愛禮讓。這些行為，統稱為「小蜜蜂精神」，值得人們學習。

8. 養蜂工具

包括蜂箱、埋線器、巢脾、王台框、幽王籠、啟刮刀、電動蜂王乳採收器、花粉採收器及搖蜜機等。

9. 採蜜過程

蜜蜂採集花蜜後，帶回蜂巢貯存在巢脾上，經過貯存及釀製熟化後，蜂農使用採蜜機，將巢脾中的蜂蜜離心取出，再經過濾就是蜂蜜。

10. 採收蜂王乳過程

　　生產蜂王乳之前，把一箱蜜蜂用隔王板分成有王及無王兩部分。在無王部分，適時放入人造王台框，並移入 3 日齡的小幼蟲，誘使工蜂分泌蜂王乳，蜂王乳的品質控管非常重要（圖 1.5-3）。

▌1.5-3 蜂王乳的品管

11. 其他蜂產品

　　蜂群的主要產品，除了蜂蜜（圖 1.5-4）及蜂王乳外，另有蜂花粉、蜂蜜酒（圖 1.5-5）、蜂膠（圖 1.5-6）、蜂蠟及蜂毒等，並介紹其他各種蜂產品的來源及生產方法。

▌1.5-4 展出的蜂蜜樣品

▌1.5-5 蜂蜜酒及蜂花粉

▌1.5-6 蜂王乳及蜂膠

12. 蜂蜜的種類

　　蜜蜂採集不同蜜源植物的花蜜，所生產的蜂蜜風味不同，各有所別。臺灣生產的蜂蜜可分為，龍眼蜜、荔枝蜜、柑橘蜜及蒲姜蜜等。各種蜂蜜的色香味，都不相同。同時也展出本省蜂蜜產品商標。

1.5-7 蜜蜂郵票

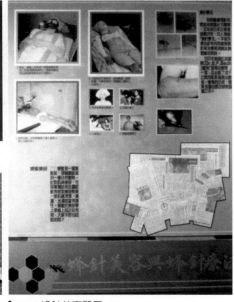

1.5-8 李蜜蜜小姐提供的蜜蜂飾品　1.5-9 蜂針美容單元

13. 蜜粉源植物

　　蜜蜂採集花蜜及採收花粉的植物，統稱為蜜粉源植物，臺灣有龍眼、荔枝及柑橘等。蜜蜂能夠大量採收花蜜及花粉的植物，稱為主要粉蜜源植物。

14. 蜜蜂病蟲害及敵害

　　蜜蜂的病害有細菌引起的美洲幼蟲病、真菌引起的白堊病、病毒引起的毒素病等。

15. 世界蜜蜂郵票

　　展出世界許多國家發行的蜜蜂郵票（圖 1.5-7）。

16. 蜜蜂之美

　　全國知名的「蜜蜂小姐——李蜜蜜」提供蜜蜂飾物（圖 1.5-8），小蜜蜂造型的玩具等。此外，蜜蜂產品的美容功效，請美容協會提供蜂針美容（圖 1.5-9）及蜂針療法的照片配合展出。

▌1.5-10 臺博館大門外的蜂群展示　　　　　　　　▌1.5-11 蜜蜂產品簡介

1.5.5 其他相關展示

　　中國古代與蜜蜂相關的詩詞，請書法名家撰寫裱褙展出，穿插在
特展的每個單元之間，使特展整體更有文化氣息。展場的中央部分，
另有兩個展示櫃，展出養蜂工具及蜜蜂觀察箱。在展場最後方，有電
影欣賞區，每天定時播放蜜蜂有關電影。接近出口區，設有蜂蜜品嘗
區，每日提供蜂蜜 1,200 公克、蜂王乳 100 公克及蜂花粉 300 公克，
免費品嘗。

　　臺博館大門口右側展出 4 箱活的蜂群（圖 1.5-10），由養蜂協會
李錦洲理事提供，並定時派員實際管理蜂群，吸引不少觀眾。臺博館
後方的新公園內，7 月 8 至 10 日辦理蜂蜜檢驗評審展示，這是臺灣
第二次辦理全國龍眼蜜評審，評審後得獎蜂產品現場展售。「蜜蜂與
蜂產品」在臺博館展出後，再由臺博館及臺灣養蜂協會安排巡迴到臺
中、臺南及高雄的大百貨公司展出。特展印製了《蜜蜂產品簡介》（圖
1.5-11）一份，其中附有參觀動線圖。並另行印製蜜蜂與蜂產品特展
宣傳單。

1.5.6 特展開幕

　　開幕典禮由楊仕俊館長主持（圖 1.5-12），農林廳余玉賢廳長、

蕭榮福課長等貴賓列席，主席致
詞後，請廳長頒發「72 年度全國
蜂蜜檢驗評審特優及優等獎」，
隨之由作者向貴賓們導覽。開幕
後，特展現場邀請國立臺灣大學
昆蟲學系的博士班、碩士班研究
生及大學部學生共計 16 位，排
班輪流解說，讓特展生色不少，
各平面媒體都有大幅報導。

▋1.5-12 楊仕俊館長（右 1）、李蜜蜜小姐
（右 4）

1.5.7 專題演講

專題演講共邀請 11 位專家學者參與，邀請在大學開授「養蜂學」
相關課程的元老級教授，有國立臺灣大學何鎧光教授、國立中興大學
貢穀紳教授、關崇智教授及中國醫藥學院甘偉松教授開講，陣容堅
強，見表 1.5-1。

表 1.5-1 1983 年 7 月 9 日至 24 日週末專題演講

日期	時間	演講題目	主講人
7/9 （六）	14:10～15:20	蜂針療效	蔣永昌教授 （臺中高農）
	15:30～16:50	蜂產品醫療效果	甘偉松教授 （中國醫藥學院）
7/10 （日）	14:10～15:20	什麼是蜂王乳	關崇智教授 （國立中興大學）
	15:30～16:50	新興健康食品——蜜蜂花粉	何鎧光教授 （國立臺灣大學）
7/16 （六）	14:10～15:20	蜜蜂的飼養	李錦洲理事 （臺灣省養蜂協會）
	15:30～16:50	蜂蜜的種類、檢驗與評審	林尚甫先生 （臺灣省政府農林廳）
7/17 （日）	14:10～15:20	蜂蜜為什麼會結晶與其處理	張世揚先生 （經濟部商品檢驗局）
	15:30～16:50	蜜蜂行為趣談	貢穀紳教授 （國立中興大學）

日期	時間	演講題目	主講人
7/23（六）	14:10～15:20	如何鑑定蜂蜜好壞	陳麗仁理事長（臺灣省養蜂協會）
	15:30～16:50	蜂產品美容效果	林罔市理事長（臺灣省美容協會）
7/24（日）	14:10～15:20	蜂產品介紹	安奎博士（省立博物館）

（地點：臺灣省立博物館會議室）

其中較為特別的是，臺灣美容協會林罔市理事長介紹「蜂產品美容效果」，首次亮相的專題頗受觀眾好評。配合在新公園辦理的「蜂蜜檢驗評審展示」，邀請農林廳承辦該項業務的林尚甫先生演講「蜂蜜的種類、檢驗與評審」。養蜂協會理事長陳麗仁，專題演講「如何鑑定蜂蜜好壞」，也十分叫座。最吸引觀眾的是臺中高農蔣永昌老師的「蜂針療效」，不過這項演講引起上級長官的關切，來電指示取消蜂針療法示範。雖然沒有在公開場所示範，但是演講場地被觀眾擠爆。

1.5.8 結語

「蜜蜂與蜂產品特展」是早年臺博館辦理的展覽中，參與單位最多，展覽經費最充裕，也是很成功的一次。參觀特展的觀眾有喝、有看，還能深入了解蜜蜂及蜂產品的相關知識，觀眾幾乎天天爆滿。

從這項特展，可了解當年農政機關對於養蜂事業的重視，也可體會學術界對養蜂事業的關懷。臺灣養蜂事業能夠不斷提升，是產官學界的資源整合，共同努力的成果。

1.6 生活文化探源——蠶與蜂特展

臺博館研究人員對於辦理展覽，隨時代進步建立新的共識。其一，展覽內容需要具推廣科普意義。其二，盡量減縮展覽經費，因為年度展覽經費有限，必須樽節開支外，亦可與其他相關單位合辦展覽。其三，盡量配合活動創新設計，啟發觀眾探索知識的興趣。

1.6.1 展覽緣起

規劃此次「蠶與蜂特展」，主要思考養蠶在中國歷史上有數千年歷史，河南安陽小屯出土的「甲骨文」，就有「桑」、「蠶」、「絲」、「帛」等字，證明三千年前我國已懂得利用蠶絲織綢。養蜂方面，早在三、四千年以前的甲骨文中，就有「蜜」字。然而，臺灣中小學的教育課程中，缺乏針對蠶與蜂的專門介紹，頗感遺憾。因此，決定辦理「蠶與蜂」特展，藉以吸引民眾及親子觀眾，深入瞭解蠶與蜂的科普知識。

1.6.2 時空背景

政府對於養蠶的重視，源於日治時代。苗栗區農業改良場的前身是「臺灣總督府桑苗養成所」，創立於 1910 年，在的臺北市公館的民族國中校區，1949 年改制為臺灣省農林廳蠶業改良場，1977 年遷到苗栗。實際上，農政機構對於蠶業的發展，一直與紡拓協會合作，積極拓展外銷，有關此點國人所知較少。

1980 年代末期，工資上漲及國外廉價產品衝擊，蠶與蜂產業均呈現萎縮狀態。直到 1990 年代，養蜂戶從 1981 年的 1,541 戶，減少到 1990 年減 763 戶，飼養蜂群數目從 267,564 箱減少到 128,472 箱。養蜂事業的規模幾乎減半，農政機構需要積極推展蠶與蜂的業務。1989 年苗栗區農業改良場增加蜜蜂研究改良業務，並轉型為苗栗蠶蜂業改良場（簡稱蠶蜂場），因此，當與蠶蜂場推廣課陳運造課長談及辦理蠶與蜂特展時，立即獲得熱烈迴響支持。

1.6.3 展覽規劃

草擬展覽計畫並經館方同意後，立即與陳運造課長相約見面，討論參展單位、展覽方式、展覽內容及如何配合辦理等諸多細節。最後決定於1991年1月22日，在臺博館會議室召開「蠶與蜂特展座談會」。座談會邀請行政院農業委員會屈先澤及甘子能技正，臺灣省農林廳黃義弘，臺灣省養蜂協會呂國桂，中華民國蠶絲協

▌1.6-1 蠶與蜂特展摺頁

會楊進，臺灣區蠶業發展基金會及蠶蜂場陳運造參加。由臺灣省立博物館呂木琳館長主持，動物組安奎組長及歐陽盛芝、推廣組王仲瑩、總務室章道德、會計室劉秋光參與。

1991年8月12日在蠶蜂場推廣中心二樓會議室，召開第一次特展籌備會議。場長謝豐國擔任主席，參與人員有臺灣省農林廳陳漢洋、黃義弘、李惠如，臺博館安奎，蠶蜂場陳運造、徐月萍、楊美鈴、劉增城。展覽名稱定為「生活文化探源——蠶與蜂特展」，展出日期預定1991年11月21日至1992年1月20日，在臺博館一樓兩間展覽室展出。邀請國立臺灣大學、國立中興大學指導展品製作。臺博館提供部分展出實物、場地布置、製作特展布旗、印製宣傳資料、請柬、問卷、特展說明單張（圖1.6-1），出版專案小冊等，另提供演講場地，協助各項事務性工作。

1.6.4 展覽內容

臺博館大門外掛上兩個特展布旗（圖1.6-2），館內大廳陳設一個別具風格的蠶與蜂特展主題板（圖1.6-3）。展覽分為蠶業及蜂業兩大部分，臺博館進門左側展覽室展出蠶業部分（圖1.6-4），右側展出蜂業部分。蠶業部分有5個單元，養蜂業部分有4個單元，共計下列9項單元。

1.6-2 臺博館大門的特展布旗

1.6-3 別具風格的蠶與蜂特展主題板

1.6-4 蠶業展覽室入口

1.6-5 蠶繭現場展示

1. 蠶桑概要

　　包括臺灣蠶業養殖分布圖、家蠶與野蠶、家蠶的雌雄;幼蟲構造、生活史、外部形態、外形－蛹及蠶蛾、家蠶的胚胎發育;蠶繭現場展示(圖1.6-5)、家蠶外形、卵顏色變化。關於桑樹部分:桑的利用－食用及燃料、桑的利用-觀賞、桑園整理、臺灣栽培桑系統及桑的葉序、桑的工業及醫藥用途;桑樹害蟲桑天牛的生活環、桑葉收穫後的處理、桑園機械化管理、桑園雜草管理、桑園修剪與養蠶、桑樹繁殖、桑果醬實物;自然農法管理桑園、桑樹的主要病害及防治、桑樹葉蟎生物防治等。

| 1.6-6 紡織機操作表演

| 1.6-7 絹扇及蠶繭絲扇子

2. 蠶絲的優點及特性

刺繡、蠶絲製品——雨傘、衣服、蠶繭花、蠶絲被等。

3. 從亂到治話繰絲

平面絲的紡織機展示、現場表演紡織機操作等（圖 1.6-6）。

4. 錦繡華夏上國衣冠

錦繡華夏及上國衣冠－龍袍、蠶絲製品－雨傘、蠶絲服飾等實物、絹扇及蠶繭扇子（圖 1.6-7）、蠶繭傘＋蠶繭斗笠、蠶繭花＋蠶絲枕頭＋蠶絲棉被、蠶繭飾物等。

5. 絲綢之旅

新石器時代的蠶業、嫘祖是蠶業推廣者、絲路之旅－絲路、甲骨卜辭中的桑蠶絲等。

6. 蜜蜂的發育及壽命

包括養蜂產業介紹、1990 年臺灣養蜂業分布圖、臺灣養蜂近況、傳統與現代養蜂、世界十大產蜜國近況；蜂與人類、蜜蜂的近親——虎頭蜂，虎頭蜂巢實物、蜜蜂的近親有黃蜂、長腳蜂、土蜂、熊蜂；養蜂場生態展示櫃（圖 1.6-8）、蜜蜂的人工飼料巢脾、王台、育王箱、蜂箱的演進、搖蜜機；蜜蜂的種類、工蜂的外部形態及顯微鏡觀察（圖

▌1.6-8 養蜂場生態展示櫃　　　　▌1.6-9 工蜂的構造及及顯微鏡觀察

1.6-9）、蜂王一生、雄蜂一生、工蜂的變態——卵幼蟲蛹成蟲、工蜂的構造、工蜂的內部構造；蜜蜂的發育及壽命，天然及人造王台；蜂種改良及人工受精、蜂種改良及育王箱的燈箱及實物。

7. 蜂產品採收及蜜源植物

各種蜂蜜樣品，如金棗蜜、柳橙蜜等樣品；蜂王漿及日本的蜂產品實物；蜂膠及蜂蠟，蜂蜜的好壞，蜂蜜醋；蜂王漿的保存及利用，蜂王漿生產過程；蜜源植物，重要的蜜源植物等。

8. 蜜蜂的語言及行為

蜜蜂交換食物；蜜蜂的舞蹈；蜜蜂的採集物，包括採花蜜、採集花粉、採集蜂膠及採集水分。

9. 蜜蜂病蟲害及天敵

蜜蜂的病蟲害及重要敵害。

此外，展出各國蜜蜂郵票、蜂螫預防及處理單元，臺博館大門外方設有蜜蜂觀察箱（圖 1.6-10）。現場展出單元，使用精美照片加上簡要文字製作成燈箱，成為小單元。在展示櫃後壁上，除了懸掛燈箱外，有展示看板及展示櫃（圖 1.6-11），展出實物。

▍1.6-10 室外蜜蜂觀察箱　　　　▍1.6-11 展示看板及展示櫃

1.6.5 展覽的相關活動

開幕典禮於 11 月 20 日下午在臺博館大廳舉行。本次展覽，蠶蜂場投入整個專業團隊協助，由陳運造課長帶領，成員包括黃勝泉、徐月萍、劉增城、楊美玲及黃柔娥。因此，在展覽內容及規劃方面，與他們交換意見後全部交由蠶蜂場團隊執行。作者在展覽的活動方面，為充分發揮展覽推廣教育效果，特別辦理下列配合活動。

1. 蜂產品品嘗

蜂產品的品嘗是展覽中最受觀眾歡迎的一個項目，已經有多次辦理經驗。這次特展只於 1991 年 12 月 25 日在臺博館大廳，10：00 至 11：00 時品嘗蜂產品。觀眾排隊非常踴躍。

2. 穿蜂衣表演及攝影比賽

「穿蜂衣表演」1991 年 12 月 1 日上午 9：30 至 11：30，在臺博館後方的新公園音樂臺辦理，由臺博館館長呂木琳博士主持。作者擔任司儀，並控制整個場面，避免觀眾被蜂螫。這是政府機構在臺北市第一次辦理的穿蜂衣表演，邀請臺灣省養蜂協會劉福明理事長表演（圖 1.6-12）。當時使用 30 箱蜜蜂，每箱蜜蜂約三萬隻，總計約九

▌1.6-12 劉福明理事長在臺北新公園表演穿蜂衣（林俊聰攝）　▌1.6-13《臺灣博物》1991 年封面

十萬隻蜜蜂。蜂群在表演前兩天，從中部苗栗地區運來臺北，安置在新公園音樂台後方的樹林中。劉理事長表演時身上繫掛七隻蜂王，吸引蜜蜂聚集，表演後被蜂螫 7 針。共有五位助手幫忙，費時約二小時完成，最後刊登於 1991 年 12 月《臺灣博物》封面（圖 1.6-13）。穿蜂衣表演時段，新公園音樂台前的座位擠滿觀眾，現場數十萬隻蜜蜂滿天飛舞，令人全身發麻，頗為壯觀。穿蜂衣表演，同時舉行攝影比賽，1991 年 12 月 2 至 4 日收件，1991 年 12 月 5 日評審，1992 年 1 月 12 日頒獎。

3. 有獎徵答問卷

　　為了提高觀眾參觀的興趣，選取展場中的 20 個簡單問題，設計成「有獎徵答問卷」題目，放在展場門口觀眾自取。請觀眾在答案卡紙上作答，見表 1.6-1。

　　並在答案紙卡上，填好「O」及「X」後，投入大門口的有獎徵答回收箱。1992 年 1 月 8 日在臺博館大廳抽獎。答對全部正確者可參加抽獎，抽到的幸運觀眾，贈送《認識家蠶》或《小蜜蜂的小祕密》一本。

親愛的觀眾朋友，大家好！

歡迎參觀本話文化區活～蠶與蜂特展。為提高興趣，請製作下列題目，供各位作答，填答資料
且妥善，即可參加抽獎，贈品眾多，歡迎參加。

請在各會確認上所打「O」，錯的打「X」答完後請當場將印下投入出口處之有獎徵答回收箱內。

題　目：

1. 桑樹是一種多年生的植物。
2. 蠶寶寶共有八對腳。
3. 平面繭是利用蠶向上與避強光、避風社絲習性，強迫其在平板或膠間上吐絲為布狀固成的。
4. 一粒繭是由一條蠶絲織成的。
5. 選買蠶絲製品時，認明專用標誌最省時省事。
6. 台灣目前優質的優良蠶品種有台蠶一號、二號和三號。
7. 蠶排除了養蠶外，還有食用、觀賞、工業及醫藥用途。
8. 蠶寶寶為完全變態的昆蟲，一生經過卵、幼蟲、蛹、或蛾等四個時期。
9. 蠶繭除可製成蠶絲製品外，還有食用、醫藥、工藝等用途。
10. 防治蟲園害蟲，最好採用生物防治，少用藥類防治。
11. 蠶除了可吐絲成或蠶繭外，亦可吐絲或平面繭。
12. 蠶寶寶的身體，共有13個體節。
13. 經23～25日或長時，蠶蠶蛾可增加三萬隻以上。
14. 一窩正常蜂群是由蜂王、工蜂和雄蜂組成的。
15. 正常的蜂群，只有一隻蜂王。
16. 食用蜂王漿可用隨意放合使用，或以水、溫開水稀釋食用。
17. 工蜂負責蜂巢內外清潔、育幼和探集花粉等工作，為蜂群的主體。
18. 蜂產品包括蜂蜜、花粉、蜂王漿、蜂膠、蜂蠟、蜂毒一等。
19. 蜂王的繁殖是在中蜂行的。
20. 王台是新蜂王的搖籃。

有獎徵答答案紙及參加者資料卡

答案		資　料　卡
1.( )	11.( )	姓名：_____
2.( )	12.( )	
3.( )	13.( )	年齡：_____
4.( )	14.( )	
5.( )	15.( )	地址：_____
6.( )	16.( )	
7.( )	17.( )	
8.( )	18.( )	
9.( )	19.( )	學歷：□小學 □國中 □高中職 □大專 □研究所以上 □其他
10.( )	20.( )	職業：□學生 □軍公 □軍公教 □工商 □農 □其他

表 1.6-1 有獎徵答問卷

▌1.6-14 有獎徵答現場

4. 現場演示

　　現場演示，1991 年 11 月 24 日上午，示範手紡線及手工編織。1991 年 12 月 8 日上午家蠶認養，並發放蠶種，另有蠶繭手工藝品製作示範及教學。1992 年 1 月 1 日上午，絹扇及絲領帶手繪示範，下午現場有獎徵答（圖 1.6-14）。1992 年 1 月 5 至 7 日上午，蠶繭手工藝品製品賽收件，同時在服務台發放收件袋。1992 年 1 月 8 日上午，有獎徵答抽獎。1992 年 1 月 12 日上午，穿蜂衣表演的攝影比賽，以及蠶繭手工藝品製作比賽頒獎。

5. 觀眾意見問卷調查

　　觀眾意見問卷調查內容分為，觀眾基本資料、參觀博物館意見、參觀蠶與蜂特展意見三個部分。觀眾基本資料項下，又分為參觀日期，參觀類別，觀眾性別、年齡、學歷、職業及居住地。參觀博物館意見項下，又分為參觀目的、是第幾次來臺博館、對臺博館各個展覽室的喜好等。參觀蠶與蜂特展意見內容分為，在蠶與蜂特展室停留的時間、從哪個媒體得知蠶與蜂特展、對養蜂單元的哪個部分有興趣、

對養蠶單元的哪個部分有興趣、有沒有用過蠶絲製品、最想買的蜂產品是什麼等。問卷是逢雙週日發放，填妥後可換取一份很特別的紀念品——小蜜蜂精神貼紙。問卷回收後，次日即將問卷資料轉入統計表中，最後再累加統計。

6. 贈送貼紙及兩本專冊

　　印贈貼紙有兩種，一種四連張小蜜蜂精神貼紙（圖1.6-15），有特展的名稱、展覽期間，期望觀眾學習小蜜蜂的精神，友愛禮讓、

▌1.6-15 小蜜蜂精神貼紙

犧牲奮鬥、團結合作、忠誠勤勞。另有蠶與蜂特展的小日曆卡，正反兩面印製，卡上印製主辦單位、展覽期間，展覽主題等，以廣為宣傳。特別印製兩本專冊，一本專書是陳運造撰寫的《認識家蠶》，一本專書是安奎撰寫的《小蜜蜂的小祕密》。貼紙及兩本專冊是成功的策略，觀眾一面參觀，一面尋找有獎徵答的答案，增加參觀的興趣及學習成效。

1.6.6 觀眾反應

　　從展覽現場的觀眾反應中，觀眾對於活的蜜蜂觀察箱、養蜂場虎頭蜂巢、養蜂場生態展示廚、現場展示蠶繭、蠶繭扇子等單元，特別感興趣。穿蜂衣表演及攝影比賽，是相關活動最精采部分，觀眾參與熱烈。蜂產品的品嘗，更是觀眾所愛，看展覽還能免費品嘗，值回票價。

　　現場演示活動，如周末的蠶繭手工藝品製作示範及教學、手紡線及手工編織示範、絹扇及絲領帶手繪示範，觀眾聚集圍觀特別喜好。在臺博館大廳舉辦的有獎徵答，因為贈送貼紙及獎品，更是吸引人潮，不停地湧入觀眾。最有特色的兩項活動如下：

1. 有獎徵答問卷

　　有獎徵答問卷，讓家長小孩融為一體，大家都在展場中尋找答

案。家長判斷題目在展覽的哪個單元，很快從找到答案的展櫃，呼叫小朋友來一起作答（圖 1.6-16）。啟發觀眾探索知識的興趣，增加學習效果。有獎徵答問卷，是很有意義的教育活動。全部答對的小朋友，還有專業小書獎品，其樂融融。

▌1.6-16 家長及小朋友共同填寫有獎徵答問卷

2. 觀眾問卷調查

觀眾問卷調查，經過整理後發表在國立自然科學博物館印行的《博物館學季刊》〈臺灣省立博物館「蠶與蜂特展」之評量及建議〉。展覽兩個月，參觀總人數 61,193，平均每日參觀人數為 1,020 人。團體觀眾以幼稚園小朋友是大多數，占 58%，幼稚園團體一向都是許多博物館的主要觀眾群。特展的主題，對於博物館參觀人數影響很大。媒體上的宣傳次數，與參觀人數的相關性。各大媒體對於本展覽，都不斷介紹及宣傳，獲得社會大眾極大好評。

1.6.7 結語

特展的活動，有獎徵答問卷是一項具有特色的活動，激發觀眾提升探索知識的興趣。以後臺博館辦理展覽活動時，可嘗試加入。特展的觀眾問卷調查，反映出當年觀眾對展覽的需求，提供臺博館未來發展的寶貴資訊。

1.7 穿蜂衣的故事

　　西方國家的蜂農在蜜蜂相關的節慶時，喜歡「蜂鬍子」表演。利用蜂群離巢後，向上方爬行並聚集的習性，將數百隻蜜蜂從巢脾傾倒向表演者的胸部，蜜蜂沿著表演者的脖子向上爬，爬到下顎處聚集成串，一串串的下垂蜜蜂就像關公的鬍子一樣，這種表演大人小孩都愛看。英國曾經有一位 17 歲小女孩威爾森（N. O. Wilson）為了籌措旅費到非洲當志工，鼓起勇氣表演蜂鬍子七分鐘募集費用，最終募到 3,900 英鎊，達成到非洲當志工的願望。

1.7.1 古早的穿蜂衣表演

　　2019 年初赴泰國清邁度假時，拜訪泰北臺商同鄉聯誼會程日德會長，正巧看到一張他在 1978 年「穿蜂衣」表演的照片（圖 1.7-1）。這是蒐集到最早的穿蜂衣照片。他沿用古老祖傳方法表演，先請他大哥協助將蜂蜜塗布滿身，再將數百隻蜜蜂從巢脾傾倒至身上，蜜蜂為吸食蜂蜜慢慢在他身上爬開布滿，就像穿了一件用蜜蜂做的衣裳，看來甚為驚人。當年還沒有將蜂王關到「幽王籠」綁到身上，快速聚集蜜蜂的表演方法，表演時間比較長，需要極大勇氣。

　　穿蜂衣表演也稱「蜂人秀」，臺灣穿蜂衣表演何時開始，沒有文獻可考。近年來，穿蜂衣表演愈來愈流行，觀眾也樂此不疲。穿蜂衣表演需足夠勇氣和耐力，不是一般人能勝任。

▌1.7-1 程日德 1978 年穿蜂衣表演

1.7.2 現代的穿蜂衣表演

　　穿蜂衣表演的前兩三天，將表演用的蜂群搬運到演出現場，讓蜜蜂適應新的環境。臺灣飼養的蜜蜂是性格較溫馴的西方蜜蜂，多以單箱飼養，每箱約有十個巢脾，滿滿一箱約有三萬五千隻蜜蜂。表演用的蜜蜂數目略少，每箱約有三萬隻左右。此外還要事先準備必須工具，包括蜂刷、噴煙器、噴水器，以及運送蜜蜂用的空箱等。

　　表演者在演出前一晚要睡眠充足，身體維持在最佳狀況，如果臨時感冒或咳嗽，表演者的體味及咳嗽的震動會刺激蜜蜂，最好避免演出。表演前一天，必須先除去表演用蜂群的蜂王，或是用幽王籠把蜂王關起來，放回蜂箱。蜂群要餵飼足夠糖水，讓蜜蜂都吃飽，減少螫人機率。表演當天要洗澡，清除身上異味，也不能使用香水或髮油等有味道的用品。事前準備充分，表演時比較不容易出差錯。

1.7.3 表演的步驟

　　表演穿蜂衣當天的前一兩個小時，先用稀釋成 35% 蜂蜜水噴灑蜂群，使蜂群穩定。表演的日子最好選擇晴朗的天氣，事先選定兩三位有養蜂經驗的朋友當助手。表演前將幾個幽王籠綁上尼龍繩（圖1.7-2），繫在表演者的頸部、胸部、腰部及大腿部，腿部的幽王籠最好能夠固定在褲子上。男性表演者袒胸裸背，上臺後站定位置，耳朵塞入耳塞（圖1.7-3），褲管、腰帶都要繫好，不能留任何縫隙，以免蜜蜂爬入。準備完成，即可開始。

▌1.7-2 備妥幽王籠並綁上尼龍繩

▌1.7-3 身上掛好幽王籠、耳朵塞入耳塞

▌1.7-4 巢脾上的蜜蜂直接倒在表演者身上　▌1.7-5 助手刷除臉上的蜜蜂

　　助手們把表演用蜂群的巢脾,從蜂箱中取出,巢脾上的蜜蜂抖落
到一個空箱中。用噴水器朝蜂箱中噴一些水霧,讓蜜蜂安靜。接著將
裝滿蜜蜂的箱子,運往表演臺,傾倒在表演者身上(圖1.7-4)。蜜蜂
一開始會在表演者下方的腳上及腿部聚集,並且不斷的沿著腿部向上
爬行,部分蜜蜂會在空中飛舞。為了使表演的時間能夠縮短,助手們
會把蜜蜂直接倒在表演者的腰間,表演者用紙板承接蜜蜂,加速蜜蜂
爬上身的數目。最後表演者身上的蜜蜂數目增加,天空飛舞的蜜蜂也
不斷增加,有如下蜜蜂雨,非常壯觀。空中飛舞的蜜蜂會排出黃色的
糞便,以減輕體重。這些飛舞的蜜蜂,不會主動螫人,觀眾不須驚恐。

　　這時掉落地上爬行的蜜蜂也愈來愈多,像是鋪了一層黃金色的蜜
蜂地毯。表演場面愈來愈熱鬧,危險性愈來愈高。如果不小心踩到地
上的蜜蜂,或擠壓到停在身上的蜜蜂,免不了被蜂螫。表演者身上繫
掛的蜂王是蜂群聚集的目標,天上飛舞的蜜蜂,飛累了就去表演者身
上找蜂王。地上爬行的蜜蜂,也是循著蜂王散發的氣味努力往上爬找
蜂王。蜂王發出的「費洛蒙」是讓蜜蜂聚集到表演者身上的動力。

蜜蜂爬到表演者赤裸的胸部，皮膚會有熱熱、麻麻、酥酥、癢癢的感覺。表演者不能動、不能笑、不能搖晃，也不能打噴嚏，任何不當動作，都可能引起蜜蜂騷動，導致蜂螫。為減少被蜂螫的機率，可用煙燻蜜蜂、用蜂刷刷除蜜蜂、噴水降低蜜蜂聚集造成的溫度等。

蜜蜂找到了蜂王還會繼續的向上爬。蜜蜂爬到頸部是最難忍受的區域。整個頭部被蜜蜂爬滿後，危險性最高。助手要不斷的用蜂刷清除湧向眼睛、鼻子及嘴巴附近的蜜蜂（圖1.7-5）。蜜蜂爬滿整個身體後，一層蜜蜂作成的蜂衣，像穿皮大衣一樣。這時候溫度會升高到攝氏40℃以上，表演者需要不斷補充水分。助手們用帶吸管的水瓶，像是餵嬰兒吸奶水一樣，給表演者喝水。最後蜜蜂包圍了表演者的身體及頭部，只留下臉部時最精采，穿蜂衣表演達到最高潮。

1.7.4 脫掉蜂衣

穿蜂衣表演完後，工作人員全部退出，留短短幾分鐘，讓膽子大的觀眾上臺與表演者合影，留下精采鏡頭。接著要進行最後一個階段是「脫蜂衣」，司儀指揮清場，請觀眾向後退五公尺保持安全距離。穿蜂衣從準備到穿上耗時較長，脫蜂衣時間短。脫蜂衣的方法是表演者要一腳向前踏、另一腳跟進，甩右手、甩左手，雙腳同時用力向前跳躍，把身上厚厚蜜蜂抖落，接著要立即跳躍脫離表演現場。短短幾秒鐘，表演者像跳舞一樣，利用甩手、抖腳、跳躍、頓足的瞬間抖勁，將爬滿全身的蜜蜂全部甩脫，少數留在身上的蜜蜂，再由助手協助清除。

幾十萬隻蜜蜂從表演者身上抖落後，霎那間在天空中盤旋飛舞，

▍1.7-6 蜜蜂聚集在帽子及衣服上

▍1.7-7 蜜蜂停留在錄影機架上

圍觀群眾見此陣仗，會自動退向後方。從照片上可看到攝影者的帽子及衣服上爬滿了蜜蜂（圖 1.7-6），攝影機的黑色腳架上（圖 1.7-7）及椅子上，到處都聚集蜜蜂。脫下蜂衣的表演者原形畢露，形象清瘦，與穿了蜂衣的臃腫模樣形成強烈對比。表演者脫除蜂衣後身上留下一塊塊的紅斑，是忍受蜂螫的榮耀紀錄，也是穿蜂衣表演必須付出的代價。

▌1.7-8 用大塑膠布搬回表演用的蜜蜂

穿蜂衣表演完畢，表演的蜜蜂，被抖落滿地，用大塑膠布收集搬回（圖 1.7-8），蜜蜂適量分配到每個蜂箱。多餘的無主蜜蜂，連同塑膠布放在排列的蜂箱中央（圖 1.7-9），任其自由飛回任何蜂箱。再將綁在表演者身上的幽王籠取下放回蜂箱，每箱只能放一隻蜂王（圖 1.7-10）。這時蜜蜂及蜂王都亂成一團，分不清誰家是誰家。只要將蜜蜂放回蜂箱，就會自動歸位。數十箱蜜蜂及蜂王在整個過程，歷經多次大洗牌。先是失去蜂王，群蜂無首，急於尋找蜂王，很快從表演者身上的蜂王費洛蒙找到蜂王，並聚集。蜂衣脫掉後，蜜蜂又找不到蜂王。但是，蜜蜂只要放回蜂箱，就會找到蜂王，雖然不一定是自己的王，有王總比沒王好，此時蜂王及蜜蜂都能雙方滿意，和平相處。

不同群不同日齡的蜜蜂能相互融合，又能接受別群的蜂王，蜜蜂這種行為，與普遍認為一群蜜蜂只會忠於一隻蜂王的行為相左。這種特性是蜂群遇到大災難時，能夠隨遇而安、繁衍種族的重要原因，也是蜜蜂生物學上有趣的現象。

▌1.7-9 無主蜜蜂自行回箱

▌1.7-10 幽王籠中的蜂王放回蜂群，每箱一隻

1.7.5 穿蜂衣表演形成風潮

　　國立臺灣博物館舉辦的「蠶與蜂特展」，於 1991 年 12 月 1 日在臺北市新公園的音樂臺上，舉辦一場盛大的穿蜂衣表演（參見本書 1.6 生活文化探源——蠶與蜂特展）。是政府機構在大都會區第一次辦理穿蜂衣表演，特別邀請當年臺灣養蜂協會劉福明理事長表演。

　　臺博館辦完穿蜂衣表演後，當年全省蜂農生產的蜂蜜在一兩個月內銷售一空，確實有很好的宣傳效果。其後全省各地陸續辦理穿蜂衣表演，形成風潮。網路資料顯示，2001 年臺灣養蜂協會黃東明理事長的蜂采館，在宜蘭的綠色博覽會做穿蜂衣表演，有 21 萬隻的蜜蜂上身，那是國內第一次有女性做穿蜂衣表演，留下了歷史紀錄。

　　2003 年 7 月苗栗縣政府在竹南鎮綜合運動公園，舉辦「苗栗縣九十二年度國產優良蜂蜜評鑑」大會，除蜂蜜評鑑外，並配合其他農產品促銷活動。蜂蜜評鑑後的 7 月 6 日頒發優良蜂蜜獎狀，同時表演「八人穿蜂衣」活動（圖 1.7-11），以增加大會的趣味性及吸引參觀人潮。這次表演由經驗豐富的劉福明先生帶頭，另有優良蜂蜜得獎人和兩位勇敢女性表演。表演使用了一百六十箱蜜蜂，每人分配到約二十箱蜜蜂，他們希望能夠被列入世界金氏紀錄，遺憾的是金氏紀錄沒有「穿蜂衣項目」。劉理事長 1987 年首次表演穿蜂衣，那年表演是第七次，也是最後一次的告別演出。

　　2002 年 8 月 5 日縣府主辦的大崗山龍眼蜂蜜文化節「蜂華再現」，安排了穿蜂衣表演項目。2003 年高雄縣阿蓮縣農會邀請，參加大崗

▌1.7-11 苗栗 2003 年八人穿蜂衣表演

▌1.7-12 大崗山 2013 年蜜蜂文化節

▌1.7-13 大崗山王玉芬穿蜂衣表演

▌1.7-14 「蜂巢迷宮」新活動

山的蜜蜂評審，並受縣長楊秋興邀約參加文化節（圖 1.7-12），拍攝
許多精彩照片及影片。八位養蜂產銷班班長在身上繫綁蜂王，三百多
萬隻蜜蜂往他們身上群聚，成為「蜂人」。每位蜂人由產銷班成員協
助擦汗、清除臉上蜜蜂，遊客全神貫注，看得觸目驚心。其後每年大
崗山龍眼蜂蜜文化節中都有穿蜂衣表演，已經形成傳統。

2011 年有 3 名第二代蜂農表演蜂人秀，其中 2 名年輕女性首度嘗
試穿蜂衣表演（圖 1.7-13），約有 30 萬隻蜜蜂爬滿全身。參加穿蜂衣
表演的蜂農已經習慣蜂螫，被蜂螫 40 至 70 針，都算小事。大崗山蜜
蜂文化節從 2003 年起推出新的「蜂巢迷宮」活動（圖 1.7-14），一種
文化沒有進步創新，就會消散淡忘，這類創意活動值得鼓勵。

1.7.6 結語

穿蜂衣表演在臺灣的養蜂事業，已經形成一種新的風潮，也是一
種特色。本文記述，臺灣最早官方辦理穿蜂衣表演的來龍去脈，穿蜂
衣的過程，解說穿蜂衣表演的注意事項等。錄製一片微電影，解說穿
蜂衣的過程，與讀者分享。

穿蜂衣表演完畢，不同群不同日齡的蜜蜂，放回到一個蜂箱，能
夠相互融合，又能接受新的蜂王。蜜蜂這種行為，似乎與一群蜜蜂只
效忠一隻蜂王的行為相左。為什麼？請從本書各篇中，自行尋找答案。

PART 2
臺灣養蜂的珍貴文獻

臺灣最早的蜜蜂專書是哪本？當年的養蜂事業有哪些問題？羅馬教皇為何稱「上帝的話不及蜂蜜甜」？從早年到二十世紀初期，臺灣養蜂事業的概況為何？蜜蜂有哪些病害與敵害？馬雅皇蜂如何引進臺灣？精彩內容盡在本章。

■雄蜂

2.1 臺灣 1934 年的蜜蜂專書《蜜語》：1934 年 7 月生記養蜂場出版，
是作者蒐集臺灣養蜂史中，最早又最小的一本好書。李炳生先生
的養蜂場，生產的蜂蜜送臺灣總督府中央研究所檢驗。李老先生
博覽中外書籍，並且嫻熟中國古代有關蜂蜜的醫藥用途，很用心
將蜂蜜與人參、砂糖及飴糖等分析比較，根據學理闡述對人體的
健康。

2.2 臺灣之養蜂問題：1953 年林珪瑞先生撰寫，對光復初期養蜂事
業有廣泛的描述。臺灣的蜂種、蜂具、養蜂技術、蜜源植物、銷
售問題，都深入探討，頗為不易。文中記述：早年在蜂箱上貼佛
符或令旗，壓制蜂群不得逃走，頗為有趣。臺中女中購置蜂群，
獎勵學生學習養蜂技術，很有啟發性，值得參考。

2.3 教皇庇護十二世在 17 屆國際蜂會致詞：范宗德先生是臺灣光復
初期，唯一自學成功的養蜂學者。范先生不但養蜂經驗豐富，且
英文造詣極深。本文是 1959 年出版《蜂話》中的附錄四。此外，
摘錄《蜂話》的精彩部分，包括書中摘錄古代蜜蜂詩詞、名言及
古聯等，附錄二：明朝劉基的〈靈邱丈人養蜂〉，附錄三：宋朝
王元之的〈蜂記〉。另有，范先生發表的部分文稿及媒體報導，
記錄於文末。

2.4 臺灣之養蜂業調查：介紹早年臺灣養蜂事業的概況，頗為深入。文中有臺灣最早蜜源植物的紀錄，調查蜜源植物之種類及品種、分類、開花期間及栽培面積等。建議能夠引進蜂種，防止病蟲害，設立養蜂或蜜蜂生產運銷合作社等，頗為中肯及專業。作者洪踵銓先生是臺灣農業試驗所第九任場長。

2.5 蜜蜂病害與敵害之初步研究：臺灣最早一份蜜蜂病蟲害報告。作者李幼成先生是省立中興大學昆蟲系助教，當年負責養蜂學實習課程。李先生體會到蜜蜂病害及敵害的嚴重性，呼籲政府機構及蜂農注意，極為難得。

2.6 臺灣蜂場經營之研究：本文是當年蜂場經營研究最詳盡的報告，記述臺灣蜂農及蜂群數目、臺灣的蜜源植物及當年臺灣的養蜂問題等。1972 年臺灣皇漿的價格飆升到臺幣萬元，是歷史新高。1964~1971 年皇漿價格的升跌，都有詳細的紀錄。蜜源植物詳細整理，極為難得。1974 年本文發表後，引起很大迴響，尤其建議蜂農外移東南亞，有很大影響力，1976 年許多蜂農開始轉到泰國養蜂。

章節摘要

2.7 馬雅皇蜂引進之觀察：1975 年鄭清煥、何鎧光、徐世傑撰寫，發表在國立臺灣大學植物病蟲害學刊。本研究由行政院國家科學委員會資助，觀察馬雅皇蜂對本省氣候環境及蜜源植物之適應性。臺灣養蜂史中，第一篇無螫蜂的報告。馬雅皇蜂在臺灣已經成為歷史，後續的研究也無從追蹤。

2.8 二十世紀初期臺灣的養蜂事業：本文是日本學者專家為臺灣養蜂事業努力發展的紀實。作者整理臺灣日治時期養蜂的相關文稿。彙整後於 1990 年在《興大昆蟲學報》發表，題目是〈二十世紀初期臺灣的養蜂事業〉（Development of the Beekeeping Industry in Taiwan in Early Twenty Century）。

2.1 臺灣 1934 年的蜜蜂專書《蜜語》

作者：李炳生／生記養蜂場創辦人
來源：1934 年 7 月 20 日。《蜜語》。

　　溯自海通以後，生活程度日漸增高。近數年來，愈趨於物質之文明。即飲食醫藥之所需，亦多珍視舶來品。外人之投機者利用此種心理，更以衛生卻病之說，標榜其物品，炫赫鼓吹，以冀推銷。我國固有之精華，反被掩抑，而無人過問，此亦絕大缺憾也。即如蜂蜜一物，乃食用與醫藥無上良品。「益身脯腦」，「卻病延年」，古籍流傳，彰彰可考，乃無人發明提倡，研究改善，以求進步於精良。遂致蜂蜜用途，只不過舊法之藥劑，尋常之食餌，而其真確之效用，罕能道及。因之視為無足輕重，良可惜也。茲不揣固陋，謹將諸家醫書所載，蜂蜜之主治、單方之治療、品質之成分、檢別之方法，綴拾記錄，以供參考試驗。尚冀同志熱心提倡，研究服食。使蜂蜜效用，隱而復彰，亦振興國貨之一端也。

昭和九年春 於鷺洲樓子厝 遯廬鳩集

——《蜜語》序文

2.1.1 古籍諸家醫書所載如後

1. 古籍所載蜂蜜之主治

　　《神農本草經》云：氣味甘平無毒。主心腹邪氣，諸驚癇痓。安五臟，諸氣不足。益氣補中，止痛解毒，除眾病。和百藥久服，強志輕身，不饑不老，延年神仙。

　　陶弘景《名醫別錄》云：養脾氣，除心煩，飲食不下，止腸澼。肌中疼痛、口瘡，明耳目。

　　陳藏器《本草拾遺》云：牙齒疳䘌，唇口瘡，目膚赤脹，殺蟲。

　　《藥性本草》云：治卒心痛，赤白痢。調水作漿，頓服一椀即止，或以薑汁同蜜各一合水和頓服，當服面如花紅。

孟詵《食療本草》云：治心腹血刺痛，及赤白痢。同生地黃汁即下。又云：但凡覺有熱，四肢不和。即服蜜漿一碗甚良。又點目中熱膜，與薑汁熬煉，治癲甚效。

李時珍《本草綱目》云：蜂蜜之功有五，生則性涼，故能輕熱。熱則性溫，故能補中。甘而和平，故能解毒。柔而濡澤，故能潤燥。緩可以去急，故能止心腹肌肉瘡瘍之痛。和可以致中，故能調和百藥而與甘草同功。

汪訒庵《本草備要》云：止救治痢，明目悅顏。同薤白搗，塗湯火傷。煎煉成膠，通大便秘。

葛洪《神仙傳》云：飛黃子服中嶽石蜜及紫糧得仙。（注）古者取蜜於巖石之間，故曰石蜜又曰巖蜜。

綜觀諸家所記載，則蜂蜜之效力，絕非他種藥物之所能及。故《神農本草經》列為上品，歷代醫界視為珍物，可概見矣。緣蜂採草木之精英，和以露氣，釀而為蜜。經發酵之作用蒸去水分，其質清潔、其味甘、其質香、其性中和、其力溫潤。故其於人也，體質無論強弱、年齡無論老幼，疾病無論虛實寒熱，時節無論春夏秋冬。久服暫服，食用藥用，無不咸宜，此誠無上妙品也。茲再將蜂蜜治療各病之單方，略舉數則，以資試驗。

2. 蜂蜜治病之單方

張仲景《傷寒論》云：陽明病自汗出，若發汗小便自利者，此為津液內竭。雖硬不可攻之，當須自欲大便，宜蜜煎導而通之。方用蜜一味，納銅器中，微火煎之，稍凝似飴狀，攪之。勿令膠著。欲可丸，併手捻作，挺令頭大如指。長二寸許，當熱時急作，冷則硬。以納穀道中，以手急抱，欲大便時乃去之。

唐《貞元廣利方》云：噎不下食，取崖蜜含，微微嚥下。

《溫隱居海上方》云：難產橫生，蜂蜜真麻油各半椀，煎減半，服立下。

殷經效產寶云：產後口渴，用煉過蜜，不計多少，熟水調服，立止。

葛洪《肘後方》云：比歲有病人行斑瘡，頭面及身，須臾周匝，狀如火瘡，皆戴白漿，隨決隨生。不即療，數日必死。取好蜜通摩瘡

上，以蜜煎生麻，敷敷拭之。又云：癮疹瘙癢。白蜜不拘多少，好酒調下，即效。又云：目生珠管，以生蜜塗目，仰臥半日乃可洗之，日一次。又云：誤吞銅錢，陳蜜服二升，可出矣。又云：諸魚骨髏，以好蜜少少服之，令下。

《聖惠方》云；時氣煩渴用純蜜和藕汁調服立效。

寇衡美《全幼心鑑》云：痘疹作癢難忍，抓成瘡及疱，欲落不落。用上等石蜜，不拘多少，湯和，時時以翎刷之。其瘡易落，自無瘢痕。

王燾《外臺秘要》云：陰頭生瘡，以蜜煎甘草塗之瘥。

《梅師集驗方》云：肛門生瘡，白蜜一斤，豬膽汁一枚，相和。微火煎，令可丸丸，三寸長作挺，塗油。納下部，臥令後重，須臾通泄。又云：熱油燒痛，以白蜜塗之。又云：年少髮白，拔去白髮，白蜜塗毛孔中，即生黑髮。不生取梧桐子搗汁塗上，必生黑者。

《孫真人食忌》方云：面上䵟點，取自蜜和茯苓塗之。七日便瘥也。

華陀《濟仙方》云：疔瘡惡毒，用生蜜隔年蔥研膏。刺破塗之。如人行五里許，則疔出，後以熱醋湯洗去。

孟詵《食療本草》云：大瘋癩瘡。取白蜜一斤，生薑二斤，搗取汁。先秤銅鐺斤兩，下薑汁於鐺中，消之又秤之。令知斤兩，於鐺微火煎，令薑汁盡。秤蜜斤兩在，即藥成矣。患三十年癩者，平日服棗許大一丸一日三服。溫酒下，功用甚多。

鮑相璈《驗方新編》云：噎隔。用白蜜滾水調服，每服一兩，數日自愈。又云：白淋。用尖檳榔煎濃汁，加白蜜沖服，神效。又云：久咳連至四五十聲者。白蜜二匙，生薑汁半杯，同放茶椀內，滾水沖溫服之，三四次即愈。

汪訒庵《醫方集解》云：目赤流淚，或痛或癢，晝不能視，夜惡燈光。用白蜜羖羊膽，入蜜膽中，蒸熟候乾，細研為膏。每含少許，或點目中。又法：臘月入蜜羊膽中，紙籠套住，懸屋簷下。待霜出掃取點眼，中此藥名為二百味草花膏。以羊食百草蜂採百花也。

以上數則，不過略舉以見例。其他醫書所載蜂蜜之功用甚多，不能備述。則蜂蜜為醫界必須之要藥，且為人身第一之滋養品，可以概見。茲取重要藥品及食品數種與之比較如後。

2.1.2 蜂蜜與其他健康食品比較

1. 蜂蜜與人參之比較

　　《神農本草經》云：「人參氣味甘微寒無毒，主補五臟、安精神、定魂魄、止驚悸、除邪氣、明目，開心益智久服輕身延年。」又云：「蜂蜜氣味甘平無毒。主心腹邪氣，諸驚癇痓。安五臟諸不足，益氣補中，止痛解毒，除眾病。和百藥，久服強志輕身，不飢不老，延年神仙。」

　　細繹條文，兩相比較，則人參氣味甘而無毒，與蜂蜜同。人參微寒，則不如蜂蜜之平。人參補五臟，則不如蜂蜜去心腹諸邪，安五臟益氣補中。人參定魂魄止驚悸。蜂蜜則治諸驚癇　　，亦可與之同功。人參除邪氣、明目、開心、益志，蜂蜜則止痛、解毒、和百藥其功，比人參尤大。人參久服，輕身延年。蜂蜜則「強志輕身，不饑不老，延年神仙。」更遠過之矣。且人參價昂而多贗品，蜂蜜則購之極易，而價廉。何世人只知人參之可寶貴，而不知賤價之蜂蜜其效力可與之侔，抑何謬也。由此可見，服食人參者不如服食蜂蜜。

2. 蜂蜜與飴糖之比較

　　糖類以飴糖為最古，其原料用麥　或穀芽，同諸米熬煎而成。古人多以之為食品，醫藥亦收用之。雖亦能健脾補中潤肺止嗽，但多食動脾氣。李時珍云：「凡中滿吐逆祕結、牙齒疳蝝、赤目、疳病者，切宜忌之，生痰動火最甚云云。」因飴糖以火熬成，不若蜂蜜之和露採取。飴糖為米穀之津液，不若蜂蜜為草木之精華。飴糖則甘而大溫，不若蜂蜜之香而柔潤。飴糖則於中滿諸疾不利，蜂蜜則無論如何服食，皆有益而無損。至其味甘之比較，更不可同日而語矣。則服食飴糖者不如服食蜂蜜。

3. 蜂蜜與砂糖之比較

　　我國古無砂糖，自明治維新始傳入。渡歐學改良，法傳入本國，以甘蔗汁煎成，色分紅白。厥後推行益廣，至於今日，已為大宗之日用品，自領臺以來遂執糖業之牛耳。近且用蘿蔔製糖，消行更普。糖

果糖球,日漸發達。欲圖蜂蜜進步,宜謀對策者。考《蘇恭本草》云:「砂糖多食令人心痛,生長蟲、消肌肉、損齒、發疳䘌。」寇宗奭曰:「小兒多食,損齒生蟲。」由此可見,各種糖類不過適口,若多食之,實無益而有損。故凡糕點之類,皆云蜜製蜜餞,不曰糖製糖餞。即此意也。苟能以蜜代糖,既益衛生,又重國貨。且小兒喜甘,乃為天賦,與其食糖而增長其疾病。何不食蜜以強壯其身軀,又要中之至要也。由此可見,則食砂糖者不如食蜂蜜之為佳也。

4. 蜂蜜與牛乳之比較

　　罐藏牛乳,充斥市場,亦為重要之食品。但牛乳中混有體內循環物質,牛或罹病則毒質混和,難免傳染。又或開罐不即用盡,空氣侵襲,易酸化而腐敗。食之傷人,棄之可惜。若蜂蜜則採自花心,吸入蜜胃,回巢吐出,貯藏備用。絕無體內物質之傳染。且蜜中含有一種蟻酸,可以防腐,久置不用,香味不變。而其益身補腦,不讓牛乳。價亦便宜,則食牛乳者不如食蜂蜜。

2.1.3 蜂蜜之成分

　　蜂蜜之成分,因蜜源植物之種類,及採取方法之新舊而有不同。不能得準確之定量。今據美國魯特公司(A. I. Root)出版的《養蜂大全》(ABC and XYZ of Bee Culture)所載。轉化糖 75.00%,分為果糖(左旋糖)41.00%,葡萄糖(右旋糖)34.00%,蔗糖 1.90%,炭分0.18%,糊精 1.80%,蛋白質 0.30%,蟻酸 0.10%,水分 17.00%,窒素有機物礦質及芬香精 3.72%

　　上述轉化糖,約占全量 3/4,實為主要之成分。此轉化糖乃葡萄糖與果糖二種之合質,為有益之營養素。蜜蜂由花心吸取,納入蜜胃。經不可思議之變化,提淨其渣滓,吐而納諸房中。又經巢內熱度蒸發其水分,故純潔甘香,滋補而易消化。至於所含之礦質,為有機鐵、磷酸、石灰、鉀、鈉等質。鐵能補血,磷能補腦,石灰能補骨骼,均於人身有偉大之功用。其他如蛋白質等,含量雖微,亦均有益人身,此誠無上妙品也。

2.1.4 蜂蜜之鑑別

蜂蜜之品質，因蜜源植物之種類而有不同。而採蜜方法之新舊，更有絕大關係。老於養蜂者，察其色辨其味即能斷定為何種花蜜，何法採取。但無甚經驗者只不過就其色澤之深淺、香味之濃淡、稠黏力之強弱、夾雜物之有無分其優劣。試略述如下：

1. 色澤

蜜之優劣，雖不盡關於色澤，但普通所稱為上品者，則多以此為等第。凡新鮮之蜜，以淡琥珀色而透明者為上品。淡赤色次之，黑褐色又次之。凝結之蜜，以雪白為上品，赤色為下。

2. 黏力

有適度之稠黏而　柔潤者為上，黏力太過或不及為下。

3. 香味

具有一種特別香味，嚥下時覺有一種快感者為上，香味少者次之。

4. 夾雜物

舊法採蜜，多夾雜物。商販作膺，多攙蔗糖。試驗之法，以蜂蜜一分，水四分，而稀釋之。注於玻璃試驗管內，徐徐加入酒精。靜置之，若為真蜜，則微生混濁。若為蔗糖則生絮狀物甚多，而其他夾雜物則沉於管底。

5. 結晶

氣溫至華氏四十度，則漸結晶。其結晶之故，乃蜜中之葡萄糖（右旋糖）結晶最易，先凝為顆粒。果糖（左旋糖）結晶難，仍在粒外圍裡，必俟溫度太低，方能完全結晶。凡結晶顆粒緻密者，為上品。結晶少者，次之。不結晶者為下品。

2.1.5 舊法養蜂採蜜之劣點

舊法養蜂，或用泥窠，或用木桶，皆為固定，不能提出。其採蜜也，則割毀巢脾，壓榨而出。故蜂蛆、蜂卵及巢底之排泄物、有毒之花粉，混雜其中。品既不潔，質斯不純，於衛生不無缺憾。又或用鍋煎煉，芳香失散，糖質受虧，功用大減。若新法養蜂，皆為活動巢箱，巢脾可以提出。每逢花開極盛，隨時採蜜。用分離機器，藉離心力搖轉而出。不毀巢脾，自無雜質混於其內。且種類各異，風味亦殊。較之舊法所採之蜜，全然不同，研究衛生者皆嘗試之。

後記

《蜜語》迷你書（圖 2.1-1），9.7×15.3 公分，24 頁，李炳生於1934 年 7 月 20 日出版（圖 2.1-2），是故友李錦洲先生的尊翁。該書是蒐錄臺灣養蜂史料中，最早又最小的一本好書。

當年養蜂事業的唯一蜂產品，只有蜂蜜。李老先生的養蜂場，頗具規模（圖 2.1-3），並很

▌2.1-1《蜜語》封面　▌2.1-2 生記養蜂場告白及版權頁

重視蜂蜜的品質。生產的蜂蜜送臺灣總督府中央研究所檢驗，並有成績書（圖 2.1-4）及成績表（圖 2.1-5）。李老先生博覽中外書籍，並且嫻熟中國古代有關蜂蜜的醫藥用途，很用心的將蜂蜜與人參、與砂糖及飴糖等分析比較（圖 2.1-6），根據學理闡述對人體的健康。另有蜂蜜成分介紹及蜂蜜品質鑑別等，期望大家了解蜂蜜對人們的益處。這本小書，內容有深度，極為難得。也從書中得知，臺灣的「假蜜」問題由來已久。

2.1-3 新莊郡樓子厝生記養蜂部

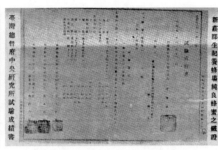

2.1-4 臺灣總督府中央研究所試驗成績書

2.1-5 生記養蜂場產品分析成績表

2.1-6 封面內頁－蜂蜜與滋養品成分比較

2.2 臺灣之養蜂問題

作者：林珏瑞／臺灣省農試所應用動物系

來源：1953 年。臺灣農林 7（6）3-4。

　　本省之養蜂事業，在三十多年以前尚滯留於舊式飼養方式，蜂種亦僅原有之中華蜜蜂（土蜂）。自日人開始輸入義大利蜂獎勵勸導採用新法飼養迄今，僅約三十多年之歷史。但以當時之義大利蜂種，係自日本輸入，原在日本之蜂種，不能盡入理想者，加之自輸入以後，並未設有長期專門研究及改良，致當今蜂群之採蜜量及繁殖力，已大不如輸入當時之成績。而能引起如此現象者，實值得吾人注意。為欲發展本省之蜂業起見，養蜂之困難問題必先解決。現雖未有詳盡之調查資料，但順就公餘之便於中部，略為考查，則感有若干言中問題，茲錄出以供同好及當局之參考。

2.2.1 蜂種

　　目前本省之蜂種，僅有義大利蜜蜂及中華蜜蜂兩種，雖然二種各有其優劣點，如以經濟及應用方面言之，則以義大利蜂之體格大，採集力較中蜂為大，群勢強壯及管理容易之條件，飼養繁殖較為上算，故以前日人亦曾極力推廣獎勵飼養。不過當時輸入之義大利蜂雖然產蜜成績尚佳，但以後逐年繁殖進入農村，再由養蜂者自行繁殖飼養或販賣圖利，因此繁殖之蜂種，僅注重量的方面，而對於質方面則未十分注意，以致蜂群之產蜜量逐年減少，此雖不無雜有其他原因，但就蜂種退化之現象，實對於養蜂業已面臨嚴重問題。蜜蜂之產蜜成績具顯著之遺傳性，如由養蜂者自行任意繁殖，不管母群之成績優劣，則所分之蜂群，其中必有部分不如母群之成績；如此逐年繁殖，蜂種必由成績優良而逐漸減退。據嘉義之經驗養蜂者云：過去如蜂群滿十框，即增加繼箱，蜂群發展頗速；但茲以後如欲增加繼箱則頗難發展。如此更可明瞭蜂種顯有趨於退化。

　　如何防止蜂種退化：一是採用人工淘汰法，由政府或養蜂者注意

蜂群之標準；供繁殖或販賣，著重蜂群之生產成績，盡量淘汰生產成績低劣之蜂群，而選用成績優良者為父母群，並實行人工養王繁殖。二是取消採用強迫蜂群造王法，以免除生產成績低劣者之成分存在。在目前本省養蜂者，大多均採用強迫造王法以繁殖蜂群，是法雖為頗理想之人工分蜂造王辦法，然以所造之蜂王，但亦有部分未盡理想，日後蜂群分出，成績不能達到預期之標準。如此蜂群標準不一，則有混雜退化蜂群存在。故欲繁殖蜂群，應當選擇生產成績優良之種系，加以培養成強壯群，使造天然王台，然後實行淘汰王台，再施行人工分封。如此則有優良成績之遺傳性存在，蜂群之生產成績必不致退化。三是輸入外地優良義大利蜂群或蜂王以資繁殖推廣。目前交通發達，如自夏威夷或美國等地以航空寄運，僅三數日即可到達。輸入後並應設法專地培養繁殖，以推廣而代替目前本省之退化蜂種，則可保持義大利蜂群特性之成績。

2.2.2 蜂具

蜂具對於蜂群之生產成績，具有莫大關係。目前本省養蜂者因當地蜜源植物較少，故專業養蜂者均實行轉地飼養採蜜，如臺中及嘉義之蜂場，竟有將蜂群搬運至臺北之淡水區、苗栗之山地及臺南、屏東楓港等地採蜜。為欲適應搬運之方便，故都採用十框或八框之輕便轉運巢箱（如搬運至山坡地帶，因交通工具困難，均以人力擔運；每人可擔八框群四箱，可擔十框群兩箱，四箱則過重），而以平箱式採蜜（單箱採蜜，並不增加繼箱及隔王版），如此輕便轉運箱因巢箱中之容積有限，未能適應義大利蜂發揮其強大群勢。故欲適合飼養優良之義大利蜂強壯群，應當就巢箱問題加以研究改良，俾使能達到強群採蜜之目標。即如何改良採用十框輕便轉運巢箱加用繼箱，始可應用隔王板以達到強群採蜜特性之成績。

其他蜂具如隔王板，茲據臺中嘉義經驗養蜂者云：應用繼箱隔王板對於蜂群之採蜜量確定明顯之增加。但以過去隔王板均向日本購買，使用日久，失修損壞，在本省又無以購置，因之而廢用。他如巢礎，因以種類具有數種，如普通巢礎、深房巢礎、淺房巢礎、速成巢礎、雄蜂巢礎及中蜂巢礎等等，壓製時均須備有各種巢礎機。而目前

本省能自行壓製者，僅普通巢礎，這種巢礎因房牆不高，是供平常育蟲用者，因以蜂種趨於退化，容易改築為雄蜂房。

故另外應當具備深房巢礎，為育蟲用，房牆較深房巢礎高一倍，不易改築雄蜂房。速成巢礎，房牆尚較深房巢礎高一倍，如在蜂群需要時加入，立即可供產卵，更不易改為雄蜂房。雄蜂巢礎，巢房較普通巢礎大，專為培養雄蜂之用，亦可做繼箱中貯蜜用。中蜂巢礎，中蜂體軀較義大利蜂小，故巢房亦小，如以義大利蜂之巢礎加入，常改為雄蜂房之弊病。且用於壓製巢礎之蜂蠟務須講求純質，以免供蜂築巢前將巢礎咬毀，然後自行重新築造，則浪費巢礎及蜜量，以致縮短工蜂之壽命。

又如人工養王之器具，以往均向日本購買輸入。但近來已無採用人工養王法。如此大部分蜂具均賴輸入，本省迄未自行製造，故欲發展蜂業，應創箱標準蜂具製造廠，以製造隔王板，各種巢礎之巢礎機及人工養王用具，並須規定質料之標準，免致影響蜂群之發展。

2.2.3 技術

本省在未輸入義大利蜂種以前，僅有少數人士應用傳統古舊之方法飼養中蜂，僅知除去天然王台以防止分封及採用舊式割蜜法；又因所用巢箱為固定者，無法將巢脾提出檢查，故蜂群中之情形無從得知。且對於養蜂事業均存賴運氣迷信之心理，故在舊式蜂箱上常可見貼有佛符或令旗，依賴神令壓制蜂群使其不得逃走。自義大利蜂輸入後，始有部分人士對養蜂之初步技術漸有了解，故義大利蜂能在各地有經驗養蜂者自行繁殖販賣，本省之蜂業已有上升之趨勢。

據各方面之估計直至光復以前，全省之蜂群約有一萬群上下，而自民國三十八年以後，僅約剩餘六七千群。如本省之蜂業已急走下坡，此種嚴重現象，不僅蜂蜜之銷售問題，就技術方面亦應負部分責任。養蜂之要素不外學識、經驗、地位、蜜源及蜂種。以養蜂之技術則包括學識及經驗兩方面，如就單方面發展，雖有學識而無經驗，則蜂業不易發展；或有經驗而無較新深之學識，蜂群亦無從改進。如過去本省之有關學校，迄未曾普及添設養蜂課程，以深造養蜂人才；雖在目前已有部分學校開始注意蜂業之重要，如臺中女中已於今春添購

蜂群，是為獎勵增進學生養蜂技術實習之用。

故欲發展蜂業，一方面應於高農及高等學府增設養蜂課程，以資培育專門技術人員；二方面則應聯合日前之養蜂者，組成一有聯絡之團體，以解決困難問題及相互交換知識；三方面應當接受蜂業發達國家之新技術，如盡量蒐集有關養蜂之圖書雜誌，以便參照情形改進本省蜂業，並發表書刊普及全省各地。而目前最重要之問題是如何減少蜂群在雨季及渡夏之死亡，以能保持蜂群之採蜜力。且目前所應用單箱採蜜，因單箱巢房有限，故採蜜時期僅視蜜脾已貯滿蜜汁即行採取，而對於採收蜂蜜之成熟度未甚重視，如此蜂蜜中所含之水分過多甚易發酵。

故應當如何改進適應強群採蜜及便於搬運之巢箱，以解決目前及日後採蜜蜂群所感蜜房不足之困難，如能增多蜜房，則採蜜期可延至蜜脾成熟蜂蓋後採收，始可避免因含水過多而發酵之損失。又所採之蜂蜜，應加以分級之標準，即如所採屬於何等植物之花蜜，並加以分析其所含之成分，俾使能爭取海外市場，及增進人民之見解。

2.2.4 蜜源植物

以本省蜂業發展情形觀之，實受人工蜜源所左右。本省西部是全省養蜂業最發達之地帶，其原因不外有大蜜源（人工蜜源）之存在及交通便利之條件，而北部及東部之養蜂尚未加以發展，故尚有部分因人工蜜源缺少而天然蜜源尚未開發之地帶可資利用者。且各地因氣溫及雨量之不同，同一蜜源植物之開花期亦稍有差異。過去對於天然蜜源迄未有詳盡之調查利用，故欲推進全省各地之蜂業，必先以全省之蜜源（包括人工及天然蜜源）作詳細之調查，然後設法加以增進利用或補助之，並應當盡力加以保護以免殘毀，始能普及全省養蜂事業。

2.2.5 銷售

本省蔗糖業發達，糖價便宜，蜜價則較蔗糖昂貴，就以目前之零售竟超糖價一倍，故大多數人民均視蜂蜜為藥用或高貴之補品。以往本省所產蜂蜜，多數均供中藥調藥之用，僅極少數供省內食用，尚視

為貴重藥品，如夏季用以醫治痢疾或通便等，供食用者則寥寥無幾，故蜂蜜之零售市場尚須努力始能普及。蜜蜂對於吾人之營養價值，實倍之於蔗糖，蜂蜜視蜜蜂所採之甜汁可分為花蜜（Nectar）及露蜜（Honeydew），前者較多，係自植物花器中之蜜腺所分泌者；後者較少係自植物花部以多分泌之甜汁及昆蟲分泌之蜜汁，如樹液蜜自植物葉基及莖部之蜜腺分泌者，如田菁、木薯等；以及蟲液蜜自昆蟲體軀分泌者，如同翅目之介殼蟲、粉蝨及蚜蟲等。

現就花蜜言之，其成熟蜜之成分，有因植物之種類及採蜜方法而有差異，其一般所包含之物理成分有果糖（左旋糖）、葡萄糖（右旋糖）、水分、灰分、蔗糖、糊精糖等，且其中以果糖及葡萄糖最多，約在 70~80% 之間，其次為水分約 20% 左右，蔗糖約 5~8%，及維他命 ABCD 等，故以蜂蜜為食用價值實較蔗糖為有益。為欲提倡普及食蜜代糖，發展零售市場，應當規定蜂蜜之標準，如係屬何種植物之花蜜，其所含之成分，均經化驗分析標明以防假冒，俾提高人民對蜂蜜價值之見解，始可解決銷售問題。

又在光復初期，本省蜂業雖現有稍微衰退，但以尚能出口，銷售於廣東等地；在民國三十八年後，因交通被阻無法外售，以致部分專業養蜂者已有改為副業或改業，產蜜亦因之大減。在目前之批發價幾約與蔗糖相等，養蜂者僅能勉強維持，如再發生銷售困難，則本省蜂業將無法挽救。故為維護蜂業起見，應當在技術方面提高蜂蜜之標準，以爭取海外市場，則蜂業將有蒸蒸日上之希望。

後記

臺灣光復初期，養蜂事業最早的描述。臺灣的蜂種、蜂具、養蜂技術、蜜源植物、銷售問題，都深入探討，頗為不易。文中記述：早年在蜂箱上貼佛符或令旗，壓制蜂群不得逃走，頗為有趣。臺中女中購置蜂群，獎勵學生學習養蜂技術，很有啟發性，值得參考。由於這篇報告，引起個人整理臺灣養蜂歷史的興趣及關注。

2.3 教皇庇護十二世在 17 屆國際蜂會致詞

作者：范宗德譯

來源：1959 年 8 月。《蜂話》201-214。

　　本文是范宗德先生 1959 年 8 月出版《蜂話》譯作中的附錄四，摘錄精彩部分，與讀者分享。此外，藉此機會簡略介紹范宗德先生《蜂話》的部分內容，讓讀者對該書有較多認識。書中每一章的開始，都摘錄古代蜜蜂詩詞、名言及古聯等，特別節錄。另外節錄，附錄二，明朝劉基的〈靈邱丈人養蜂〉。附錄三，宋朝王元之的〈蜂記〉。另有關范先生的部分文稿及媒體報導，記錄於文末。

2.3.1 教皇庇護十二世在 17 屆國際蜂會致詞（節錄）

　　親愛的孩子們，我以愉快的心情歡迎你們來羅馬舉行國際養蜂會議。我讚美你們，你們的各種理論報導及養蜂經驗介紹，對養蜂事業會有很大的裨益。

　　自從遠古以來，世人對蜜蜂就有很大興趣，蜜蜂對人類精神生活影響深刻。

　　蜜蜂的品種豐富，組織嚴密和遍布於世界各地。蜜蜂世界的中心是蜂箱，蜜蜂在蜂箱中生息。牠們有很強適應能力，精準的防衛方法，高度發達的器官以及驚人的繁殖力。蜜蜂的社會，而以蜂王為重心。蜂王身軀較大、壽命較長，以產卵為天職，每天產一千五百至三千粒卵不等。她沒有防衛配備，其餘的工蜂保護她。當她懼怕其他的蜂王和她爭位時，她就借用分蜂的工蜂飛出另組蜂群。蜂王的周圍有許多雄蜂，在蜂群生命延續作用上負有重任。工蜂數量眾多，表現勤勞，適切的分工，完成蜂群中的重要任務。工蜂出生不久就任護士工作，不久分泌蜂蠟築造巢房，後來擔任採集任務，並逐花飛翔。工蜂除了自衛外，還會捍衛全群。

　　蜜蜂的神秘世界，至今尚未全部了解。不久之前發現，蜜蜂以各種舞步來交換意識。近年來又發現牠們藉身體的奈氏腺，相互聯繫。

該腺體發出一種波狀幅射臭氣，讓同群的蜜蜂感覺得到。後來，更發現蜜蜂藉著翅膀迅速又規律的振動，產生的超音波通信，幫助散失的工蜂回群，並能吸引同群蜜蜂拜訪特定的花朵。

蜜蜂辛苦的工作，還能夠產生蜂蠟。教堂做禮拜用純潔蜂蠟製成的蠟燭，協助人類完成崇高的宗教活動，這是對於人類的恩惠。我們感謝最具特性的產品，是採自花蜜轉變而成的蜂蜜。人們都知道蜂蜜的營養價值，蜂蜜的糖分是非常重要，另有豐富的維他命和荷爾蒙。另外一種蜂產品是蜂毒，將來也會被開發成有用的醫藥材料。

蜜蜂的授粉活動，在農業經濟上占著一個主要的地位。世界養蜂協會提倡飼養蜜蜂，可以協助種子和水果的生產者增加收益，這是美麗的花媒之神，給予人類主要的利益。現代的科學已超過了維基尼詩篇的養蜂法，每天揭發了神祕與新奇。此外，深入研究蜜蜂病蟲害、蜂種、採集能力、蜂王的活力及蜂群的組成等，都會導致養蜂家提高蜂產品品質及增加平均產量。

感謝你們給我在這方面講話的機會，我希望說幾句勉勵的話，以作你們考慮的目標。蜜蜂們辛勤工作，讓我得到「蜂蜜的啟示」。假若要問蜂群的起源、功用及目的。博物學者會回答說：蠟製的巢房是蜜蜂活動的區域，也是用來裝蜂蜜的地方。數學家馬上補充說：蜜蜂製造六邊形的巢房，是以最少的材料造出最大的空間。他又說：巢室底部有三個平面構成適當角度。所以，蜜蜂自古以來就已經解決了超越函數的數學問題，至今仍然是許多學者研究的目標。

哲學家認為：蜜蜂築成六邊形蜂巢是一種智慧，是有預知的目的及精確的方法。哲學家斷然否認歸功於蜜蜂本身，但蜜蜂也不會了解什麼是智慧，只是在服從牠們個體行為的本能。所以結論是：指導蜂群組織和蜜蜂生活智慧的是上帝。上帝創造天和地，使花木生長，賦與動物本能。

親愛的孩子們，在你們驚異之前，可以看到上帝在蜂群中親手做的事。我們崇拜祂，讚美祂神明的智慧，讚美祭壇上燃著的、蜂蠟製的蠟燭是萬靈象徵。讚美祂，甜的蜂蜜還不及祂的話甜。大衛說：祂的話比蜜蜂更甜（讚美詩 118. 103）。他又說：上帝解釋祂的判斷和意志的話「比蜂蜜和蜂巢更甜」（讚美詩 18.11）。

親愛的孩子們，「認定主是甜的」（讚美詩 33.9）。開始時，不

要背叛、紛擾及訴怨，學習如何忍耐叛逆、偏差、頑固、毀謗及迫害的煎熬。你就會知道如何用穩健、和平及愉快，來填補你的心靈。當人類認識上帝的時候，回到了祂那裡，必能使上帝的規範成為人們自己的。

當一個人經過長途跋涉疲乏後，目的地已經在望，「牛奶與蜂蜜流溢的地方」（出埃及記 13.5）已經指日可達，上帝每天賜給他「白色麵粉及蜂蜜的聖餐」。親愛的孩子們，你們研究神祕的蜜蜂世界，盡可能看一看和嘗一嘗上帝的甜味，你們會有一天在天上看到並嘗到祂的光與愛，絕對比蜂蜜更甜。我誠懇的把一個神聖的恩惠，象徵性的祝福你們，我與你們和愛你們的一切人同在！

羅馬教皇 本尼狄克心

2.3.2 《蜂話》內容綱要

《蜂話》是臺灣最早最有深度的養蜂學專書，分為上中下三篇。綱要節錄如下，從綱要可略知該書的學術性。

1. 上篇：蜜蜂

包括蜂種由來、養蜂的價值、蜜蜂的視覺、蜜蜂的嗅覺及味覺、蜜蜂的語言、蜜蜂的生活、工蜂分工的依據、蜜蜂的生育。

2. 中篇：養蜂

包括養蜂始業、蜂群管理（上）、蜂群管理（下）、進修。

3. 下篇：蜂蜜

包括蜂蜜的成分與性質、蜜蜂對於人體的功效、蜜蜂的醫學價值、蜂蜜的古代記載、蜂蜜的吃法。

2.3.3 古代的蜜蜂詩詞、名言及古聯

《蜂話》每一章開始，都以與蜜蜂有關的詩詞、名言及古聯等為導言。一本生物科學的專業書籍，加入感性的詩詞及名言等，頗有人

文氣息，是這本書的一大特色。

1. 上篇：蜜蜂

第一章：楊萬里，「蜜蜂不食人間倉，玉露為酒花為糧。」第二章：賈島，「……鑿石養蜂休賈蜜，坐山秤藥不爭星。」第三章：呂徽之，「長日江頭舞細腰，誰家庭院不相招。江天二月曉風細，相逐賣花人過橋。」依次摘記如下。

王仁裕〈開元天寶遺事〉：「都中名姬楚蓮香，國色無雙，貴門子弟爭相詣之。蓮香美出處之間，則蜂蝶相隨，蓋慕其香也。」

蘇軾：「空中蜂隊如車輪，中有王子蜂中尊。分房減口未有處，野老解與蜂語言。」

莎士比亞〈亨利第五〉：「造物真神化，例如蜜蜂是。論其井然秩，有如國組織。牠們既有君，亦有百官職。有的像鄉長，官衙指揮定。有的像商人，外出冒險去。其餘係士兵，執戈衛社稷。」

楊萬里：「……乃見萬物心，多為造化使。」

古聯：「……往來盡是甘甜客，追逐無非石榴裙。」

2. 中篇：養蜂

古聯：「……寶劍鋒從磨礪出，梅花香自苦寒來。」

溫庭筠：「……蜜官金翼使，花賊玉腰奴。」

耿湋：「……帶聲來蕊上，連影在香中。」

古諺：「……謂學無暇者，雖暇亦不能學矣。」

3. 下篇：蜂蜜

羅隱：「不論平地與山尖，無限風光盡被占，採得百花成蜜後，不知辛苦為誰甜？」

古諺：「……我的孩子，你吃蜂蜜，它是很好的。」

俞允文：「……靈化知何術？神功寄藥王。」

馬吉：「蜂蜜是身體的藥，可蘭經是心靈的藥，用可蘭經與蜂蜜來增益你自己。」

郭璞：「散似甘露，凝如割肪。冰鮮玉潤，髓滑蘭香。窮味之美，極甜之長。」

2.3.4 靈邱丈人養蜂－明朝劉基（原載於《蜂話》附錄二）

　　昔靈邱丈人之養蜂也，園有廬，廬有守，刳木以為蜂之宮。其置也，疏密有行，新舊有次，坐有方，牖有向。視其生息，調其喧寒，以鞏其架構，如其生發，蕃則析之，寡則哀之。去其蛛蝥蚍蜉，獮其土蟺蠅豹。夏無烈日，冬不凝澌，飄風吹而不搖，淋雨沃而不潰。其分蜜也，分其贏而已矣，不竭其利也。丈人於是不出戶而收其利。

2.3.5 蜂記－宋朝王元之（原載於《蜂話》附錄三）

　　商於象和寺多蜂，寺僧為予言之甚悉。因問蜂之有王，其狀何若？曰：「其色青蒼，差大於常蜂耳。」問何以服其眾？曰：「王無毒，不識其他。」問王之所處？曰：「巢之始營，必造一台，其大如栗，俗謂之王台。王居其上，日生子其中，或三或五不常。其後王之子盡復為王矣，歲分其族而去。蜂之分也，或團如罌，或鋪如扇，擁其王而去。王之所在，蜂不敢螫。失其王則潰亂，不可嚮邇。凡取其蜜，不得多，多則蜂饑而不蕃；又不可少，少則蜂惰而不作。」予愛其王之無毒，似德；又愛其王之子盡復為王，似一姓一君，上下有定分者也；又愛其王之所在，蜂不敢螫，似法令之明也；又愛其取之得中，似什一而稅也。

2.3.6 范宗德的部分文稿及媒體報導

范宗德。1956.3.8。國際養蜂會議將在奧京舉行－邀養蜂家范宗德赴會。臺灣新生報。

范宗德。1956.3.24。中國蜂禦敵及通風。第 16 屆國際養蜂 APIMONDIA 會議。維也納。譯文刊於《蜂話》1959。209-210 頁。

范宗德。1956.6.25。中國蜂優於義大利蜂－我國業餘養蜂家范宗德在國際養蜂會－撰文介紹中國蜂。臺灣新生報。

范宗德。1958.9.16。蜂蜜的真假及辨別法。臺灣新生報。

范宗德譯。1958.9.23。教皇批護十二世向第 17 屆國際養蜂 APIMONDIA

會議致詞全文。譯文刊於《蜂話》1959。211-214 頁。

范宗德。1958.11.9 蜜蜂的舞蹈。臺灣新生報。

范宗德。1959.8.3。蜂話。217 頁。仁和蜂場。

范宗德。1959.11.2。蜜蜂怎樣釀製蜂蜜。臺灣新生報。

范宗德。1960.4.8。蜜蜂的文化。中央日報。

范宗德譯。1960.6。蜂后。拾穗 122：72-75。

范宗德。1960.7.29。蜂后的交替與分封。中央日報。

范宗德。1967。現代養蜂法。186 頁。仁和蜂行。

范宗德譯。1967。蜜蜂卵研究之新發展。科學農業 8：190-193。

後記

臺灣光復初期，到 1962 賴爾博士（Dr. Clay Lyle）來臺灣之前，范宗德先生是唯一自學成功的養蜂學者。曾在媒體發表許多蜜蜂相關報導，引起民間養蜂熱潮。也是第一位參加第 16 屆在維也納舉辦的國際養蜂 APIMONDIA 會議，發表論文的專家。范先生不但養蜂經驗豐富，且英文造詣極深，曾在臺北市芝山岩及彰化百果山飼養蜜蜂，同時研讀國外養蜂專書及雜誌。於 1959 年出版的《蜂話》，是最早最有深度的養蜂學用書，是臺灣第一本養蜂專業書籍。

▋2.3-1《蜂話》1959 年出版

作者在博士班進修期間，經常向范先生請益，范先生古道熱腸，有問必答，並且詳細解說。是為良師，也是益友。當年范先生授權作者，重新印製兩本大作《蜂話》（圖 2.3-1）及《現代養蜂法》（圖 2.3-2）。限於客觀因素，無法完成范先生心願。僅節錄《蜂話》的精采部分，供讀者分享。

▋2.3-2《現代養蜂法》1967 年出版

2.4 臺灣之養蜂業調查

作者：洪踵銓／臺灣省農業試驗所
來源：1962 年。植物保護學會會刊 4(1)：28-29。

2.4.1 臺灣養蜂之起源

臺灣養蜂之起源不甚明瞭，但據説約在 250 前，臺灣南部關仔嶺附近之農民將棲息於岩窟、洞穴、樹穴等營巢之野蜂捕來飼養，或在初夏蜜蜂分蜂時，將飛來住家附近之蜂群捕來飼養，而後漸漸傳布於各地。當時人們已知蜂蜜是有甜味之滋養品，乃開始養蜂。臺灣蜜蜂為東方蜜蜂（*Apis indica*），體型比外國種略小。

2.4.2 洋種之引進

洋種之引進約在 50 年前，日人由歐洲引進義大利種（*Apis mellifina*）別名黃金種，在南臺灣嘉義地區有陳朝及日人等開始用改良巢箱飼養。義大利種性溫和，早期產卵，產卵力旺盛，採蜜力強；分封性小，但體質較弱是其缺點。此二種之區別點如下：東洋種，後翅徑橫脈之後方有徑脈。西洋種，後翅徑橫脈之後方沒有徑脈。

2.4.3 現在之養蜂業

本省養蜂最盛地區為嘉義，該地區不但蜜源豐富，且有專業養蜂家，也有專門製造養蜂器具之販賣，更有蜂蜜運銷合作社。據嘉義縣蜂蜜運銷合作社理事主席陳源祥説：現在臺灣蜂群約有 3 萬群（箱），洋蜂約 2 萬，再來蜂約 1 萬，分布地區以嘉義、屏東縣最多，臺南、彰化、苗栗、臺東、臺中、臺北等縣順次之。

現在經營專業養蜂者約有十數家，以外大部分是副業。專業之養蜂約擁有蜜蜂三百群左右，副業之養蜂少者五、六群，多者二、三十群。專業之養蜂家，因採集花蜜而轉移全省各地，南自恆春，北至陽

明山，副業之養蜂家大多數在居家附近飼養，如欲缺乏花蜜時，均採用糖蜜飼養之。

臺灣位於熱帶與亞熱帶之間，山地多，蜜源植物豐富，四季均有蜜源，見表 2.4-1。故一般均不給飼料，若一地花蜜採完則轉移於有蜜源植物之處，惟嚴寒期之蜂群很少活動，但期間很短。有本省尚未發生嚴重病蟲害，故未聞有因病蟲害而毀營之蜂場。蜜蜂之飼養管理及採蜜簡易，養蜂所費勞資不多，故適於專業經營，可利用公閒之剩餘勞力，故亦適於副業經營。蜂種在春季龍眼開花季節，每群約值 300 元，秋季在嘉義約 250 元。經營蜂業所用器具不多，價亦廉，通常經營五十至七十箱之蜂場，所需約二至三萬元。一年可採收蜂蜜 1,800~2,000 公斤，其他尚可生產蜂王乳及蜂蠟，利益相當高，且安全可靠。

表 2.4-1 臺灣主要蜜源植物栽面積及開花期（1960 年）

植物名稱	栽培面積（公頃）	開花期（月）
龍眼	2,024	北部：3 下 ~4 上，中部：4 中，北部：4 下 ~5 上
菜子（種）	4,259	12~2
芝（胡）麻	7,227	5~6
甘藷	226,486	中部：9~10，南部：11
柑橘	3,219	3 中
茶	48,442	9
西瓜	5,645	北部：4~5，南部：11~12
樹薯	11,935	7~8
番石榴	851	每月開花
咖啡	100	—
田菁	田 47,481	5~8
田菁	佃 3,748	5~8
蒲姜	不詳	7~8
尤加利	不詳	8~9
菜瓜	不詳	5~8
月桃	不詳	5~6
水加丹	不詳	6
茄子	1,847	5-6
菜豆	2,540	6-7
豌豆	3,040	1
葱類	3,793	10-12
芹菜	1,642	2

養蜂在歐美及日本除採蜜為主外，尚有蜂王漿（Royal Jelly）為目的，蜂蠟為副產物。最近美國曾設有「花粉媒介養蜂合作社」對於採種業者，果樹栽培者等分配蜂群並收取「花粉媒介費」。在日本近年來由於農作物之普遍使用農藥及山地原野之開發，致使野生昆蟲激減，菜子因無花粉媒介物（Pollination agents），致大量減產，所以盛行蜜蜂群之搬入。

2.4.4 今後對養蜂業之幾點建議

臺灣適於養蜂，且利益較他業優厚，可作專業或副業經營，將來養蜂對於下面幾點需要注意：

1. 由有關機關或養蜂者引進或改良優良蜂后，並改善飼養管理方法，以提高收蜜之量與質，而減低成本。
2. 調查蜜源植物之種類及品種、分布、開花期間及栽培面積等，並獎勵培優良蜜源植物。
3. 有關機關檢驗所引進之蜂種，防止病蟲害，特別注意幼蟲病。因幼蟲患病後，無新陳代謝，蜂群必至衰弱滅亡。幼蟲病有美洲幼蟲病（American Foulbrood）及歐洲幼蟲病（European Foulbrood）兩種，美洲幼蟲病由桿狀菌 *Bacillus larvae* 所致，歐洲幼蟲病由桿狀菌 *Bacillus pluton* 所致。凡患者蜂蓋凹陷，前者呈黃色，後者呈褐色，體浮腫，久則腐爛成黏液，以棒挑之，成絲狀，且有惡臭，凡早期發現病蜂應及早燒毀，並將患病箱連蜂與巢脾移開燒毀。
4. 養蜂主要縣市設立養蜂或蜜蜂生產運銷合作社，以便聯絡、運銷，共同製造養蜂器具等，維護養蜂者之利益。
5. 有關機關應輔導養蜂業者飼養優良蜂種，產製優良蜂蜜、王漿及蜜蠟等，鼓勵外銷。前年曾輸出西德蜂蜜，去年秋季亦將蜂蜜輸出越南，並舉辦貸放低利資金等。

後記

介紹早年臺灣養蜂事業的概況，頗為深入，並有臺灣最早蜜源植

物的紀錄。對養蜂業的建議事項引進蜂種，防止病蟲害，設立養蜂或蜜蜂生產運銷合作社等，頗為中肯及專業。洪踵銓先生是臺灣省農業試驗所第九任場長，任期 1962 至 1970 年。

2.5 蜜蜂病害與敵害之初步研究

作者：李幼成／省立中興大學昆蟲學系
來源：1966 年 6 月。省立中興大學昆蟲學報 5(1、2)：25-33。

2.5.1 前言

　　蜜蜂是營社會生活的昆蟲類，強盛的蜂群通常有三萬至五萬蜜蜂生活於同一巢內。由於人類的飼養，將數十箱至數百箱，集於一處。所有蜂群，都在同處取水，同處採蜜，不同巢箱的工蜂，又常互相偷盜，因而彼此接觸頻繁。如果其中一箱發生病害或敵害，很快就會傳播於全蜂場，被害之蜂群，甚難救治。故對於蜜蜂的病敵害，應防重於治，能防範於未然，才是安全之道。

　　本省的養蜂業者，根據臺灣省政府農林廳五十三年的調查資料，全省二十二縣市除基隆市、臺北市、高雄及澎湖縣等，境內沒有飼養之外，其他各處共有養蜂者 346 戶，共養 21,764 箱，散居於全省各地。而以臺南縣境內為最多，約占全數的四分之一強，其次為苗栗縣、雲林縣、屏東縣等地。大多數為追花採蜜，跟隨蜜源植物的花期而遷移所在地。至於蜜蜂敵害發生的情形，已發現的種類甚多，有些危害較輕，對蜂群影響不大。有些則危害嚴重，以至無法採蜜或全群死亡。

　　病害方面，到目前為止，在本省境內，尚未有嚴重發生的情事。據英國 L. Bailey 氏 1958 年研究報告指出，在蜜源充足的時間或地方，可以抑制蜜蜂幼蟲各種腐敗病的發生（蜜蜂幼蟲腐敗病，是已知傳播最廣，危害最嚴重的一類病害）。又據美國 Dr. Clay Lyle 氏 1963 年在本省實地調查後指出，本省的蜂群，沒有嚴重發生幼蟲腐敗病的原因，可能與植物花期短暫及蜂群遷移頻繁有關。但並不表示本省的蜂群，絕不會發生幼蟲腐敗病害。相反地，本省氣候溫暖多濕，是一切昆蟲疾病發生的溫床，所以應當嚴加注意，加強檢疫，消滅一切傳播的因子，以保無虞。今將重要的蜜蜂病害與敵害分述於後，以做同道之參考。尚請各位先進，多多指正是幸。

2.5.2 病害方面

　　蜜蜂的病害可分為成蟲病害與幼蟲病害兩大類，成蟲病害只有蜜蜂的成蟲才會感染，幼蟲病為蜜蜂幼蟲期所感染的病害。蜜蜂的疾病又可分為傳染性與非傳染性兩類，傳染性的疾病多由微生物或寄生蟲所致，非傳染性的疾病乃指生理上的疾病而言，茲將蜜蜂重要的病害分述於下（部分節略）：

I. 幼蟲病

1. 美洲幼蟲病，或美洲幼蟲腐敗病。
2. 歐洲幼蟲病，或歐洲幼蟲腐敗病：一種桿狀細菌引起。

II. 成蟲病害

1. 恙蟲病（惠德島病、氣管蟎）：一種蟎類引起。
2. 孢子蟲病（諾西馬病）：一種原生動物引起。
3. 癲癇病（麻痺病、副傷寒）：過濾性病毒引起。
4. 痢疾：生理疾病。
5. 五月病：生理疾病。

　　蜜蜂成蟲病害，除上述數種外，尚有下列幾種。因其危害不嚴重，或對病原之生活史上不太明瞭，而從簡報導如下（部分節略）：
1. 敗血病：由一種細菌引起。
2. 阿米巴病：由一種變形蟲引起。
3. 成蟲真菌病：由七種真菌引起。

2.5.3 敵害方面

　　蜜蜂之敵害，種類甚多，危害方式不一。有些專門危害蜂蠟，破壞蜜蜂所居的巢脾，有些危害蜜蜂的身體，有些則取食蜂蜜。危害的程度，也不一致。茲將重要的蜜蜂敵害，分述於後（部分節略）：
1. 蠟蛾（又名蠟蟲、巢脾蟲）：有大小兩種。

2. 胡蜂類。

3. 螞蟻類。

4. 蜂蝨。

5. 蜂蟎。

6. 其他：蜻蜓、蟾蜍、鼠類、鳥類等。

7. 中毒。

8. 有毒植物。

2.5.4 結論

對於蜜蜂的病害與敵害，一旦感染後，就甚難治療。所以預防病敵害之發生，乃為最重要之工作。為了達到預防之目的，對於病原及敵害之生活環境、危害方法、傳遞因子應有詳細的了解，才能針對實際做預防工作。

幼蟲腐敗病為蜜蜂最嚴重的病害，分布於世界各地，甚為猖獗。但本省尚未見嚴重發生，殊足為慶。惟不能引以為幸，固步自封。應及早謀劃，由有關機關負責調查，分析是否絕對沒有病例發生，以及沒有猖獗的因子。加強法規防治，限制病區之蜜蜂進口，消滅一切可能傳布的因子。以使本省成為免疫區域，同時對於蜜蜂的其他病敵害，亦應有適當的防治方法予以推廣。本文乃就已知之蜜蜂病害與敵害，做初步報導，至於各種病敵害詳細情形及在本省危害的情況，尚待做詳盡之研究。

註：參考資料、英文摘要及圖片，略。

後記

臺灣最早一份蜜蜂病蟲害報告。英文名為「A Preliminary Study On the Diseases and Pests of the Honey Bee」。李幼成先生是省立中興大學昆蟲系助教，當年擔任養蜂學實習課程。李先生體會到蜜蜂病害及敵害的嚴重性，最早呼籲政府機構及蜂農重視，極為難得。

2.6 臺灣蜂場經營之研究

作者：程發和

來源：1974 年 3 月。臺灣土地金融季刊 39：77-104。

2.6.1 研究方法

於 61 年 2 月至 12 月徵求學生 16 人，利用假期協助調查臺灣蜂場經營狀況。發出調查表，回收後有 8 家具代表性。作者也隨機訪問雲彰嘉南地區蜂場，了解蜂場實際營運狀況。同時蒐集相關文獻、統計報告、農業年報等，整理統計後，提出對養蜂事業改進之建議。

2.6.2 本省蜂場之分布

1969 年養蜂協會成立時會員 151 人，1971 年會員 565 人，1972 年會員 575 人。據協會發起人林宜鐘先生稱，未參加的蜂農約有三倍之多。蜂農散居各地，無法正確統計。全省共有蜂群總數、蜂蜜產量及蜂群增殖，惟有從其他有關資料作約略估計，見表 2.6-1。

表 2.6-1 1972 年臺灣蜂場分布

地區	縣市別	蜂場數	小計	百分比
北區	臺北縣市	7	64	11.13
	桃園	4		
	新竹	27		
	苗栗	25		
	宜蘭	1		
中區	臺中縣市	37	206	35.83
	南投	36		
	彰化	67		
	雲林	66		
南區	嘉義	46	271	47.13
	臺南縣市	104		
	高雄縣市	41		
	屏東	80		
東區	臺東	34	34	5.91
	花蓮	0		
計			575	100

蜂農固定養蜂有 30 至 50 箱左右，也有 140 至 150 箱。農復會曾建民先生在豐年雜誌記述，目前蜂農約 800 戶，蜂群約十萬餘箱。據三宜蜂場依據歷年出售蜂具的統計，1971 年蜂群約十萬餘箱，1972年蜂群約十二萬箱，1973 年蜂群約十五萬箱。

2.6.3 本省蜜源植物

臺灣主要蜜源植物的開花期、分布及特性，見表 2.6-2。

表 2.6-2 1972 年臺灣主要蜜源植物的分布及特性

種類	開花期（月）	分布	蜜質	粉蜜量	用途	特點
龍眼	3 中~5 下	陽明山至屏東	色黃褐極香甜	蜜粉均豐	收蜜為主	自南至北次第開花
荔枝	3 下~4 下	臺中南投最多	色淺黃香味淡	稍遜龍眼	收蜜為主	產量較少
柑橘	3 中~4 初	北、竹、中縣及嘉南	色淡黃極清香	粉蜜均豐	收蜜為主	花期短
紫雲英	3 上~4 中	竹苗及嘉義	蜜質甚佳	粉蜜均豐	養蜂為主兼可收蜜	各地綠肥作物
苦苓	3 中~3 下	屏東山地門一帶	蜜質稍差	粉多蜜少	養蜂為主	－
西瓜	4 上~12 下	彰雲嘉南屏高	蜜質尚佳	粉多蜜少	養蜂為主兼可收蜜	河床積沙地栽植
月桃	5 初~6 下	屏東訪山秀林	蜜色微紫味香佳	粉蜜均多	養蜂為主兼可收蜜	－
芝麻	5 初~6 下	嘉南至高縣	蜜質稍差缺香味	粉量中等	養蜂為主	栽植面積逐年減少
黃槿	5 初~7 下	新竹至臺中沿海	蜜色白味尚佳	蜜少無粉	僅供養蜂	蚜蟲的蜜露
觀音竹	5 初~7 下	臺中以北	蜜色白味尚佳	蜜少無粉	僅供養蜂	蚜蟲的蜜露
菜瓜	5 初~8 下	全省	蜜質尚可	粉蜜中等	僅供養蜂	－
田菁	6 中~8 下	嘉義最多全省可種	蜜質不佳	粉蜜中等	僅供養蜂	豆科綠肥作物
蒲姜	7 初~8 下	恆春枋寮	色微紫極清香	粉蜜均佳	收蜜為主	全省均有恆春有蜜
草菊	8 初~10 下	恆春至臺東	蜜色深褐質稍差	粉多蜜少	僅供養蜂	數量不多

種類	開花期（月）	分布	蜜質	粉蜜量	用途	特點
青棗	9 初~10 下	嘉南至高雄	蜜質頗佳	蜜多粉少	收蜜為主	數量不多近年略增
桉樹	10 初~11 下	苗栗及員林較多	蜜帶藥味易結晶	粉多蜜少	僅供養蜂	竹苗員林較多
大頭茶	9 初~10 下	丘陵坡地多栽植	蜜質甚佳易結晶	粉蜜均豐	可供收蜜	數量不多
碎米茶	10 初~11 下	陽明山林口野生	蜜質甚佳易結晶	粉蜜中等	可供收蜜	數量不多
向日葵	1 初~2 中	全省可種	蜜質香味皆優	粉蜜均豐	可供收蜜	春秋裡作
甘藷	11 初~12 中	南投嘉南及高屏	色深質稠味微酸	粉蜜中等	養蜂為主間可收蜜	南部略遲於中部
樹薯	－	全省	蜜質稍差	無粉蜜少	僅供養蜂	葉有蜜露
油菜	12 初~2 下	雲林最多全省可栽植	蜜質甚佳易結晶	粉蜜均豐	收蜜為主	栽植量銳減中

　　龍眼蜜占總產量 60%~70%，蒲姜是中國大陸所謂的紫荊或荊條，全省皆產，唯有恆春一帶分泌花蜜，蜜質甚佳。另有棗花、苜蓿及蕎麥蜜質甚佳，本省難得一見。

2.6.4 臺灣外銷蜂產品

　　皇漿（蜂王乳）由報章宣傳而為人注意，不過是最近十多來年之事。大多人迄未知為何物，有何效用。蜂農在較早時亦不知採集、包裝、貯運等技術。國外進口的售價偏高，一般消費者無力負擔，而其功能則非短期間所能顯見，因而一度趨寂。嗣歐美市場逐漸風行，日本由於經濟繁榮，消費力增高。皇漿需求漸形普遍，近年尤呈蓬勃現象。

　　表 2.6-3 中，在海關統計分類號別為「蜂蜜」，實際上包括皇漿及其價值。如 1966 年輸往日本 10 公斤，價值為新臺幣 24,000 元，每公斤 2,400 元。1967 年輸往美國 75 公斤，價值 209,600 元，每公斤 2,794 元。顯然均為皇漿，蜂蜜無此價格。1968 及 1969 年情況亦同，每公斤 2,880 及 2,895 元，都是皇漿。1970 年以後改向日本輸出，每公斤僅 2,007 元，數量卻顯著增加。

1972 年日本的零售價格，每公斤可達新臺幣 1 萬元。1974 年皇漿在日本的售價，平均每公斤新臺幣 2,784 元，比日本自行生產的成本價格 4,000 元，低廉 30%。 因而日本向我國大量採購。美國蜂蜜價格低廉，因人工昂貴，生產皇漿成本太高。我國蜜蜂產品輸美國，都是高價值的皇漿，最低價每公斤 2,795 元，最高 2,895 元。1969 年以後沒有紀錄，原因不明。

表 2.6-3 1964-1971 臺灣外銷皇漿數量、價值、地區統計

單位：公噸／千元新臺幣

年份	地區	美國	香港	菲律賓	日本	琉球	新加坡	馬來	合計
1964	數量	－	2.7		3.9	0.9			7.8
	價值	－	67.2		31.8	25.4			127.6
1965	數量	0.05	1.00		0.04				10.9
	價值	142.0	47.8		0.6				190.4
1966	數量	0.07	0.78		0.01				0.86
	價值	196.0	13.3		24.0				233.3
1967	數量	0.075	2.88	1.00		4.0	0.054		8.01
	價值	209.6	64.28	50.80		74.0	1.57		400.25
1968	數量	0.03	17.51			1.92			19.46
	價值	86.4	406.3			15.8			508.5
1969	數量	0.053	11.01						11.07
	價值	159.2	269.2						428.4
1970	數量	－	20.3		0.1		0.36		20.76
	價值	－	359.0		200.7		11.2		507.9
1971	數量	－	10.8		6.24	0.42	0.12		17.58
	價值	－	432.2		700.8	13.3	1.2		1, 147.5

資料來源：中華民國輸出入貿易統計年刊

當年日本准許旅客攜帶皇漿 5 公斤以內免稅，日本、韓國及琉球來臺觀光旅客以此方式出口者為數不少，香港、澳門及南洋等地旅客也不少。皇漿用保麗龍包裝後內置乾冰，再以密封的紙盒運送。此外，尚有製成膠囊、罐頭或飲料在國內行銷，銷路並未展開。

2.6.5 阻礙產銷的癥結

影響本省蜂場經營的環境因素，其中不利的部分，有的非人力所能控制，如氣候及蜜源等缺陷。有的可以策畫補救，如蜜源作物的廣植，敵害的防範等。但阻礙產銷最大的癥結，乃在複雜的社會與經濟的各種錯綜原因。各行各業多有類似情形，蜂場經營亦復如此，只是顯隱程度不同而已。阻礙產銷的癥結如下。

1. 蜂蜜易於摻假

消費者懷疑蜂蜜的純度影響銷路。

2. 漠視組織

1969 年雖然有養蜂協會成立，但因限於經費，且為時短促，未能有所表現。據數處蜂場稱，期望協會為蜂農爭取權益，解決困難。但目前蜂場產品如皇漿外銷，蜂農個別與日本商人訂立契約，價格受人控制。各蜂場為爭取個人的外銷客戶，降低利益，打擊別人。阻礙產銷。

3. 經濟缺陷

蜂蜜成本偏高，售價昂貴每公斤新臺幣 47 元，比加拿大等國每磅 0.28 美元，高出兩倍以上。如何降低成本，為當前發展蜂業迫切需要解決的課題。另有運銷制度的問題，蜂農勢孤力單，情報不靈，價格權操在別人手上，受批發商或出口商的剝削。1972 年蜂農出售皇漿獲利頗豐，受益最多的是中間商。至於，採收技術落後及缺乏研究改進，亦影響經營發展。

2.6.6 皇漿產銷

每年生產皇漿有 8~9 個月期間，3 至 5 月是最豐盛時期。具有規模蜂場都採收皇漿為主，生產蜂蜜退居次要地位。1972 年 8 月以前皇漿產地價格每公斤 1,500 元。八月後上漲，9 至 10 月升到 5,000~7,000

元，波動不定，其間曾破萬元大關，價格混亂。春節之後，徘徊在2,000~3,000 元，價格波動是受到日本市場缺貨及年終新春需求突然增加，商人向本省大量搜購所致。此一刺激，給本省養蜂市場強烈興奮劑，1973 年皇漿增產大量，據出口商及老蜂農估計，可達 45 至 60 公噸。

據日本蜂業的刊物報導，自 1971 年 6 月至 1972 年 2 月日本從臺灣輸入皇漿 10,350 公斤。自 2 月 7612 月價格上升 1.5 倍，有 16,000 公斤。據出口商未經發布的統計，1972 年輸出到日本的皇漿約 25,000 公斤。單獨從臺南洪姓出口商經手 10,000 公斤，嘉義出口商約 7,000 公斤，其餘由臺北、基隆、高雄等地散戶及觀光客分別出口。如以每公斤 3,500 元計算，可獲外匯新臺幣近 9,000 萬元。

生產皇漿的蜂群，一般的蜂勢皆強。每箱以平均年產 1.2 公斤為計算標準，1973 年全省十五萬箱的 1/3 參與皇漿生產，可得 60 公噸。以每公斤 4,000 元計算，每年會有 2.4 億的外匯收入。

2.6.7 結論與建議

1. 蜂農外移

目前臺灣的蜜源植物數量，供應現有蜂農，已接近最高限度。皇漿美景當前，需防大量增產後的價格變動及滯銷危機。在東南亞地區，養蜂環境優於臺灣的馬來西亞、印尼、泰國等地，已有人前往投資經營。本省蜂農若耽於現實，只為貪圖眼前近利，而不做有組織、有計畫、有目標的打算，唯恐好景不常，難以維持絢爛局面。

2. 爭取平價用糖

1973 年全省可能生產皇漿 45~60 公噸，需要飼養蜂群的砂糖約 4,000 萬元以上。為鼓勵皇漿外銷，有關當局若能供應蜂農平價糖，或以其他退稅辦法配售給有外銷業績的蜂場，可減低成本，增加收益。

3. 加強組織

建立產品信譽，拓展蜂產品產銷市場，謀求資金融通，改善經營方法。改進運銷業務，透過協會或合作社等組織，財產統籌共同運銷方式，減低運銷費用，避免誤中間剝削，防止中間商不當得利。

註：參考文獻略。

後記

本文是當年蜂場經營研究最詳盡的報告，記述臺灣蜂農及蜂群數目、臺灣的蜜源植物及當年臺灣的養蜂問題等，總共 28 頁，僅節錄重要部分與讀者分享。1972 年臺灣皇漿的價格飆升到臺幣萬元，是歷史新高。1964 至 1971 年皇漿價格的升跌，都有詳細的紀錄。蜜源植物詳細整理，極為難得。

1974 年本文發表後，引起很大迴響，尤其建議蜂農外移東南亞，有很大影響力。1976 年許多蜂農開始轉到泰國飼養蜜蜂，一直延續至今。

2.7 馬雅皇蜂引進之觀察

作者：鄭清煥／嘉義農業試驗所，何鎧光、徐世傑／國立臺灣大學植物病蟲害系

來源：1975 年。國立臺灣大學植物病蟲害學刊 4：196-206。

2.7.1 緒言

　　馬雅皇蜂（Royal Mayan Bee，*Melipona beechei* Rennett）是一種熱帶無螫蜂，分布僅限於墨西哥南部及中美洲一帶。據觀察，這種蜜蜂對病菌及害蟲有極強之抵禦能力，產蜜量豐富，蜂蜜味道鮮美，且具有醫藥價值，是早年西班牙皇上指定土著進貢給皇族御用之一種蜜糖。

　　馬雅皇蜂係於 1972 年 1 月 9 日由美國自然科學莽林學會（The Jungle Academy of Natural Science）主持人史賴特瑞博士（Dr. D. Slattery），自中美洲英屬宏都拉斯引入本省。由於其原產於熱帶莽林，又群棲於腐爛中空的木頭中，雖經馬雅印地安土著飼養數百年，但對其生活習性卻未有文獻記載。本實驗承行政院國家科學委員會經費資助，對馬雅皇蜂生活習性、對本省氣候環境及蜜源植物之適應性，從事觀察，期對本省養蜂事業有所幫助。

2.7.2 飼養經過概述

　　馬雅皇蜂引入本省，初置於國立臺灣大學植物病蟲害系。由於臺北溫度過低，又適雨季，遂於 1 月 13 日移至嘉義農業試驗所溫室內。最初置放於搭建的網室（2 x 3 x 1.7 公尺）內做隔離觀察。一天內受傷或飢餓死亡 600 餘隻，出巢未返 100 餘隻。第 2 至 3 日用手提噴霧器噴射清水，使之停止活動，死亡數下降為每日 100 隻左右。1 月 17 日有限度的室外釋放，本擬釋放 20 隻左右後，封住出入口。釋放後 10 分鐘即見到蜜蜂返巢，30 分鐘左右陸續有攜帶花粉工蜂返巢，其活動情形與義大利蜂無區別。置於室外釋放後，連續觀察一週，蜜蜂活動正常，即讓其自由進出蜂巢，未加管束。

自從置於溫室窗口釋放後，活動正常。5 月 27 日移置距離溫室約 450 公尺的空地上，搭建固定架放置。架上設有小屋頂以擋陽光，固定架上方並設置蔭柵，以降低溫度。當蜂巢移至室外蜂巢固定架前，先將蜂巢於夜間移入有紗網通氣之木箱中，再移入暗室幽閉 3 日，使其忘記原先蜂巢位置。5 月 30 日將蜂巢移至新固定架上釋放時，大部分飛出之皇蜂仍飛往原來位置，盤旋不去。經改變該處附近建築裝設，才見盤旋蜂數減少，3 日後完全適應。經過蜂巢位置變動，約損失工蜂數目達 1,000 隻左右。

蜂群移往新位置後，活動正常。出入頻度自 6 月下旬銳減，於 7~8 月達最低潮。嘉義地區自 5 月下旬後，果樹開花季逐漸結束，7~8 月開花果樹更少，又值雨季影響蜂群活動甚鉅。蜂群活動有突然下降，甚至完全無活動現象。又因該蜂巢居朽木內，無法觀察。於 8 月 20 日夜，將朽木蜂巢後端木栓去除，並加設活動門以便飼餵糖水及觀察。經過開巢後，巢內蜜蜂寥寥無幾，飼餵糖水 200 cc 三天食完。飼餵糖水後，蜂群活動力增強，至 10 月初工蜂出入頻度略有增加。因溫度下降花期短暫，致使出入頻度未能上升。

冬季溫度降低，蜂巢周圍及上方均用塑膠布圍繞以便保溫。由於蜂群增強，每日飼餵糖水量由 600~800 cc。經比較馬雅皇蜂對糖水、皇蜂蜂蜜及義大利蜂蜜，對三種飼料取食的偏好性。結果發現皇蜂對三種飼料都取食，但皇蜂對蜂蜜最喜好，糖水次之，義大利蜂蜜又次之。此項觀察係以 10 cc 杯子，分別盛裝三種飼料，置入蜂巢內。皇蜂蜂蜜全部被取食完時，糖水尚餘 1/4 杯，義大利蜂蜜則存 3/4 杯，三次試驗結果都相似。

於 1973 年春天花季，蜜蜂出入蜂巢頻度又形增加，至 4 月形成高峰，但仍無分蜂現象。為便於觀察蜂巢內部情形及生活習性，乃實施強行分蜂，使其急造王台。但該蜂不適應新造蜂箱，損失蜂數約達 1,500 隻以上。為保存蜂群蜂勢，未敢澈底強制執行，終告失敗。其後旋於原蜂巢後端，以木箱接長，擴大其蜂巢空間。期能使巢脾擴大後移，以便於觀察，但效果亦不如理想。

分蜂失敗，蜂隻受損甚鉅，因而致使 5 至 7 月出入蜂巢的蜂數，較 1972 年間同一時期之蜂數為少。目前蜂群因處於缺乏蜜源及雨季，又再度陷於一年中之最低潮。

2.7.3 生活習性

　　馬雅皇蜂群棲於腐爛中空之木頭內，於木頭一端開有孔道，外狹內寬。洞口直徑約為 1 公分左右，作為巢門。白天經常有一隻工蜂守衛，守衛蜂前足附於洞口。每當其同類工蜂由外飛入時，守衛蜂即迅速後退於洞內較廣闊處，讓蜂進入，瞬間又復位。在守衛蜂後方，通常可見另有三隻候補守衛，成環形排列。蜂巢遭受驚擾，守衛蜂即飛出蜂巢四周巡邏。若遇敵害，守衛蜂即勇猛飛出與之搏鬥。而後，另一隻守衛蜂很快補上守衛的位置，其守衛防敵之措施，甚為嚴密。

　　馬雅皇蜂是一種無螫蜂，大顎特別發達，與敵蟲搏鬥時動作迅速。會用大顎夾住敵蟲之背方頸部，僅幾秒鐘內，即見敵蟲落地顫動，狀極痛苦。敵害落地後，守衛蜂即飛回守衛位置。蜂巢內部，因在木頭內，詳情未知。唯自木頭後方開啟觀察，概略可分為兩部分。前方為巢脾所在，後方為蜂蜜貯藏所。巢脾專供皇蜂生育繁殖場所，少數可供貯存花粉，但絕不用作貯存蜂蜜。巢脾呈水平向上狀，不規則。隨木頭內部空間及季節決定。一般而言，在蜜源豐富之季節，巢脾大，層數增加很快，經常可見 7 至 10 層巢脾相疊連。蜜源缺乏時期，巢脾小，木頭內部空間大部為貯蜜杯所占。巢脾與巢脾間相距約為一公分，空間有許多由蜂蠟形成的支柱，其數量隨巢脾之大小而定。巢脾與木頭內部相接處亦有支柱，狀極穩固。

　　巢脾之塑造程序，均由下而上，每一層巢脾則由中間開始塑造再向四周擴張。擴張速度，亦因季節及蜂群大小而異。在春暖季節，有時一夜之間即可造成數十個至百個以上巢房。巢房為接近圓形之六角形，長約 0.8 公分，直徑 0.4 公分，一片巢脾大者約有巢房 500 個左右。巢房築成後，通常工蜂即將橙黃色呈半糊狀之強酸微甜食物注入巢房，注入量約達巢房的三分之二，蜂皇會在注有食物之巢房產卵。卵呈乳黃色半透明之膠質物，略呈臘腸形，上端稍尖，下端圓滑，具光澤，長約 2.5 公釐。卵之一端浸於食物內，一端斜立於食物上。產卵之巢房，一般於產卵後數小時內即行封蓋。巢房蓋最初呈黃褐色，其後顏色逐漸變淺，而呈灰褐色。

　　巢房封蓋後，每日可見工蜂穿梭於各巢房上，並且不斷以其觸角

敲擊巢房蓋，可能在檢視巢房內幼蟲活動情形。從巢房封蓋開始，每隔一日割破房蓋取樣三個，檢視各蟲期發育情形。結果發現馬雅皇蜂在1973年5月間，卵期平均約7天，幼蟲期約20天，蛹期約23天。從產卵至成蟲出房，50~60天。幼蟲初期長約4公釐，白蠟色具光澤，呈C字狀，平捲於食物上。老熟幼蟲長約1.6公分，蛆形，捲曲呈C字型。頭部尖細，胴體肥胖由13節組成。無腹足，但每環節上有氣孔一對。蛹期頭部向上，初期為白色，頭胸部各附節隨發育逐漸明顯。中期以後，蛹變為褐色，成熟期體上絨毛與斑紋均與幼蜂相同。蛹羽化出房時，由工蜂協助咬破巢房蓋並拖咬出房，歷時10~15分鐘。

工蜂體長約1.2公分，展翅長約1.9公分，是一種比義大利蜂還小的蜜蜂。複眼赤褐色，呈腎形。複眼間、前額及頭盾部分呈盾形，黑褐色上密生黃棕色分叉絨毛。上唇小片，赤褐色。大顎甚為發達，作交叉狀。頭頂具單眼三個，略呈直線。後頭部、胸部及足，均密生分叉之黃棕色絨毛。觸角呈膝狀，鞭節由11節組成，赤褐色。胸部黑褐色，其絨毛長於翅基片前方者呈深棕色。翅膜質透明，密生短小黑毛。翅脈簡單、黃棕色。後翅前緣具翅鉤11個與前翅內緣之翅摺聯繫。足黃褐色，前、中足之基節、轉節、腿節、脛節末端的大部分為黑褐色，足之構造一般與義大利蜂相同。前足脛節及跗節具觸角清潔器，跗節五節，跗節末端具爪一對。中足脛節末端長有針狀物，用於剷除花粉。後足發達，脛節末端與第一跗節形成花粉籃，第一跗節寬大扁平，內側具花粉刷。腹部由七節形成，有黑褐色密長及黃棕色短絨毛，每節背板及腹板後緣為黃棕色，形成美麗之帶紋。

蜂皇形狀與工蜂略似，唯腹部長寬約為工蜂2~3倍，翅僅及於腹部第二節背板。於蜂巢內易於辨識，雄蜂迄未發現。

工蜂羽化後，其巢房即遭破壞，巢脾數因季節而不同。其繁殖、養育場受外界環境影響，隨時可變動。工蜂初期從事室內養育工作，數天後飛出蜂巢做短距離飛行。馬雅皇蜂飛行動作甚為敏捷，其飛入蜂巢者多數攜有花粉團，少數攜帶樹脂。花粉團一般貯放於巢脾上方，用蜂蠟作成直徑2~2.5公分之半圓杯狀，附著於木頭內壁，有時亦可在少數之巢房發現。樹脂用於填補蜂巢縫隙，蜂巢之後端為貯藏蜂蜜場所。貯藏蜂蜜之蜜杯係由蜂蠟製成，卵圓形，大小因季節略有變異。其大者（6×4.5公分）多發現於春末夏初蜜源豐富時期，其小

者（4.0×3.5 公分）發現於 8~9 月之缺蜜源時期。該蜜杯一個個相接，可分為數層。每一蜜杯貯存蜂蜜量從 15 至 25 cc 不等。

馬雅皇蜂為一種頗為溫馴之蜂種，飼養者被咬現象很少發生，既使被咬亦若被螞蟻咬傷，短時間即可自癒。打開蜂巢飼養觀察，未有不安會逃逸現象，亦未發現罹病現象。

2.7.4 對氣候環境之適應性

馬雅皇蜂自 1972 年 1 月引入本省後，初期活動情況良好。每小時平均出入蜂巢數在 1 月份別為 143.5 及 200 隻，至 5 月份別為 439 及 439.3 隻。活動頻度增加 1 倍以上。1 至 5 月為主要花開季節，繁殖量增加。5 月份後開花果樹種類逐漸減少，又是高溫雨季，蜂數逐漸減少。到 8 至 9 月達於最低數量，每小時出入蜂巢數從 2 至 3 隻到 10 隻不等，不及蜂群最高時期的十分之一。10 月後氣候涼爽乾燥，部分果樹再度開花，蜂群密度又逐漸增加。因冬天低溫影響，增加速度緩慢。一直維持到次年春天，蜂群密度始再度擴張。1972 年及 1973 年的蜂群密度消長大致相同。但是一連串的試驗，損失部分蜂隻，因此每小時出入蜂巢數漸低。

馬雅皇蜂在一天中之活動，因季節溫度影響很大。一般在 8 至 9 時開始活動，下午 5 時左右停止活動。活動最盛是上午 10~11 時，次為下午 13~14 時，再次為上午 8~9 時及下午 15~16 時。

2.7.5 蜜源植物

從馬雅皇蜂採集花粉的 60 次樣品，經製片繪圖查對整理後，可以確定喜好 4 種植物花粉。分別為（部分節略）

1. 番石榴（Guava）。
2. 盤古文旦（Pummelo，Panko-Buntan）。
3. 加埔利卡（Jabotiecaba）。
4. 越瓜（Oriental Pickling melon）。

按史賴特瑞博士報告，馬雅皇蜂在原產地主要採集牽牛花（Morning glory）及一種豆類（Vanilla bean vine）的花粉，然而在本

省多種牽牛花植物及豆科植物均未發現其採集花粉。從馬雅皇蜂攜帶花粉種類及其能繼續生存繁殖，可判定馬雅皇蜂對嘉義地區之植物相尚能適應。

2.7.6 蜂箱改良試驗觀察

馬雅皇蜂築巢於朽木內，此種飼育方法甚為原始，觀察、管理及搬運均極不便。如何改良蜂箱型式，以便於觀察管理，成為研究其生態或將來推廣飼育不可或缺的主要課題。蜂箱改良工作，首先構想是應用腐朽中空木材，使其與原蜂巢形式相若者，置於蜂巢邊。使馬雅皇蜂自然分蜂後，再利用該新分蜂巢逐次改進。

然而馬雅皇蜂自引入本省後，棲群始終很小，更無分蜂現象。遂根據其巢脾形狀，使用亞杉為材料設計新型蜂箱，企圖應用強迫分蜂，使用急造王台方法實施分蜂。此項工作於 1973 年 4 月中旬，正值蜂群最旺盛時期進行。首先將原蜂巢之 8 片巢脾，割取上方 5 片置於改良蜂箱之巢框內。該巢脾含有卵、幼蟲、蛹及新羽化成蟲等，改良蜂箱後端置放馬雅皇蜂蜂蜜及蜂蠟等，盡量使巢內氣味與原蜂巢相近似。然後將改良蜂箱留置於原蜂箱位置，使舊巢之大部分工蜂能夠轉於改良蜂巢，保護巢脾。舊蜂巢移至具原位約 5 公尺較偏僻地方放置。

如此安置後，第一天可見大部分歸巢工蜂均麇集於改良蜂箱門口徘徊飛行。部分進入蜂巢後，可能見蜂箱裝設有異，入箱後不久即又飛出，如此現象整天未能安靜。為恐蜂兒勞累過度，乃於改良蜂箱門口置放糖水餵食，以減少死亡。當天夜晚徘徊於門口之工蜂均入於改良蜂箱內，但巢內所放置之蜂蜜則全無被取食之跡象。次日，改良蜂箱內工蜂較第一天安定，但仍未見正常。蜂巢內之巢脾上可見少數工蜂來回爬行，由外邊採集歸來之花粉散落箱底。部分工蜂可能體力消耗過度而死亡於巢內。第三天檢查，見改良蜂箱內蜂數寥寥無幾，改良箱之工蜂大部可能飛返舊巢。然而此時改良蜂箱內以可見少數新羽化工蜂，但此等新羽化工蜂未知何故，於第四、五天檢視時大部死亡。如此再連續兩天，見新羽化蜂無法生存。為恐全部損失，仍將改良蜂箱內之巢脾引入舊蜂巢內，此項強迫分蜂試驗終告失敗。馬雅皇蜂因

此項試驗損失之蜂數達 1,500 隻左右。

2.7.7 討論

　　馬雅皇蜂為原產中美洲熱帶莽林裡，對於本省冬季低溫之適應，經兩年的觀察似無問題。然而於夏季高溫多濕及缺乏蜜源的情況下，常使其棲群銳減。此種限制因子如無法改善或補救，則馬雅皇蜂在本省飼養之可能性不大。

　　從初步觀察結果顯示，馬雅皇蜂並無不良習性。由於試驗觀察之需要，蜂群雖然經常遭受打擾，並無不安或逃亡現象。對於觀察操作人員亦頗為溫馴，而且飼育期間未見有任何病蟲害，此等優良條件均為其他蜂種所不及。馬雅皇蜂之產蜜量雖未經正式測量，但一般觀察似未較義大利蜂遜色。因此如能飼育成功，對於本省養蜂事業及植物花粉傳播應有幫助。

　　目前對馬雅皇蜂之生活習性雖已略了解，但雄蜂迄未發現。蜂皇之產生、分蜂特性及飼育方法改進等項，均因蜂群之限制而無法完全了解。這些基本問題，有待今後繼續觀察。

註：英文摘要略。

後記

　　臺灣養蜂史中，第一篇無螫蜂的報告。馬雅皇蜂在臺灣已經成為歷史，後續的研究也無從追蹤，留下一些美好的回憶，與讀者分享。

2.8 二十世紀初期臺灣的養蜂事業

作者：安奎／國立臺灣博物館

來源：1990 年。興大昆蟲學報 23：63-70。

　　嘉義關子嶺地區可能是臺灣養蜂事業的發源地。清朝康熙年間，呂、賴、林三姓家族自大陸移居來此，帶動當地農業發展，也移來養蜂技術。1913 年井上記述，蜜蜂占當地經濟產物中的第四位，次於竹筍、龍眼、竹紙。年產量 650 公斤。養蜂事業源起時間，以當年推算約在二百多年前。

　　當時，農民從樹洞，山壁及洞穴中收捕野蜂，並用傳統方法飼養。野蜂的蜂王、雄蜂身體是黑褐色，工蜂為灰褐色。工蜂的數目只有幾千隻，喜好逃蜂、不好螫人。蜂群中髒亂，蠟蛾多。因此，野蜂應該是中國蜂，日人稱其為本島再來種或野蜜蜂。

　　日人於 20 世紀初期大力發展養蜂業，由學者及專家引種及研究，加上業餘養蜂者及熱心人士推動，使養蜂業發展建立相當規模。從當年的報告，可以略窺梗蓋，僅整理早期文獻提供參考。

2.8.1 蜂種及引種

　　日治時代，臺灣總督府農事試驗所的昆蟲學專家稻村宗三，負責養蜂研究工作。起初設法在蜂箱中馴養中國蜂，但是多數飼養一年就發生「逃蜂」，無法長期飼養。1910 年 4 月得到美國農部昆蟲局協助，引進 70 群純種義大利蜂，不幸在運送途中全部死亡。同年 5 月再次引進 27 群，至日本九州農事試驗所飼養，次年繁殖為 160 餘群，其後陸續引入世界各地蜂種。

　　據 1927 年楚南報告，本省蜜蜂的種類有日本蜂（*Apis indica* Fabr. Var. *japonica* Radosz-kowski）及義大利蜂（*Apis mellifera* Lann.）兩種，另有無螫蜂（*Melipona hoozana* Strand）一種。1929 年臺灣的農畜試報導，本省飼養的蜂群總計 10,184 群。蜜蜂種類繁多，計有義大利蜂 2,452 群、再來蜂種 1,502 群、卡尼阿蘭蜂 201 群、美國黃金蜂 13 群、義

大利雜種 1,544 群、日本蜂 44 群、西伯利亞與義大利雜交種 96 群、改良種 721 群、法國種 11 群、水野蜂 1 群、雜交種 2,338 群、塞浦路斯蜂 266 群、義大利黃金種 929 群、東洋黃金雜種 66 群。短短近 20 年的時間，引種及品種改良的工作進行得很有成效。楚南所稱的日本蜂及中國蜂皆為東方蜜蜂，我國學者稱之為中國蜂。

2.8.2 蜂群的分布及蜂蜜的產量

本省蜂群分布於海拔 300 至 1,200 公尺的地帶。1913 年稻村記述，當時養蜂人數有 2,060 人，飼養蜜蜂 6,287 群。採蜜量 17,931 斤，平均每群蜜蜂的採蜜量 5~6 斤，見表 2.8-1。

表 2.8-1 1913 年臺灣省養蜂概況

廳別	養蜂人數	蜂群數	採蜜量（斤）
臺北	41	44	359
桃園	13	16	59
宜蘭	3	3	—
臺中	23	44	65
南投	114	141	658
嘉義	728	4,203	6,346
臺南	583	930	5,572
高雄、屏東	436	704	3,913
臺東	117	179	941
花蓮	2	3	18
合計	2,060	6,287	17,931

上表所列之廳別是當時的地理行政劃分，與現況大致相同，但是略有差異。主要分布地區為嘉義、臺南、屏東等地。嘉義分布於關子嶺、中埔、梅山、斗六，臺南分布於關廟，屏東分布於鳳山、蕃薯寮、六龜、甲仙。此外，南投的林崎埔、埔里、集集，中部的員林及北部的淡水等地，也是養蜂的集中地。上表中所列的數目不包括原住民養蜂者。1924 至 1931 年臺灣農事報記載，全省各地蜂蜜產量，見表 2.8-2。1932 至 1940 年全生各地蜂蜜產量，見表 2.8-3。

表 2.8-2　1924 至 1931 年全省蜂蜜產量　　　　單位：斤

年份	蜂蜜產量	年份	蜂蜜產量
1924	105,890	1928	96,349
1925	96,033	1929	180,272
1926	53,281	1930	275,344
1927	136,784	1931	142,121

表 2.8-3　1932-1940 年全省各地蜂蜜產量　　　　單位：斤

年	臺北	新竹	臺中	臺南	高雄	臺東	花蓮	總計
1932	1,995	10,005	28,885	289,817	65,392	7,500	—	421,504
1933	14,847	5,182	12,482	122,683	48,461	6,200	—	209,804
1934	—	—	—	—	—	—	—	376,707
1935	16,346	6,300	14,005	138,665	55,434	375	—	231,115
1936	17,542	8,730	20,892	201,709	101,751	—	—	350,624
1937	27,954	19,867	9,960	98,712	97,383	—	—	253,876
1938	12,596	19,483	13,168	81,123	81,123	—	—	210,157
1939	7,245	3,661	15,939	50,121	50,121	3,612	49	138,198
1940	14,321	9,141	43,450	107,135	31,385	2,072	222	207,726

2.8.3 養蜂用具

　　飼養野生蜜蜂的蜂箱又稱為蜂廚（臺語），常用的蜂廚是竹製圓桶形籠子，長 2 尺 6 寸、直徑 1 尺 5 寸，形狀變化很大。竹籠外表用泥土、三合土、牛糞等塗抹，以防止雨水及夜露，並可調節蜂群內部溫度。蜂廚的上方或兩側裝有把手，便於提放。蜂廚的一側開有三個或更多的豆形小孔，最多可達 20 多個，小孔是蜜蜂出入的門。關子嶺的蜂廚小孔，只有 2 個，一個較小是工蜂的門，一個較大是蜂王及雄蜂的門，門外有可以開關的構造。

　　蜂廚也有用中空的樹幹、廢木箱、廢容器、竹製方形籠子等製成，形式很多。1914 年新港公學校校長井上德彌，介紹國外的標準蜂箱，包括箱蓋、底板、巢門、巢框、繼箱、隔王板等，依所述應為美式標準蜂箱，這種蜂箱是提供大量飼養西洋蜂使用，用心良苦頗為難得。1917 岡田記述，本省的蜂箱尚有來自日本的九州箱及九州改良箱，

供飼養義大利蜂及西洋蜂使用，可加上繼箱、活動巢框、隔王板等。

　　除了蜂廚之外，養蜂器具還有母蜂籠、分蜂蓋、採蜜用具、製蠟用具等。

1. 母蜂籠：又名竹子管、蜂王廣。幽閉蜂王之用。用細竹管削成六寸長，一端留竹節、另一端塞木栓，外圍削薄、表面開出一至七條狹長的長溝，以便通氣。
2. 分蜂蓋：利用竹製斗笠收補分蜂群，竹斗笠稱為分蜂蓋。
3. 採收蜂蜜用具：常用的有麻布袋、漏斗狀竹籠、甕、鼎等，配合各種採蜜方法使用，用具很簡單。
4. 製蠟用具：二尺口徑的內、外鼎，供製蠟用。

2.8.4 飼養方法

　　蜂廚多掛在防雨露及避免燈光直射的屋簷下，用 2 個支柱架在牆壁上或安置在地上。每年春季龍眼花開之際，蜂群中會產生雄蜂，通稱黑蜂。當巢脾上出現王台，蜂群就會發生騷動，此時養蜂者就準備收捕分蜂群。收捕分蜂群的方法很多，常用的燻煙法。先用線香焚燒使蜂群騷動，蜂群飛出時拋投土砂，揚起灰塵，使分蜂受阻。飛出的分蜂群會聚集到屋簷下或樹枝上，接者到分蜂群中找出蜂王，並將蜂王幽閉到母蜂籠中，或用細絲、頭髮包敷住蜂王胸部。捉住的蜂王繫在分蜂蓋下，並將分蜂蓋覆到分蜂群上，蜂群的蜜蜂會慢慢聚集到分蜂蓋下。用兩三隻線香焚燒，在四周環繞，分蜂群會很快地聚集在一起。

　　也有用布袋收捕分蜂群的方法，懸掛在樹下的分蜂群用大布袋裝入後，放入新的蜂廚中。取一個幽閉蜂王的母蜂籠插入蜂廚，放置2~3日蜂群穩定後，拔去栓子放出蜂王。有些地區的蜂廚，留有專供插放母蜂籠的小孔。由於當年沒有人工分蜂的技術，也沒有使用給餌法藉以穩定剛捕獲的分蜂群。野生蜜蜂的管理方法，不盡理想，蜂群每年都發生分蜂或「逃蜂」。必須每年收捕分蜂群，才能繼續飼養，非常麻煩，因此養蜂者難以增加蜂群數量。

表 2.8-4　蜜蜂四季管理一覽表

月份	蜂數				管理
	以上	4 萬	3 萬	2 萬	
三				*	蜂群增殖、分蜂熱、餵糖、人工養王
四		*			活動旺、分蜂熱強、搬運、收蜜、購種
五	*				暑氣強、活動旺、準備越夏
六	*				巢內熱、活動鈍、防分蜂、防敵害
七		*			雄蜂驅殺、蜂逃亡、蜂王失、併蜂群
八			*		蜂勢弱、活動鈍、遷地飼養、防颱風
九		*			蜂勢恢復、合併弱群、防敵害
十		*			次流蜜期、蜂群又旺、防分蜂、防敵害
十一	*				活動期、收蜜
十二		*			冷氣至、活動鈍、注意保溫
一	*				冬季越冬狀態、餵糖
二		*			嚴寒期

　　義大利蜂由於管理方便，不喜好逃蜂，所以飼養的數目逐漸增加。有使用繼箱養蜂者，收益不錯，多以副業方式經營。有些時期蜜源不足，用蔗糖飼育以維持蜜蜂生存。因此用蔗糖飼養蜜蜂的習慣，在本省淵源已久，並且口耳相傳，甚至流蜜期也餵糖採蜜。時至今日，糖蜜盛行，其來有自。1914 年井上記述，對於蜜蜂飼養方法，當年已經訂出養蜂四季管理一覽表，見表 2.9-4。

2.8.5 採收蜂蜜法及製蠟法

　　通常每年龍眼花期採蜜 1 至 2 次，秋季可能採收第 2 次，一年最多採收 3 至 4 次。採蜜時，先從蜂廚一側慢慢打開，用 2~3 支線香焚燒燻煙。蜜蜂會躲到另一端，用手伸入蜂廚把巢脾一片片取出，留下 2~3 片有卵、幼蟲及蜂蜜的巢脾，供蜜蜂繼續繁殖。取出的巢脾，用下列三種方法採收蜂蜜。

1. 瀝蜜式採蜜法

　　巢脾放到罩有過濾麻布的漏籠內，漏籠放置在高 2 尺 3 寸、口徑 1 尺 6 寸的瓷製水甕上，置於日光下曝曬。日光的強弱影響取蜜的快

慢，約 2 日可瀝蜜完成。巢脾用小竹籤穿一些小孔，加快瀝蜜速度。秋季流蜜量較少時，不用此法。已經瀝過蜂蜜的巢脾裝入麻袋中，可再榨出蜂蜜，稱為二番蜜，品質差價格廉，容易發酵。

2. 榨蜜式採蜜法

巢脾放入麻袋中，絞出蜂蜜。巢脾中的幼蟲、蛹等同時榨出，蜜質不良。但是，使用的工具簡單，副業養蜂者多採用此法。

3. 煮蜜式採蜜法

巢脾直接投入鼎中，加熱熔解，蜜汁下沉，蜂蠟上浮。此法可同時採蜜及製蠟，但是巢脾上的雜質熔入蜜中，使蜜質變壞。養蜂數目較少者，多用此法。

用傳統的採蜜法採收蜂蜜，蜜質不良。1914 年井上記述，引介手搖離心式蜂蜜分離機，可採收品質較好的蜂蜜。飼養少數蜂群者多丟棄巢脾，不再製蜂蠟。飼養蜂群較多者，會將巢脾製作成蜂蠟。蜂蠟的製法，是用直徑約 2 尺的鼎裝水，水中放置土燒之坆子。坆子上放竹製的飯篱，飯篱內再鋪麻布，麻布中放置採蜜後巢脾的殘蠟，並加以敷蓋。加熱後，蜂蠟經過麻布及飯篱過濾後流入鼎中，待冷卻後取出成為饅頭狀的蜂蠟塊，蜂蠟的品質優良。也可以直接將巢脾放入盛水的鼎中，加熱取蠟，蠟中含有雜質，品質不良。

2.8.6 蜂蜜的鑑定及其品質

蜂蜜多供藥材商利用，蜂蜜的鑑定全憑外觀。1914 年稻村記述，鑑定的方法如下。
1. 色澤：依蜜源植物的種類有很大差異，半透明而褐色度淡者為佳。
2. 香氣：需有蜂蜜獨特香氣，與蜜源植物花的香氣相同者為優。
3. 濃度：用容器盛水，滴蜜於其中，所滴之蜜長時間不與水混合者良。又滴蜜於紙上，蜜滴仍存球狀者為良。混合水或糖者，蜜滴周圍即滲出水氣。
4. 蜜之精粗：蜂蜜中存有巢脾之破片或幼蟲屍體者，外觀不良且容易

發酵，可分出精粗。

　　當時蜂蜜的鑑定方法雖然比較粗放，仍有參考價值。色澤及香氣兩項，在大原則上就很正確。關於濃度的測定，目前已使用糖度計，可以正確的測出蜂蜜中水分。蜜之精粗相當於衛生的檢驗。蜂蜜的鑑定方法，已經具有檢驗標準雛形。

　　1915年稻村記述，1915年2月在臺北萬華下崁庄的養蜂園，飼養義大利蜂所生產的蜂蜜，與日本產及外國產蜂蜜成分分析結果，見表2.8-5。省產蜂蜜與其他地區蜂蜜的最大差異，是省產蜂蜜的轉化糖成分比率很高，香氣特別濃。

表 2.8-5 三種蜂蜜成分分析表

	臺灣	日本	外國
水分	18.380	19.46	18.96
蛋白質	0.665	1.30	1.08
轉化糖	77.800	68.72	73.31
蔗糖	2.090	3.46	2.31
糊精	?	1.34	2.13
游離酸	?	0.07	0.11
灰分	0.124	0.08	0.28
未檢物	?	5.19	0.58
雜物	0.048	?	?

2.8.7 蜜源植物

　　發展養蜂事業之初，最重要的是要調查蜜源植物。花蜜及花粉是蜜蜂的主要食物，有充足的蜜源植物，蜂群才可能強盛，蜂蜜才能豐收。1914年井上記述，全年蜜源植物的開花期，見表2.8-6。

表 2.8-6 臺灣北部及南部重要蜜源植物開花期

	北部	南部
三	柑橘類、李、大菜、紫蘇、益母草、濱薔薇	柑橘類、樟、苦練、楊梅、芒果
四	苦練、萵苣、蠶豆、草莓	萵苣、木棉、龍眼、莿桐
五	瓜類、茄、金櫻子、拔契大	瓜類、茄、烏臼樹、胡麻
六	瓜類、茄、月桃、黃櫻花、菜豆、臺灣牽牛花	瓜類、茄、月桃、菜豆、臺灣牽牛花
七	瓜類、菜豆、臺灣藤、茉莉花、臺灣牽牛花	瓜類、菜豆、指甲花、臺灣牽牛花
八	瓜類、九芎、臺灣牽牛花	瓜類、臺灣牽牛花
九	蘭花類、油點草、體腸	田青、絲瓜
十	蓼類、樹蘭、一支黃花、鼠尾草	蓼類、絲瓜、肉豆
十一	茶、甘藷、肉豆、枇杷	甘藷、肉豆、皇帝豆
十二	茶、豌豆	豌豆、樹豆、葱
一	桃、李、豌豆、玉蘭、含笑	豌豆、匏子、菜花
二	桃、李、含笑	萵苣、芹菜

2.8.8 病蟲害及敵害

1. 病害

1912 年吉田介紹國外發生的惠德島病（氣管蟎）、微粒子病、麻痺病、幼蟲病及下痢等樹種病害。

2. 蟲害及敵害

1913 年井上及 1914 年稻村記述，本省發生的蟲害有下列幾種。

（1）小蠟蛾（*Achroea grissella* Fab.）

又稱姬蠟蛾、巢蟲。是世界各國養蜂業的大害蟲。其幼蟲侵入巢脾內，危害巢脾。此蟲過多時，會引起逃蜂。只有少數養蜂者，每年清理蜂廚之際，順便驅除此蟲，或用二硫化碳薰蒸法殺除。

（2）輪紋蜚蠊（*Periplaneta australasiae* Linn.）及菜翅蜚蠊（*Phyllodromia germanica* Steph）

此二者皆為廚房的害蟲。侵入蜂廚內騷擾蜂群，或盜食巢脾及貯蜜，是常見的敵害。

（3）蜻蛉及蜻蜓

是農業上的益蟲，養蜂業的害蟲。飛翔空中捕食蜜蜂，常見於養蜂場附近，捕捉蜜蜂後靜止於樹枝上，咬破蜜蜂腹部取食內容物。

（4）一種天蛾

名不詳，黃昏時飛來，頻頻煽動翅膀騷擾蜂群。由蜂廚的間隙侵入，盜食貯蜜，通稱為蜂蝶、牛蝶，敵害中最可怕者。

（5）螞蟻類

用麻油塗於蜂廚支柱，或用纏頭髮、卷木棉斷螞蟻的通路，可預防螞蟻侵入。

（6）虎頭蜂類（*Vespa* spp.）

虎頭蜂性情兇悍，有多種虎頭蜂，常群體攻擊或捕食蜜蜂，且能侵入蜂廚內盜食幼蟲及貯蜜。

（7）食蟲虻類

又稱蜻蛉虎。捕食蜜蜂與蜻蛉相同，捕食的行為也相似。

（8）蜘蛛類

養蜂者不列入敵害，蜘蛛的網會捕食蜜蜂，仍須注意。

（9）守宮類

各地再來蜂廚的構造及配置上，適於守宮侵入。本省迷信不可殺除守宮，經常在蜂廚中發現。

（10）蟾蜍類

夜間蟄伏於蜂廚外，捕食蜜蜂。放置於地上離地面不高的蜂廚，要特別注意。出現於五月中旬至十月份。

（11）鳥類

鳥類中特別是臺灣鴉（*Buchanga atra* Herm）及高來鶯（*Orialus indicus* Jerb），在四、五月的濃霧之際，逍遙於蜂廚附近，捕食飛翔中的蜜蜂。中南部高山地區最甚，養蜂者畏懼但無驅除之策。危害蜜蜂的鳥類種類很多，尚待進一步調查。

2.9.9 結論

二十世紀初期，本省的養蜂事業在當時政府及民間的努力下，古老的養蜂技術傳承，專家技術及政府的力量投入改進，確實有良好

的發展。文中的一些統計數字及介紹，可以看到當年養蜂事業發展概況。前人的貢獻值得緬懷，努力的成果需要後繼者綿延。

目前，養蜂事業雖然呈現不景氣，但是並不影響養蜂者及喜好蜜蜂的研究者的興趣。雖然養蜂的已經無法帶來鉅額的經濟利益，但是蜜蜂間接為植物授粉造成的效益，仍然是值得重視。

註：中英文摘要及參考文獻略。

後記

本文是日本學者專家，為臺灣養蜂事業努力發展的紀實。作者整理臺灣日治時期養蜂的相關文稿，參閱了國立臺灣大學圖書館珍藏的《臺灣農事報》、《臺灣教育》、《臺灣山林會報》、《動物學雜誌》、《臺灣博物學會會報》。彙整後於 1990 年在《興大昆蟲學報》發表，題目是〈二十世紀初期臺灣的養蜂事業〉（Development of the Beekeeping Industry in Taiwan in Early Twenty Century）。實質上，名稱是「日治時代臺灣養蜂事業概況」。

PART 3
蜜蜂的祕密

蜜蜂為什麼怕煙？蜂巢是多麼無懈可擊？蜂群種類包括哪些？蜜蜂在顯微鏡下的模樣為何令人詫異？蜜蜂的器官如何各司其職？蜜蜂是如何「做工」與「分工」？蜜蜂的舞蹈傳達了哪些祕密？蜜蜂費洛蒙的功能為何？「黃雨」和蜜蜂又有什麼關係？蜂療為何那麼神奇？殺人蜂真會殺人？精彩內容盡在本章。

章節摘要

3.1 蜜蜂與煙的淵源：蜂群中的蜜蜂依賴費洛蒙互通訊息，用噴煙器
向蜂箱噴煙，會阻斷費洛蒙傳遞訊息，蜜蜂收不到同伴的訊息，
為了安全會先保持冷靜，快速搶食蜂蜜後逃亡。非洲南部原始森
林經常發生大火，由於蜜蜂懂得反應立即搶食蜂蜜，再飛速逃
離，才有機會在野火焚燒後倖存。

3.2 巧奪天工的蜂巢：野生蜜蜂住在樹洞、岩壁、電線桿或牆縫等，
能夠遮風避雨的隱密空間。現代的蜂群住在人造蜂箱中，蜂農在
開花時期追逐蜜粉源植物，機動搬移蜂群，可大量生產蜂蜜及蜂
產品。在眾多動物的本能中，蜜蜂的蜂巢是最無懈可擊的奇妙建
築。築造蜂巢使用材料最經濟，設計最精美，自然界的其他建築
都很難達到這麼完美的境界。

3.3 有秩序的蜂群生活：一個蜂群中蜂王的地位最高，是一群之母。
蜂王及工蜂都是由受精卵發育而成的雌蜂，雄蜂則是由未受精卵
發育而成。工蜂在蜂群中數目最多，是蜂群的主要成員，而雄蜂
在蜂群中只是短暫的「過客」，完成傳宗接代繁殖任務後，就壯
烈犧牲了。蜂群的三型蜂，雖然體型和職能各不相同，卻能各司
其職圓融相處，組成一個高效能有秩序的社會。

3.4 掃描電顯下的蜜蜂：三型蜂擔負任務不同，演化出不同的特殊構造。特別是工蜂身體，觸角上有感受器、體表有叉狀濃密細毛、前足有觸角清潔器、後足有花粉籃及花粉梳等。在掃描電顯照片中，看到蜜蜂的翅鉤竟然有形狀及大小差異，真是讓人詫異。工蜂身體各部分的長度及特殊構造，都是為了採集花蜜花粉，及為植物授粉而設計。蜜蜂的身體結構具體而微，功能齊全，真是大自然的傑作。

3.5 令人讚嘆的蜜蜂器官：蜜蜂體內的器官，包括消化排泄系統、呼吸系統、循環系統、神經系統及生殖系統等。各系統都有特殊的結構，蜜蜂的感受器，至少能夠分辨出約 700 種不同氣味，每一群蜜蜂都有特殊的氣味，包括費洛蒙的氣味，讓蜜蜂能分辨自己的族群。蜂王與雄蜂交配後，雄蜂精子進入蜂王體內的輸卵管，再移入受精囊貯存，供一生使用。

3.6 工蜂的神奇分工：工蜂隨著日齡增長，按照體內各種腺體及肌肉的發育狀況，擔負不同工作。除了根據體能狀況外，還會視其環境狀態及整體需求，再做適當調整。工蜂分工與日齡的關係密切，受蜂群內部需求及外部因素影響。蜂群是一個歷經數千年演進的智能群體，是一個完整而獨立的「超個體」，又可視為像人類一樣的一個生命體。

3.7 工蜂的舞蹈語言：採集蜂在黑暗的巢脾上跳舞，以舞蹈語言傳達食物的數量及距離等訊息，並以在垂直巢脾上跳舞所呈現的角度，指示食物的方向。尾隨蜂再據之換算成平面訊息，找到食物的方向。但尾隨蜂無法完全看到，所以採集蜂必須再配合振動、聲音、食物氣味及費洛蒙等輔助溝通。

3.8 蜜蜂的費洛蒙：蜜蜂的費洛蒙是工蜂語言中重要的一部分，蜂王分泌費洛蒙的腺體，有大顎腺、跗節腺、背板腺、克氏腺及直腸腺等。工蜂的腺體有大顎腺、跗節腺、奈氏腺、蠟腺及克氏腺。雄蜂只有大顎腺費洛蒙，有吸引雄蜂聚集及標識領域的作用。

3.9 黃雨事件之謎：1981 年美國雷根時期的國務卿海格指控，蘇聯對泰國、寮國及柬埔寨使用「黃雨」化學武器。黃雨事件在世界兩大強權之間，相互控訴鬧得沸沸揚揚，官司打到聯合國，也難以做出結論。有趣的是，哈佛大學生物學家梅賽森及西利稱黃雨有許多種，其中某些黃雨只是蜜蜂的排泄物，給這場世界著名的黃雨紛爭，添增了意想不到的趣聞。

3.10 神奇的蜂療：蜂療是利用蜜蜂螫針，搭配蜂蜜、蜂花粉、蜂膠等蜂產品，藉以預防、治療人類疾病。蜂毒在中外傳統醫學，藥學上的研究及應用歷史久遠。2009 年英國 IBRA 發行了新的科學期刊，名為 ApiProduct and ApiMedical Science（JAAS）。2012 年決定將 JAAS 納入 IBRA 的主要科學期刊《養蜂研究雜誌》，神奇的蜂療，已經引起世界蜜蜂研究機構的重視。

3.11 可怕的殺人蜂：為什麼東非蜂引進到南美洲的巴西之後，才打響了殺人蜂的知名度？因為牠們被引進到人口密集的南美洲，東非蜂螫人致死的訊息，傳布非常迅速。由於美洲國家特別重視人民的生命安全，為了防止意外，提醒人民小心防範，因此，東非蜂成為可怕的殺人蜂。

3.1 蜜蜂與煙的淵源

「煙霧是蜜蜂的剋星」是學習飼養蜜蜂必須知道的第一件事，各種不同物質燃燒時產生的煙霧，含有不同的化學成分。蜜蜂對各種煙霧的反應也略有不同，養蜂要先瞭解各種煙霧的性質，並知道如何正確使用煙霧馴服蜂群。所以瞭解煙霧及妥善的使用煙霧，是管理蜂群最重要的課題。

3.1.1 煙霧與蜂群

克蘭（Crane, 1990）記述：世界上人類早年採集蜂蜜的描述，可追溯至西元前 1450 年埃及墳墓中的一幅岩畫，記錄了古埃及人採收蜂蜜的方法，岩畫上可看到，黏土製的蜂巢從後方被打開。站立的人雙手捧著噴煙器，將產生的煙霧吹入蜂巢，蜜蜂從前面的蜂巢入口逃離。下方跪著的人，從水平放置的蜂巢後方，取出飽含蜂蜜的巢脾（圖3.1-1）。直至今日，世界上有許多國家，仍有人用燃燒雜草的方式，燻走築造在樹洞中的蜂群，摘取巢脾採收蜂蜜食用。

早年臺灣蜂農只點燃拜拜時用的香（圖 3.1-2），或以吸菸產生的煙燻效果，就可有效管理蜂群，不得不佩服臺灣蜂農運用煙霧管理蜂群的智慧。究竟煙霧有何特性，可用於管理蜂群？蜜蜂對於煙霧有什麼反應？

▌3.1-1 古埃及岩畫的採蜜圖
（Rei-rei 繪自：Davies, 1944）

▌3.1-2 拜拜用的線香管理地板下的蜂群

3.1.2 蜂群的費洛蒙

　　蜜蜂身體上的大顎腺、克氏腺、奈氏腺、背板腺等，會釋放出高揮發的化學成分——費洛蒙。蜜蜂費洛蒙有辨識同伴、飛行定向、標示領域，以及發出警報等不同功能，再配合聲音及舞蹈，形成一套特殊又有趣的蜜蜂語言（參見本書 3.8 蜜蜂的費洛蒙）。

　　蜂群中的蜜蜂依賴費洛蒙互通訊息，噴煙器向蜂箱噴煙，會阻斷費洛蒙傳遞訊息。蜜蜂收不到同伴的訊息，會一時不知所措，為了安全先保持安靜，並準備搶食蜂蜜後逃亡。所以適當應用蜜蜂對煙霧的自然反應，就能有效管理蜂群。費洛蒙中有一種警報費洛蒙，在蜜蜂螫刺敵害時，會隨著螫針釋放，它能號召更多工蜂加入攻擊，藉以保護蜂群。蜜蜂釋放警報費洛蒙的 4 分鐘後，全群蜜蜂才會接到訊息，此時部分工蜂會轉變成守衛蜂，增強戰鬥力保護蜂群。4 分鐘是關鍵時刻，要壓制蜜蜂的攻擊，就要在這時段內增加噴煙量。通常蜂箱中噴的煙霧經過 10 到 20 分鐘後，才會完全消散。蜂群的費洛蒙訊息傳達功能，也才能恢復正常。

　　與蜂群防禦有關的警報費洛蒙，可分為兩種：一種是由工蜂的大顎腺產生，有「乳酪氣味」的二庚酮（2-HP；2-heptanone）弱性警報費洛蒙，另一種是有「香蕉氣味」的異戊乙酸（IPA；Isopentyl acetate）強烈警報費洛蒙，它比二庚酮的作用強 20 至 70 倍。

3.1.3 煙霧對蜜蜂費洛蒙的影響

　　2018 在美國《昆蟲科學雜誌》刊登了一篇關於〈煙霧與蜜蜂防禦行為〉的研究報告，該報告是美國農業部卡爾·海登（Carl Hayden）蜜蜂研究中心的蓋茲（S. Gage）博士與同事撰寫。報告中使用了兩種不同的煙霧做對比，比較兩種煙霧對蜜蜂「螫刺反應」（sting extension response）的影響。一種是燃燒啤酒花顆粒產生的煙霧，這類顆粒是啤酒花製成的材料，通常用來製作啤酒，另一種是燃燒粗麻布產生的煙霧。

　　通常蜂群中的守衛蜂在發現有嚴重敵害威脅時，會抬起腹部並將

螯針伸向空中，螯針伸出時會釋放警報費洛蒙，這種行為稱為螯刺反應（圖 3.1-3）。蓋茲使用電擊處理，比較兩種不同煙霧對蜜蜂螯刺反應的影響。研究的方法是：用小魔術貼帶黏在蜜蜂背部，將蜜蜂固定在黃銅板上，此時蜜蜂無法飛離，但腹部可自由移動，表現螯刺反應。研究進行時，將黃銅板上的蜜蜂放在室內，分

▋3.1-3 螯刺反應

別暴露在粗麻布煙霧、啤酒花煙霧及無煙對照組，三組測試並重複 4 次。每組蜜蜂 40 隻，共有 480 隻蜜蜂。然後，分別使用 1、2、4、8 伏特，四種不同強度電壓做電擊，測定蜜蜂反應。電擊可引起蜜蜂一種稱為螯針「滴出毒液」的反應，從滴出毒液量作為效果對照。

　　蜜蜂在受電擊時滴出的毒液，會增加警報費洛蒙的濃度，引起蜂群更大騷動。煙霧濃度低時，滴出毒液量較低，煙霧濃度增加時，滴出毒液量也隨之增加。相同濃度的煙霧，當電壓增強時，滴出毒液量會增加。用最強烈的 8 伏電擊刺激時，粗麻布煙霧會使蜜蜂分泌最多毒液。但是，使用啤酒花煙霧時，滴出毒液量反而降低，文獻中沒有記載這種行為的原因。或許啤酒花煙霧會減少滴出毒液量的原因，是因啤酒花的雌花中含有蛇麻（lupulin）成分，蛇麻對神經系統有鎮靜作用，能使蜜蜂平靜。依此研究可知，噴煙器中使用不同性質燃料，產生煙霧的化學成分不同，對蜜蜂的螯刺反應，也有不同程度的影響。

　　煙霧對蜜蜂費洛蒙影響外，特殊異味也會對蜂群會產生嚴重影響。早在 1970 年代初期，臺灣養蜂場發現蜂蟹蟎危害，某專家從國外引進燻蒸式殺蟎劑，沒有經過研究室的測試階段，直接在民間養蜂場的蜂群中試驗。可能燻蒸用藥濃度不當，燻蒸後不久，蜜蜂一群群逃亡。蜂群對於異常氣味或某些農用殺蟲劑，都會有強烈的直接反應。

3.1.4 蜂群的攻擊性

　　西方蜜蜂又可分類成三群，分別為近東群、熱帶非洲群及地中海群。每群之下又有不同品種，各品種之間蜂群的攻擊性也有很大的

差異。其中地中海群的義大利蜂（*Apis mellifera ligustica*），習性溫和易於管理，而熱帶非洲群的東非蜂（*Apis mellifera scutellata*），非常兇暴難以管理。通常歐美蜂農在管理蜂群時，都會穿上防護衣、戴上面罩及手套，並束緊褲管（圖3.1-4），管理攻擊性很強的東非蜂群，需要另外增加特殊裝備。臺灣養蜂場普遍飼養的是義大利蜂，蜂群習性溫和，蜂農進入蜂場，通常只戴一

▌3.1-4 歐美管理蜂群的裝備

頂帽子，頂多在帽子上套個黑色面紗，再加上一支噴煙器就可管理蜂群。蜜蜂攻擊性的強弱，除了與蜜蜂品種有關，蜂群的管理方式也有影響。

1. 管理方式影響蜜蜂攻擊性

　　歐美國家與臺灣在蜂群管理方式上有很大差異，歐美國家的專業養蜂以採收蜂蜜，或出租蜂群授粉為主要目的，多採用粗放管理方式。通常半個月、一個月或更長時間，才打開蜂箱檢查蜂群。臺灣少數以採蜜為主的蜂農，也是採用粗放管理方式，此種管理方式，蜜蜂的攻擊性較強。臺灣多數蜂農以採收蜂王乳為主，約隔3天開箱檢查一次。經常開箱管理的蜂群，對少量煙霧騷擾已習以為常，比較溫馴。

　　記得在博士班進修時，某次在蜂農陪伴下到屏東的養蜂場採集蜜蜂樣品，採集幾處後，轉到一個粗放式管理的養蜂場。該養蜂場有40~50箱蜜蜂，至少1~2個月沒人整理，養蜂場內外道路及蜂箱前後都長滿雜草。根據經驗，進入這種養蜂場，要提高警覺，要戴上帽子，還要加上面網。當時蜂農點燃香煙先噴了幾口，再拿啟刮刀撬開蜂箱，或因久未開啟，蜂膠把箱蓋黏得很牢。剛用啟刮刀撬開一個小縫，就有10~20隻蜜蜂從蜂箱中飛出，衝往我們的頭上及身上進行凶猛攻擊。幸好筆者有預先安全防備，才逃過一劫，而沒戴面網的同行蜂農，身上臉上被螫了好多針。一般認為，臺灣養蜂場的蜜蜂都較溫馴，那次卻親眼目睹粗放式管理蜂群的凶暴面貌。通常在飼養數十箱

或是數百箱的養蜂場中，蜂群攻擊性都會有強弱差異，有些蜂群攻擊性特別強。

另外，晴陰風雨的天氣變化，對蜂群攻擊性也有影響。艷陽高照的晴天，壯年工蜂大部分外出採集，留守看家的年輕工蜂多半攻擊性較弱。陰雨綿綿的天氣，壯年工蜂無法外出採集，開啟蜂箱時，蜜蜂的攻擊性自然較強。所以陰霾天氣檢查蜂群，要特別小心。

2. 蜜蜂攻擊性的皮球測定

學術界使用一種有趣的方法，測定蜂群攻擊性的強弱，以直徑2公分的小皮球內裝棉花，懸吊在蜂箱出入口前晃動，刺激蜂群出動攻擊。計算各種不同蜂群對刺激的反應時間及蜂螫次數，判定蜂群攻擊性的強弱。研究結果顯示，西洋蜂在 10 秒內做出反應出動攻擊，留在小皮球上的螫針數約有 10 隻，而非洲化蜂（Africanized Honey Bee）只需 1~5 秒即發動攻擊，螫針數約有 80 隻，兩組蜂群的攻擊性強弱立判。

溫斯頓（Winston, 1992）記述：同樣的試驗在巴西進行時，選用西方蜜蜂、非洲化蜂及雜交第一代等三種蜂群作對比。在蜂巢出入口前 30 公分處，抖動小皮球後擲出。計算前 60 秒鐘內螫針數目，分別為 14：229：89 隻。同時記錄了蜜蜂從蜂箱飛出追擊的距離，分別為 21.5 ＋ 11.67 公尺；160 ＋ 40.36 公尺；38.8 ＋ 25.2 公尺。從這項研究可見，西方蜜蜂個性最溫和，非洲化蜂攻擊性最強。

3. 如何避免蜂螫

走進養蜂場接近蜂箱時，放慢動作，避免突發行為，可減少被蜂螫的機會。如果蜜蜂圍繞身邊不去，用煙霧輕輕噴，蜜蜂會自然飛離，或慢步離開現場至少 3~5 公尺，蜜蜂也會離去。反之，若突然驚嚇跑開，蜜蜂就會窮追不捨並發動攻擊，尤其揮動的手、大聲呼叫的口、不停眨動的眼睛、猛力喘氣的鼻子，都會刺激蜜蜂，也是人體經常被蜂螫的部位。所以到野外郊遊遇到蜜蜂時，特別要避免前述行為。

3.1.5 非洲野火與蜂群

　　南非好望角自然保護區曾多次發生天然野火，不知有多少野生蜂群被毀滅，有多少蜂群能逃出並存活。克蘭（Crane, 1999）記述：1869 年 2 月南非天然野火曾焚燒廣大區域，從開普敦以東 140 公里的雷桑德蘭（Riviersonderend）村開始，在一股熱伯格風（hot Berg wind）的推波助瀾下，燃燒經過開普敦以東 220 公里的斯維勒丹（Swellendam），直到東開普敦的許曼斯多普（Humansdorp）鎮，一路焚毀了大片原始森林。因蜜蜂遇到煙霧，會立即取食蜂蜜，飛速逃離，才有部分蜂群在野火焚燒後能倖存。這顯示累積數千年來，「遇煙霧，速逃離」的密碼，已寫在蜜蜂的遺傳基因裡。

　　南非蜜蜂保護組織的創造力協會（Ujubee），與德國維爾茨堡大學的賀伯小組（Würzburg University's HOBOS group）合作，研究南非開普敦蜜蜂的特有種，海角蜂（*Apis mellifera capensis*）對火災及煙霧的反應。團隊中的踹比（G. Tribe）等人記述：多年來南非西開普省的許多養蜂場，都被反覆發生的野火澈底焚燒過。大家都認為，火災焚燒過的區域，幾乎沒有蜂群能夠存活。2015 年 3 月 4 日開普敦桌山國家公園的好望角地區，一次毀滅性野火，焚毀了 988 公頃凡波斯地區（fynbos）的植被，該區植被是一種石楠屬的植物。野火焚燒的速度很快，理論上，此地區的蜂群應該都無一倖免？但經專案研究調查，事實上仍有劫後餘生的野生蜂群。

　　好望角的凡波斯地區，每隔 15~25 年都會發生一次毀滅性野火。創造力協會及賀伯小組團隊，針對火災區的野生蜂群能逃過野火生存的原因，做了專案研究。經調查 17 個野生蜂群的築巢位置，其中 13 個蜂群築在巨石底部，4 個築在巨石的縫隙中。都以蜂膠牆封閉了蜂巢出入口，蜂膠牆平均直徑約 20 公釐，厚度有幾公釐。野火發生時，其中有兩面蜂膠牆及鄰近巢脾被燒毀，另有兩面蜂膠牆只是部分被燒毀。此處蜜蜂對野火的反應是取食蜂蜜，然後撤到巢洞底部最深處。因為野生蜂群選擇了安全的位置築巢，可避開火災，蜜蜂才能在漫天野火中倖存，這是自然界中令人難以置信的精采案例。

　　野火焚燒過後，整片區域充滿粉狀灰色沙子及較大灌木的黑色殘

骸，沒有任何植物，更沒有花蜜和花粉。但是，蜜蜂遇到煙霧時先飽食蜂蜜，就可捱過 2~3 週的缺糧期，直到地面冒出新生植物的根莖或花朵，蜂群可取得食物而存活下來，這真是大自然界「物競天擇，適者生存」的一個例證。

3.1.6 正確使用噴煙器

魯特（Root, 1874）記載：美國專業蜂農昆比（M. Quinby）於 1870 年發明了「噴煙器」（smoker）。最早的噴煙器構造與現代不同，體型較大，長近一公尺，使用不便。噴煙器由一個後方的鼓風器連接前方的燃燒罐構成，鼓風器的鼓動將燃燒後的煙霧噴出。通常在管理蜂群之前，先將噴煙器的煙霧噴到衣服及手臂，可減少蜂螫機率，適量煙霧可減低蜜蜂的攻擊力。

正確使用噴煙器的方法如下：備妥噴煙器，蜂箱蓋打開2~3公分，朝蜂箱內輕輕噴煙2~3下，以免刺激性太強，導致蜂箱內的蜜蜂湧出。待蜂群因煙霧而安靜下來後，再慢慢將蜂箱上蓋掀開。掀開後，在巢框上方再噴兩三下，加重噴煙量。將上方的蜜蜂驅趕向下方，待整個蜂群狀況穩定後，即可進行蜂群的檢查。但是，要按照蜂群的強弱，單箱或繼箱飼養，再斟酌調整噴煙量的多寡。

要注意噴煙器中的燃料不可塞太滿，若太滿不易燃燒，只要足夠燃燒的量即可。點燃火苗後（圖 3.1-5），讓內部產生悶燒，使煙霧源源不斷湧出（圖 3.1-6）。噴煙器噴出煙霧的濃度需適宜，煙霧太淡無法驅離飛舞的蜜蜂，煙霧太濃會噴出火苗。溫度不可太高，否則會

▌3.1-5 噴煙器的明火

▌3.1-6 管理蜂群時煙霧不要中斷

燙傷蜜蜂的翅膀。最好將燃燒的材料切碎，或加入更多的燃料減低明火，煙霧的溫度調節適當時，將噴煙器的蓋子蓋上，即可使用。噴煙器不再用時，要注意放在安全的地點。使用過的噴煙器要用水將殘火完全澆熄，如果沒有熄滅完全，遇到有風吹來，餘燼會再度燃燒。

3.1.7 選擇產生煙霧的材料

　　哪些材料比較適合在噴煙器中燃燒呢？燃料中加一些特殊材料，可增加蜂群的抗細菌及抗真菌效果，有益蜂群健康。噴煙器常用的燃料，包括樹皮、木屑、刨花、麻袋、廢紙、乾枯的松針葉及食草動物糞便等。使用松針或辛辣的鼠尾草作燃料，煙霧聞起來有清爽宜人的香氣。以薄荷、鼠尾草、薰衣草等香草做燃料，較容易燃燒，有強烈藥香味。油性的燃料，如柑橘皮、迷迭香等，也都常被利用。插花剩下的花材，如向日葵、雛菊、百日草等，晾乾後是很好的燃料。燃料最好選擇有機植物材料，不要燃燒有毒植物及合成塑膠成分的材料。

　　茶樹油與百里香油混合使用，可控制蜂蟹蟎（varroa mites）。美國農部蜜蜂研究室（USDA-ARS）的昆蟲學家埃森（F. A. Eischen）博士，1997 年發現某些植物的煙霧，可驅趕寄生在蜜蜂身上的蜂蟹蟎。埃森博士測試過約 40 種植物的煙霧，發現其中一種原產於墨西哥，稱為「石炭酸灌木（creosote bush）」的沙漠灌木，防除蜂蟹蟎最有效。以石炭酸灌木碎片為燃料，噴出煙霧約 1 分鐘後，可清除蜜蜂身上 90~100% 蜂蟹蟎，並且對蜜蜂沒有傷害。另外，燃燒葡萄柚葉子的煙霧約經 30 秒後，90~95% 蜂蟹蟎被薰倒，從蜜蜂身上脫落，對蜜蜂也沒有傷害。不過，埃森博士認為這些研究仍在初步階段，尚需作更多實驗確認其效果。

3.1.8 結語

　　煙的性質與蜜蜂管理有很深的淵源，瞭解各種煙的成分及特性，並妥善的運用噴煙器產生的煙霧。不但可驅逐蜜蜂病蟲害，促進蜂群健康，且可適當管理蜂群，使蜜蜂溫馴聽話，這是學習蜂群管理的第一課。

目前，蜂蟹蟎危害是全世界養蜂業最傷腦筋的問題，如果能夠篩選出當地特有植物的根、莖、葉、花，或其萃取物，混合放置在噴霧器中燃燒，管理蜂群，也順便殺除或驅離蜂蟹蟎，將是蜜蜂研究中一項有實用價值的課題。

3.2 巧奪天工的蜂巢

　　「蜂巢」是蜜蜂的住家及日常生活的處所。通常野生蜜蜂的蜂巢隱藏的很好,不容易見到。築巢是蜜蜂的天性,蜂群的巢築造在哪裡?蜜蜂怎樣築巢?及蜂巢的結構與特性等,本節詳細介紹。

3.2.1 蜂群住在哪裡?

　　自然界中自由生活的蜂群,稱為野生蜂群。克蘭(Crane, 1990)記述:最早紀錄的野生蜂群是西元前六千年的採集蜂蜜圖(圖 3.2-1),此圖在西班牙東部比剛(Bicorp)地區的阿拉那(La Arana shelter)的岩畫中,1924 年被 E. Hernandez-Pacheco 發現。野生蜂群通常選擇在樹洞(圖 3.2-2)、岩壁、電線桿或牆縫等能夠遮風避雨的隱密空間,築造幾個巢脾組成一個蜂巢,沒有外巢。西利(Seely, 2010)記述:野生蜂群喜好在橡木、楓樹、白蠟樹的樹幹中築巢,有時會利用空桶、空箱、塑膠桶、動物洞穴、岩壁縫隙,或棄置白蟻塚當蜂巢。西方蜜蜂蜂巢的位置通常離地面約 3 公尺,容積在 30~60 公升之間,最喜好的空間大小是 40 公升,空間內部的長度有 1.5 公尺。蜂巢巢門的開口比較小,多在底部,開口向南方。蜂巢的位置選擇避風雨、乾燥、沒有螞蟻等敵害聚集,最好是以前蜂群住過處。蜂群進住之前,會先在蜂巢內部表面用蜂膠塗布一層,再把空隙全部堵住,並把出入口縮小,以利保溫。

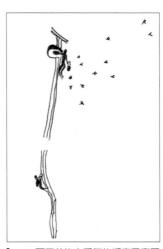

▌3.2-1 西元前約六千年的採蜜示意圖(作者繪自:E. Hernandez-Pachoeco)

▌3.2-2 樹幹中的蜂巢(東方蜜蜂)

▍3.2-3 蜜蜂的分蜂群　　　　　　▍3.2-4 分蜂群飛離後留下的空巢脾

　　一般野生蜂群的蜂巢由 5~8 片巢脾構成，蜜蜂都趴在巢脾上生活。巢脾數目依蜜蜂種類而不相同，西方蜜蜂的巢脾比東方蜜蜂的巢脾數目較多。每一片巢脾上方用蜂膠黏著在樹洞或岩洞中，橢圓形蜂巢的中央處巢脾最大，兩側的巢脾逐漸變小，這是野生蜂巢的基本結構。一個蜂群的蜜蜂數目會隨季節變化而有增減，但築造好的巢脾數量不會增減。

　　春暖花開蜜源充沛的季節，也是蜜蜂的繁殖季節，蜂群在產生新蜂王後，老蜂王會帶著老蜂群飛離原來老巢，稱為「分蜂群」。分蜂群通常會先掛在原蜂巢附近較高的樹枝上，沒有任何保護，可說是暫時的野生蜂群（圖 3.2-3）。分蜂群的工蜂找到新蜂巢位址，就會轉移到新的空間生活。原先樹枝上只剩下一片片的空巢脾（圖 3.2-4）。野生蜂群滅亡後，經過一段時間，空巢脾會自然分解。野生蜜蜂可從巢脾上自由飛出飛入，所以一般人要見到分蜂群的機會很少。

1. 人工飼養蜂群住在哪裡？

　　歐洲及非洲地區的蜂種是西方蜜蜂，亞洲地區的蜂種是東方蜜蜂。迪茨（Dietz, 1992）記述：1850 年代中期之前，歐洲人用挖空的樹幹、樹皮桶（圖 3.2-5）或柳條編的籃子（圖 3.2-6）等當成蜂巢，飼養蜜蜂。中東地區有用陶壺、瓦罐，或黏土做的管子（圖 3.2-7）等飼養蜜蜂。目前仍有某些非洲地區沿用陶土（圖 3.2-8）、草編（圖 3.2-9）或樹幹等做成蜂巢。中國、日本及韓國等，有用木箱或樹幹（圖

| 3.2-5 樹皮桶子的蜂巢

| 3.2-6 法國柳條編藍子的蜂巢

| 3.2-7 黏土管子的蜂巢

| 3.2-8 非洲陶土的蜂巢

| 3.2-9 非洲草編的蜂巢

| 3.2-10 湖北的樹幹蜂巢（東方蜜蜂）

3.2-10）當蜂箱。目前臺灣某些地區有少數蜂農使用樹幹當蜂箱，飼養少數稱為「野蜂」的東方蜜蜂。多數蜂農是飼養西方蜜蜂，使用現代化的人造蜂箱。

2. 現代化的人造蜂箱

隨著科技的進步，人們模仿野生蜂群居住的蜂巢，用木板造成「人造蜂箱」飼養蜜蜂。蜂群住在蜂箱中不受風吹雨打，比較安全。1814 年俄國人普羅科皮維奇發明「框式蜂箱」，蜂箱內部上方置放許多木製頂桿，讓蜜蜂從頂桿向下方築造巢脾。木製頂桿巢脾，可取出並且調動，管理上非常方便。

1851 年美國郎斯特羅什（L. L. Langstroth）發現「蜂路」（bee space）原理，蜂路是指巢脾與巢脾間的適當距離，蜂路有 0.953 公分。蜂路如果太寬，蜜蜂會做出贅脾，浪費資源。蜂路太窄，蜜蜂無法通行。他根據這種原理發明十框的活框蜂箱（movable frames），稱為郎

▌3.2-11 美國的郎氏蜂箱　　▌3.2-12 蜂箱中的巢脾可以取出　　▌3.2-13 人造蜂箱的五層繼箱

氏蜂箱（Langstroth hive）（圖 3.2-11），美國蜂農普遍使用這種蜂箱飼養西方蜜蜂。蜂箱前方底部的「巢門」，是蜜蜂出入口，巢門前方有一片突出的板子，作為蜜蜂的起降板，也是蜜蜂回巢或守衛蜂暫時停留的位置。

　　蜂農可以從人造蜂箱中取出巢脾檢查蜂群、抽取蜂蜜，或替換蜂箱中的巢脾（圖 3.2-12），蜂箱上如果加放更多繼箱（圖 3.2-13），可採收更多更好的蜂蜜。使用人造蜂箱飼養的蜂群，可大量生產蜂蜜及蜂產品。開花時期可機動搬移蜂群，追逐開花的蜜粉源植物，不斷採蜜。目前每年都有新養蜂用具發明，突破傳統養蜂方式，使蜂農能夠大規模飼養蜂群，促進養蜂事業提升發達。

3.2.2 野生蜂群如何築造巢脾

　　巢脾是蜂巢的基本結構，野生蜂群如何築造巢脾呢？蜂蠟是築造巢脾的基本材料，蜂群中要有夠多工蜂才能分泌充足的蜂蠟，才能利用蜂蠟築造巢脾。蜂蠟的源自工蜂腹部的蠟腺，蠟腺可將蠟質分泌在蠟鏡上，蠟質硬化後即成小片狀蠟鱗。

　　野生蜂群在築造巢脾時，先在巢脾頂部塗上一層蜂膠，將巢脾黏到樹洞或石縫頂部。然後從頂部開始施工，逐漸向下延伸築造巢脾。工蜂建完一個巢室，轉到建造另一個巢室工作是隨機的，一個巢脾上可能有 2 至 3 個位置在同時施工，而且沒有明顯的先後順序。每隻工蜂都可能轉到一個新工作區，並相互支援，巢脾各部分的建造都與整體施工進度密切配合。這種施工方法看起來雜亂無章，但最後築造完成的巢脾上卻看不到任何接縫，最令人驚訝。築造巢脾時，工蜂緊密的掛在一起形成鏈狀，以便保持溫度 35℃，這是蜜蜂分泌蜂蠟最適當的操作溫度。

工蜂先用後足上的基跗節，將腹部腹面蠟鏡上的蠟鱗取下，傳到中足再傳到前足，送到口器，再用前足及大顎築造巢室。蠟鱗使用前需先用大顎嚼碎，加入大顎腺分泌物混合成適當黏度，砌到巢室上。一隻工蜂生產一個蠟鱗約需 4 分鐘，築造 8,000 個巢室需 100 公克蜂蠟，約 125,000 個蠟鱗。一個分蜂群需要消化 7,500 克蜂蜜，生產 1,200 公克的蜂蠟，才能築造有 100,000 個巢室的巢脾。由此可見，工蜂建造一個巢脾的工作量很大。

　　工蜂頸部基部有一個像鉛錘的毛叢板（hair plates），是測定重力線的工具。毛叢板連接的感覺器官，讓工蜂知道哪個方向是上方，有毛叢板工蜂才能進行築造巢室的精細工作。工蜂用觸角尖端的感受器，測定巢室厚度及巢室壁光滑度。蜜蜂觸角上的板狀感受器相連處有許多感覺毛，也是測定重力線的器官。

　　不論野生或是人工飼養的蜂群，蜜蜂都是在黑暗中築造巢脾，有趣的是雖然蜜蜂沒有互相學習，但各種蜜蜂築造巢脾的方法都完全相同。

3.2.3 巢脾上的巢室

　　巢脾上巢室方位與地面平行，左右兩側都有巢室。巢室是中空的柱狀正六角形，開口朝向外方，與地面平行。巢室底部以三個菱形面組成（圖 3.2-14），交會於底部中心頂點，由相對的兩個巢室共用，相鄰巢室邊與邊的角度是120 度。巢室呈正六角形柱狀，這

▌3.2-14 巢室底部由三個菱形組成

是在表面積最小的狀況下，能形成的最大固定容積。用最少蜂蠟做出最大容積的巢室，是最理想又最穩固的形狀。巢室呈一系列的平行排列，巢室與巢室之間距離精確。

　　蔡聰明（1996）記述：1712 年法國天文學家馬漢地（G. F. Maraldi），實際度量巢室底部菱形的角度，得到的結果是 70°32′ 與 109°28′ 度。馬漢地得到的結果引起法國博物學家雷奧米爾（Reaumur）的興趣，他

猜測蜜蜂是按「最經濟原理」來行事。他將巢室的角度問題請教瑞士年輕數學家柯尼希（S. König），希望能得到科學理論的驗證。柯尼希利用微分法解決上述的極值問題，他說：蜂巢巢室的角度問題，超越古典幾何的範圍，必須用到牛頓及萊布尼茲（Newton and Leibniz）的微積分。等到柯尼希把計算所得結果 70°34' 與 109°26' 度送到雷奧米爾手裡後，雷奧米爾才告訴柯尼希關於馬漢地對蜜蜂巢室角度的實測結果。他們對於理論與實測值僅差 2' 度，同感震驚。科學在求真，雖然差異值很小，仍要找出錯在何方，以及為何出錯？結果是錯在柯尼希而不在蜜蜂，原因是他在計算時，資料印錯了一個數字。1739 年法國科學院秘書豐特奈爾（Fontenelle）不認為蜜蜂具有智慧，他認為蜜蜂是「不知亦能行」，是按照天生自然與造物者的指示，盲目地使用高等數學而已。實際的狀況是蜜蜂用自己的身體做模板，圍繞自身的大小築造巢室，初造的巢室是管狀圓柱形，溫度升高到 37~40℃ 時，蜂蠟軟化，經自然的應力作用，變成六角稜柱狀。

溫斯頓（Winston, 1987）記述：巢脾上有大小兩種巢室，小巢室又稱工蜂室，是飼養工蜂幼蟲之處。大巢室又稱雄蜂室，是飼養雄蜂幼蟲之處。巢室可供幼蟲發育，也可用來貯存花蜜及花粉。還有第三種臨時性巢室，是培育蜂王的王台，王台開口朝向下方，與前兩種不同。它只在蜂群繁殖，或年老蜂王要被「取代」時，才會在蜂群中出現。通常王台有 10~20 個。新蜂王羽化後，王台就被拆除或廢棄。義大利蜂（*A. m. ligustica*）及其他歐洲蜜蜂品種的工蜂，巢室直徑在 0.52~0.54 公分之間，深度約 0.12 公分。每平方公分有 857 個巢室。一個美式標準巢框的巢脾，工蜂巢室有 6,600~6,800 個。雄蜂巢室直徑 0.62~0.64 公分，深度 0.15~0.16 公分。巢脾上每個巢室，從底部到開口處，都與地平面呈 13 度仰角，為了防止巢室中的存蜜外流。

新築造的巢室較大，老舊的巢室較小。老舊的巢脾，因為曾經飼育過幼蟲，承裝過較重的蜂蜜，會變黑、變小及變形。

3.2.4 蜜蜂在蜂箱中築造巢脾

安奎等（2004）記述：1873 年美國魏斯（F. Weiss）發明「滾輪式巢礎製造機」，以人工方式製造「巢礎」（comb foundation），巢

礎是巢脾的中央基礎，是用純蜂蠟製成的一片薄板。巢礎製造機的發明，使人造蜂箱中飼養蜜蜂更為方便。人工巢礎先要固定在「巢框」內，巢框是長方形木製巢框（圖3.2-15），在框內穿入 3 條鐵絲（圖3.2-16），人工巢礎插入巢框中。再用埋線器把鐵絲押入巢礎，將人工巢礎固定在巢框內（圖3.2-17）。巢框上方木桿向兩側凸出，可架放在蜂箱中，蜂箱內另有架放巢框的特殊設計。在適當的時期，將已經埋入巢礎的新巢框放入蜂箱。蜜蜂會在人工巢礎上向兩側築造巢室，只要溫度適宜、食物充足、蜂群強壯，很快就可築成一個新巢脾。蜂巢中使用人工巢礎，可以減少蜂蜜體力消耗及蜂群中蜂蜜的消耗，使養蜂管理更為方便。美國最大的蜂具製造的達丹父子公司（Dadant and Sons, Inc.）早已研製一種穿有鋼絲的巢礎，使製成的巢脾更為堅固，頗受歡迎。

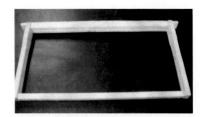
▌3.2-15 長方形木製巢框

▌3.2-16 巢框內穿入 3 條鐵絲

▌3.2-17 人造巢礎固定在巢框內

3.2.5 巢脾的功能

　　通常蜂箱內，兩側的巢脾是蜂群的蜂蜜貯存區，中央巢脾上方的巢室也是蜂蜜貯存區（圖3.2-18）。蜂蜜貯存在外側巢脾及巢脾上方的好處是中央育幼區（圖3.2-19）容易保持適當的溫度，育幼區是卵、

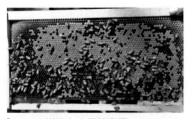
▌3.2-18 巢脾上方是貯蜜區

▌3.2-19 巢脾中央封蓋是育幼區

蛹、幼蟲的居住區。貯存花粉的巢室通常在巢脾的中央部位，接近幼蟲區，也接近王台。此外，雄蜂幼蟲體型較大，發育時間較工蜂幼蟲長，巢室築造在巢脾邊緣區域，溫度較低較適宜發育。

蜜蜂一生有 90% 的時間在巢脾上度過。巢脾除了貯存蜂蜜、花粉，以及育幼的功能外，是蜜蜂的主要活動區域，以及工蜂以舞蹈傳達訊息的地方，也是蜂王費洛蒙存留的地方。

3.2.6 大蜜蜂及小蜜蜂的蜂巢

蜜蜂的種類主要有四種，蜂巢不盡相同。西方蜜蜂及東方蜜蜂的蜂巢相似，蜂巢內有多片巢脾，前者巢脾較大且數目較多，後者巢脾較小數目也少，蜂巢築造在能遮風避雨的隱密空間。另兩種蜜蜂是大蜜蜂（*Apis dorsata*）及小蜜蜂（*Apis florea*）。牠們的蜂巢只有單片巢脾，掛在裸露的樹枝上，不需要躲在隱密空間。這兩種蜜蜂蜂巢的構造及功能，與西方蜜蜂相同。

▌3.2-20 小蜜蜂的巢（黃智勇攝）

大蜜蜂蜂巢有 1~2 公尺寬，約 1 公尺長，厚度 1.5~2.0 公分。巢脾上方及兩側是貯蜜區，下方是育幼區。每群約有 3 萬隻蜜蜂，最多可達 5 萬隻。工蜂在巢脾聚集並互相攀附，蜂巢高掛在大樹上或是垂吊在岩壁下，形同天然的空中養蜂場。迪茨（Dietz, 1992）記述：一棵樹上最多有 96 個蜂巢。另外，小蜜蜂的蜂巢（圖 3.2-20）有 25~35 公分寬，15~27 公分長，厚度 1.6~1.9 公分。巢脾上緣較寬處是貯存蜂蜜區，下方是貯存花粉及育幼區。每群有蜜蜂 4 至 5 千隻，最多可達 3 萬隻。蜂巢構築在距地面 3~5 公尺高，濃密的矮灌木叢或小樹叢中。

3.2.7 結語

十九世紀著名生物學家達爾文曾驚嘆的說：在眾多動物的本能

中，蜜蜂的蜂巢是最奇妙的建築，築造的巢脾簡直是無懈可擊。例如製造飛機翼的內部時，採用蜜蜂巢室六角形的支架，滑雪用雪橇內的結構，也是六角形的。不少建築採用六角形外牆，此種造型美觀、實用，又耐震。使用材料最經濟，設計最精美，自然界其他的建築都無法超越這種完美的境界，蜂巢的結構簡直是巧奪天工。

3.3 有秩序的蜂群生活

一個蜂群是一個自給自足的獨
立社會，蜂群中每隻蜜蜂都各安其
位，各盡其力，為群體做無私的奉
獻。蜂群中蜂王的地位最高，蜂群
中每隻蜜蜂都是牠生的。牠生的蜜

▌3.3-1 工蜂、蜂王及雄蜂體型的差異
（Rei-rei 繪自：Kaulfeld, 1967）

蜂因功能區分為蜂王、工蜂、和雄
蜂。工蜂在蜂群中數目最多，保護蜂巢、清潔、修補巢房、飼餵幼
蜂、採集花粉及蜂蜜等，蜂巢中大小工作都由工蜂負責，是蜂群主要
成員。雄蜂在蜂群中地位也重要，但牠只是短暫的「過客」，每年完
成傳宗接代的繁殖任務後就消失。有關蜜蜂生活部分，克蘭（Crane,
1990）、蓋瑞（Gary, 1992）及溫斯頓（Winston, 1987）等都有詳細記述。
蜂群中三型蜂，雖然體型和職能各不相同（圖 3.3-1），卻組成一個高
效能有秩序的社會。

3.3.1 蜂王

蜂王主司生殖，是蜂群中唯一
生殖器官發育完整的雌性，是一群
之母，也是蜂群的大家長。正常蜂
群中只有一隻蜂王（圖 3.3-2），蜂
群中牠的體型最大。南宋詩人楊萬
里（西元 1127~1206 年）的〈蜂兒〉
詩：「蜂兒不食人間倉，玉露為酒
花為糧。作蜜不忙採蜜忙，蜜成猶

▌3.3-2 剪除單翅的蜂王

帶百花香。蜜成萬蜂不敢嘗，要輸蜜國供蜂王。蜂王未及享，人已割
蜜房。」蜂王這個名詞，宋朝已經使用。蜂王也稱「蜂后」或「后蜂」，
日本稱之為「女王蜂」。2002 年出版的《海峽兩岸昆蟲學名詞》中，
將 queen 統一譯名為「蜂王」。早期學者將 royal jelly 翻譯為王漿或蜂
王漿，因為臺語發音不同，臺灣養蜂協會曾在 1977 年會員大會中討

論，建議採用「蜂王乳」一詞。飼養蜜蜂的相關名詞中，另有處女王（virgin queen）、幽王籠（queen cage）、王台（queen cell）、王台杯或王椀（日本）（queen cups）等。如果蜂王稱為是蜂后，這些相關名詞就要隨之更改，改成「處女后」、「幽后籠」、「后台」、「后台杯」或「后椀」，與約定成俗的常用名詞會嚴重相左，造成混亂。因之，還是沿用「蜂王」這個名詞為宜。

蜂王體型較長，腹部呈長圓錐形，占體長的 3/4。西方蜜蜂的蜂王體長在 2.0~2.5 公分之間，體重約 3 公克。蜂王有雙套染色體，染色體數目是 32 個（2N）。蜂王幼蟲及新處女王，全程由護士蜂餵食蜂王乳，生殖器官發育正常，才能有健全的生殖機能。交配後的蜂王因腹部較長，在蜂群中很容易分辨。

1. 蜂王產卵

蜂王交配後主要任務是產卵，正常狀況下，蜂王在蜂巢每一個巢室只產下一粒卵。巢脾上主要有兩種巢室，一種是小的工蜂巢室，一種大的雄蜂巢室。另有暫時性出現的王台，是專門培育蜂王的巢室。王台及工蜂巢室中產的卵都是受精卵，雄蜂巢室中產的卵是未受精

▌3.3-3 蜂王剛產下卵

卵。蜂王在巢脾產卵時（圖 3.3-3），先從中央開始，逐漸以螺旋型順序向外擴大。產卵的範圍呈橢圓形，稱為「產卵圈」。中央巢脾的產卵圈最大，兩側巢脾產卵圈漸小。西方蜜蜂的蜂王在產卵盛期，每天可產卵 1,500~2,000 粒。蜂王的生殖能力驚人，每天產出卵的重量，相當於牠的體重。一隻蜂王每年產卵的總數，可達 175,000~200,000 粒。

2. 控制蜂群

蜂王的費洛蒙可控制蜂群，蜂王健在，費洛蒙的味道就在，蜂群就井然有序。如果蜂群失去蜂王，蜂王的費洛蒙隨即消失，數小時後，工蜂會無所適從、騷動不安。如果長時間失去蜂王，蜂群會滅絕。失去蜂王時，為了自力救濟延續蜂群生命，工蜂會自行產卵。但天命已

▌3.3-4 分蜂王台

▌3.3-5 急造王台

定，工蜂產出的卵都是未受精卵，孵化後還是工蜂，蜂群最終還是會
因失掉蜂王而滅絕。蜂群需要有蜂王領導，否則滅亡，這種奇怪的自
然法則，道理何在，耐人尋味。

3. 產生新王

　　春暖花開時節，溫度適宜、蜜粉源充沛，是蜂群的繁殖盛期。
這時候工蜂會自然的在蜂巢中築造王台，準備培育新蜂王，接著準備
「分蜂」。蜂群準備分蜂之前，工蜂在中央巢脾的下緣築造王台，
王台的開口巢下方，巢室較寬較大，稱為「分蜂王台」（swarming
cell）（圖 3.3-4），數目有 3~30 個。如蜂群因意外突然失去蜂王，工
蜂會將有卵或幼蟲的巢室改造成王台，這種王台位置多在巢脾中央部
位的幼蟲區，稱為「急造王台」（emergency cell）（圖 3.3-5），數目
通常 10 個以上。蜂王因衰老或受傷，產卵數目減少時，工蜂也會築
造王台。王台的位置與急造王台相同，稱為「取代王台」（supersedure
cell），但是這種王台的數目較少，只有 1~5 個。

　　「王台」是培育新蜂王的處所，也是蜂群存續的關鍵。由以上介
紹可知王台有三種，分別是「分蜂王台」、「急造王台」及「取代王
台」，各有其築造的時機及不同的功能。

4. 蜂王的生活

　　新羽化的蜂王，稱為「處女王」。處女王體色較淡、體力柔弱，
通常在王台中停留數小時，從王台封蓋的縫隙向工蜂討食。處女王羽
化後，會用強有力的大顎破壞其他封蓋的王台，並用螫針刺死其他王

台中尚未成熟的姊妹，斷絕其他競爭著的生機。工蜂將被處死的蜂王屍體拖出巢外，並除去王台。如果有兩隻處女王在同一時段羽化，「一山不容二虎」，會互相廝殺，直到一隻死亡為止。這種優勝劣敗、物競天擇的自然行為雖殘忍，卻是維持蜂群強壯無法避免的過程。因此，處女王也被稱為「兇殘的女王蜂」。處女王日齡 5~7 天會性成熟，可進行交配。處女王與雄蜂交配時會在天空飛舞，稱為「婚飛」。婚飛的日齡平均在日齡 8~9 天之間，或可延遲至 13 天。處女王與雄蜂交配後，2~3 天內開始產卵，此後不再交配。

天然蜂群中，79% 的蜂王可存活一年，26% 可存活兩年，通常壽命也不過三年。養蜂場中蜂王的生活條件良好，可存活 1~3 年。如果不更換蜂王，有 35% 的蜂王可存活 4~6 年。紀錄中三隻存活最久的蜂王，壽命達 8 年以上。養蜂場為維持蜂群競爭力及經濟效益，通常只讓蜂王為蜂群效命一年，產卵率降低就汰換。蜂王的生存期限取決於牠的生殖能力，如產卵能力佳，會多給蜂王一年生存機會。

3.3.2 雄蜂

西方蜜蜂的雄蜂體長，在 1.6~1.8 公分之間，身長雖不及蜂王，但較為粗壯（圖 3.3-6）。雄蜂有單套染色體，染色體數目是 16 個（1N）。牠的複眼較大，呈半球形，兩複眼相連接，體表顏色較深且多毛。中國古代宋朝的王原之，稱雄蜂為「相蜂」或「將蜂」，讚

▌3.3-6 雄蜂

譽雄蜂有「出將入相」的能力。雄蜂不採花蜜及花粉，在蜂群中的唯一功能是交配，讓蜜蜂基因延續，完成傳宗接代的神聖使命。

春秋繁殖季節，蜂群中會自然產生數十隻到上千隻雄蜂。雄蜂羽化後，大部分時間停留在巢脾上爬行。日齡 6~8 天後開始出巢做「定向飛行」。風和日麗的日子，一天可做定向飛行 3~4 次，辨識蜂箱方位及附近地標，以便能夠安然返巢。出巢之前，先自行清理身體，特別要清理觸角及複眼。定向飛行的時段多在下午 2~4 時，飛行時間 6~15 分鐘。飛行距離可達 5~7 公里，速度每小時在 9.2~16.1 公里之

間，雄蜂一生平均出巢做定向飛行約 25 次。

雄蜂日齡 8~12 天性成熟，具有交配能力。陽光充足的好日子，附近蜂群的雄蜂會同時飛出，飛到一個稱為「雄蜂聚集區」的特定空中約會區，等待處女蜂王來約會。附近各養蜂場的雄蜂及各家的處女王，都主動參加婚飛盛會。耐人尋味的是雄蜂聚集區，每年似乎都在同一區域或在該區附近，處女王也知道這約會的位置。前生今世，雌雄雙方似早已約好了密會區，自然界的奧祕值得深入研究。

雄蜂能夠完成傳宗接代任務的數目很少，大多數在婚飛時因為體力不支，從空中掉落陣亡。過了繁殖期，田間的食物減少，蜂群的存糧不足。雄蜂的食量比工蜂大三倍，為節省蜂群的糧食，工蜂會將雄蜂趕到蜂箱底部或拖出巢外，任其自生自滅。到冬季，雄蜂大多被趕出巢外凍死或餓死，很少能活到來年春天。雄蜂的壽命在春季到仲夏是 21~32 天，最短約 14 天，最長約 43 天，秋季約達 90 天。

3.3.3 工蜂

工蜂是蜂群的主體，數目兩萬到五萬隻，占蜂群的 95~98%（圖 3.3-7）。工蜂具雙套染色體，染色體數目是 32 個（2N）。西方蜜蜂工蜂體長，在 1.2~1.4公分，體重約 0.1 公克，是蜂群中體型最小、生殖器官發育不全的雌性。剛羽化的幼蜂，身體灰白色，且體力柔弱，經數小時積蓄能量後逐漸硬朗。幼蜂期行動緩

▌3.3-7 工蜂

慢，沒有螫刺能力，隨著日齡增加，在蜂群中擔負的工作逐漸增加。工蜂的壽命因季節而不同，夏季是 15~38 天，春秋兩季是 30~60 天，冬季約 140 天。寒冷地區的冬季，壽命最長可達 304 天及 320 天。

工蜂從卵發育到成蜂總計約 21 天，卵期 3 天，第 4 天孵化成幼蟲，在巢室中逐漸成長。幼蟲期日齡到第 6 天，身軀幾乎占滿整個巢室，此時護士蜂停止飼餵，並將巢室封蓋。第 10 天進入蛹期，再經 12 天羽化為成蜂。三型蜂的發育天數都不相同，見表 3.3-1。

表 3.3-1 三型蜂的發育天數

三型	蜂種	卵期	未封蓋幼蟲期（天）	封蓋幼蟲＋蛹期（天）	發育天數
蜂王	西方蜜蜂	3	5.5	7.5	16
	東方蜜蜂	3	4~5	8	15~16
雄蜂	西方蜜蜂	3	6.5	14.5	24
	東方蜜蜂	3	6	13	22
工蜂	西方蜜蜂	3	6	12	21
	東方蜜蜂	3	5	12	20

3.3.4 蜜蜂的發育

蜜蜂是變態過程完整的昆蟲，經過卵、幼蟲、蛹及成蟲，四個階段。

1. 卵

剛生出將化育為工蜂及雄蜂的卵，重量在 0.12~0.22 毫克，長度在 0.13~0.18 公分之間，呈白色長形圓柱狀，略為彎曲，直立在巢室中（圖 3.3-8）。卵的後方有黏性分泌物，將卵黏在巢室底部，較粗的頭部朝向外方。卵經 3 天孵化，逐漸下垂，最後平躺在巢室中。卵的大小及發育天數，因遺傳及環境因素而不同。

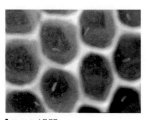
▌3.3-8 蜂卵

2. 幼蟲

剛孵化的工蜂幼蟲呈蛋清色、C 字形，只有針尖大小，平躺在巢室底部。幼蟲頭小、口器簡單，約略可見翅或螫針。外形上看不到足、眼睛、觸角，也沒有特殊外部構造，體內有巨大的消化系統，軀體分為 13 節（圖 3.3-9）。幼蟲生長快速，工蜂及蜂王的幼蟲期前四天，每天蛻皮一次，總共蛻皮六次。

▌3.3-9 蜜蜂幼蟲（江敬皓攝）

成熟的幼蟲在封蓋之前，會在巢室內作繭自縛。作繭的過程中，在巢室內「向前翻滾」，蜂王翻滾 40~50 次，工蜂 27~37 次，雄蜂 40~180 次。每次翻滾近 1 小時，翻到最後會將頭部轉向開口方向。經過幾天的吐絲封蓋後，幼蟲平躺在巢室中轉入蛹期。蜜蜂作繭的主要成分是成蜂胸部唾液腺的分泌物、幼蟲造繭時深褐色的排泄物，加上淺色排泄管的分泌物，以及混合一些其他物質，組合成堅韌造繭材料。

　　日齡 3 天內的工蜂及雄蜂幼蟲，都由護士蜂飼餵蜂王乳。工蜂飼餵時將蜂王乳吐在巢室內，幼蟲浸在蜂王乳中。日齡 3 天後改飼餵花粉及蜂蜜混合的「蜂糧」。蜂王的幼蟲住在王台中，幼蟲期一直都被工蜂飼餵充足的蜂王乳。日齡 5 天後停止飼餵，工蜂將成熟蜂王幼蟲的巢室封蓋，封蓋後 3 天停止取食，進入蛹期。

3. 蛹期

　　蛹期的蛹體已具備完整的成蟲期各種器官。蛹的頭、眼、足、觸角、口器、胸部、腹部及未展開的雙翅，都與成蟲一樣，只是很微小。蛹成熟後，胸腹節也成形，胸部和腹部明顯分開。蛹體是略為透明的白色，逐漸轉變成黃褐色（圖 3.3-10），根據顏色轉變可判定蛹的日齡。蛹破繭而出化為成蟲時，外形變化很小，只是體內肌肉及器官系統變大。工蜂及雄蜂的蛹期在 8~9 天之間，蜂王是 4~5 天。

　　蛹期工蜂腹部末端的第 8 至 10 節會內陷形成螫針，並且複眼變成紫紅色。工蜂最後一次蛻皮羽化為成蜂後，仍留在巢室中數小時，等待新幾丁質的外皮變硬。羽化時，蛹會在巢室中旋轉，伸出大顎將蠟蓋刺穿一個小孔。成蜂羽化前，觸角會從小孔中伸出（圖 3.3-11），

 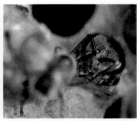 

▌3.3-10 蜜蜂的蛹（江敬晧攝）　▌3.3-11 工蜂羽化咬破巢室封蓋　▌3.3-12 羽化不久的工蜂

此時體表絨毛柔軟，體色較淡。新生的成蜂會在巢脾上伸展觸角及雙翅（圖 3.3-12），待體表乾燥後才開始活動。

3.3.5 三型蜂的分化

蜂王產的卵是否受精，決定以後轉化成哪一型蜂，未受精卵發育為雄蜂，受精卵發育為工蜂或蜂王。受精卵變成幼蟲後，依工蜂餵食食物的品質及數量，決定幼蟲將來發育成工蜂或蜂王。三型蜂分化的過程複雜，其中最重要的是遺傳及營養兩個因素。蜂群中也會產生異常個體，例如雙倍體的雄蜂、工蜂產卵的雄蜂、孤雌生殖的雌蜂、似工蜂的中間型個體，以及似蜂王的中間型個體。蜂群中產生異常個體的因素很多，有待深入探討。

三型蜂的基本差異，在於雄性或雌性的分別。蜂王在交配之後體內的受精囊即貯滿雄蜂的精子，蜂王可自行控制是否釋放精子。產卵時受精囊沒有釋放精子，產出的未受精卵是單倍體（haploid），發育成雄蜂。釋放精子與卵結合的受精卵，是雙倍體（diploid），發育成雌蜂。蜂王在受精囊中的精子釋放之前，要先確定巢室大小。巢室大小如何促使蜂王釋放精子？一種假設是工蜂巢室比雄蜂巢室小，來自巢室空間的壓力，使蜂王釋放受精囊中的精子，使卵子受精。第二種假設是蜂王在產卵前，先將頭部及前足伸入巢室中，探明巢室大小後抽出頭部。根據前足的刺激，再將腹部伸入巢室產出是否受精的卵子。測量巢室大小的機制，可能與蜂王產卵時腹部角度與巢室大小有關。

3.3.6 蜂群的一年

蜂群中工蜂的壽命及數目，隨氣候變化及蜜粉源的多寡而改變。蜂群一年四季的活動，也隨工蜂的狀況有週期性變化。初春氣溫回升，蜂巢中心溫度達到 32℃，這時蜂王開始產卵。初期每天產卵的數量 100~200 粒，以後卵圈開始擴大，產卵的數目也增加。工蜂的卵在第 21 天後開始羽化，此時每天都有新工蜂羽化，加入工作行列。新工蜂增加數目，超過老工蜂死亡數目，蜂群就會迅速壯大。反之，

蜂群則逐漸衰敗。

春秋兩季是蜂群的繁殖期，此時田野中蜜源植物充沛，蜂群中蜜蜂數目迅速增加。如蜂群中貯存蜂蜜的巢室不足、蜂王產卵的巢室不夠，加上巢內溫度逐漸升高，工蜂就會築造王台準備分蜂，將一群蜜蜂分為兩群。如果這時蜂群作適當管理及調整，蜂群的數目會不斷增加。蜜源植物流蜜期間，工蜂大量採集的花蜜及花粉占據了蜂群內巢室的空間。蜂農必須採收蜂群中的蜂蜜或花粉，以減少蜂群的壓力。最後一次流蜜期過後，新工蜂逐漸取代老工蜂。蜂群中有大量的適齡工蜂，有足夠的越冬飼料，蜂群才能渡過寒冷的冬季。

寒冷地區的蜂群，蜂王在冬季會停止產卵。氣溫降到 14℃ 時，蜜蜂會在蜂群中央結成「蜂團」，將蜂王包圍在蜂團中，年輕工蜂在周圍，老工蜂在最外圍。蜜蜂靠取食蜂蜜及胸部飛翔的肌肉顫動產生熱量，維持蜂群存活溫度。蜂團外層的溫度 5~8℃ 時，蜂團內部中心仍可維持在 30~35℃。如果蜂農在越冬蜂群中放入「餵糖器」，供應足夠的食物，可讓蜂群安全越冬。把蜂群搬到地窖中保溫，或蜂箱外加裝保溫設備，蜂群也容易越冬。臺灣四季如春，蜂王幾乎一年四季都會產卵，沒有停止產卵及越冬的問題。

3.3.7 結語

世界各地都有飼養蜜蜂，品種各不相同。三型蜂的行為、發育天數、產卵數目及蜂群數目等，大致相同。世界各地氣候及環境各有差異，因此各地蜜蜂的體型大小、顏色、採蜜能力、分蜂特性、工蜂壽命、抗寒能力、對蜜蜂病蟲害的抗性等，都有較大的差異。

3.4 掃描電顯下的蜜蜂

　　美國昆蟲學家斯諾格思（Snodgrass, 1956）研究蜜蜂 30 餘年，出版《蜜蜂解剖學》（Anatomy of the Honey Bee）專書，從解剖學的角度，詳細說明蜜蜂身體各部分的構造，是蜜蜂解剖學的經典著作。戴德（Date, 1962）深入研究蜜蜂身體結構，並以工筆繪出蜜蜂身體各部位，出版了《蜜蜂解剖學及解剖》（Anatomy and Dissection of the Honeybee）。埃里克森等（Erickson *et al.*, 1986）等人，使用掃描電子顯微鏡拍攝蜜蜂軀體，出版了《蜜蜂圖說》（Atlas of the Honeybee），讓蜜蜂身體上各部分的細微結構完全曝光。這三本關於蜜蜂的重要著作，奠定了蜜蜂學的基礎研究。

　　蜜蜂體表由數百片幾丁質（chitin）的骨片合成，形成外骨骼（exoskeleton），主要功能在保護身體內部器官。蜜蜂體表大部分覆蓋著一叢叢各種樣式的細毛（圖 3.4-1），它有感覺作用，以及隔熱、防水、減少水分蒸散的功能。分叉細毛的另一個功能，是便於採集最大量的花粉，不同部位的細毛，都有不同的特殊功能。

　　外骨骼可保護內臟外、提供內部肌肉附著、強化肌肉與外骨骼的結合，並使蜜蜂身體各部分能不受約束自由活動。蜜蜂身體可分為頭部、胸部及腹部（圖 3.4-2），各部分有許多體節，各節之間由柔軟的節間膜相連。蜜蜂身體各部分，詳細說明如下：

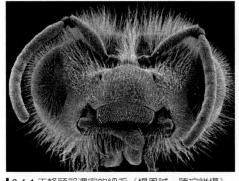

▌3.4-1 工蜂頭部濃密的細毛（楊恩誠、陳琬錤攝）

▌3.4-2 工蜂的外型

後翅　　前翅
複眼
單眼
觸角
中舌
花粉籃
中足　前足　大顎
後足
腹部　胸部　頭部

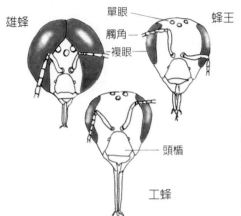

雄蜂

單眼
觸角
複眼

蜂王

頭楯

工蜂

▎3.4-3 蜂王、雄蜂、工蜂的頭部（作者繪自：Dade, 1977）

▎3.4-4 雄蜂的頭部（楊恩誠、陳琬鎰攝）

3.4.1 頭部

　　蜂王、工蜂及雄蜂的頭部形狀各不相同（圖 3.4-3）。蜂王的頭部呈心臟形，工蜂略呈三角形，雄蜂則近似圓形（圖 3.4-4）。

1. 單眼及複眼

　　蜜蜂頭部的眼睛由三個單眼（ocelli）及兩個複眼（compound eyes）構成，工蜂及蜂王的單眼在頭部頂端，排列成倒三角形。單眼構造簡單，只是一片厚透鏡（lens），透鏡是由外骨骼增厚形成，透鏡下方連接視網膜細胞。單眼的功能可檢測光的強度，接受模糊的影像，與定向飛行有關。雄蜂的單眼在頭部前方，與蜂王及工蜂單眼的位置有別。

　　蜂王及工蜂的複眼在頭部兩側，中間不相連接。雄蜂的複眼很大，呈兩個半球型，中央連接。工蜂的一個複眼由約 6,900 個六角形小眼（facets）組成。每個小眼能獨立感應光波，可感知偏振光、圖案、色覺及頭部轉向反應，許多小眼感應的圖像，聚合起來就能辨識具體形象。複眼的每個小眼下方有 9 個網膜細胞（retinal cells），1 個在中央，8 個在四周，可感應不同光線及分辨顏色（圖 3.4-5）。中央神經系統將所有小眼傳送的訊息，組合成一個整體的鑲嵌圖像。

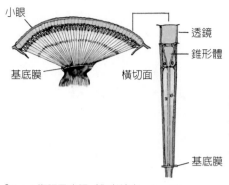

小眼

透鏡

錐形體

基底膜 橫切面

基底膜

▌3.4-5 複眼及小眼（作者繪自：Snodgrass, 1956。Cornell University Press 授權）

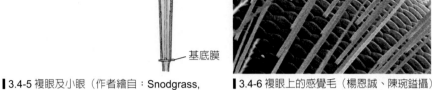

▌3.4-6 複眼上的感覺毛（楊恩誠、陳琬鎰攝）

　　小眼與小眼之間有 1° 左右的弧度彎曲，整個複眼形成弧面，因此蜜蜂能夠測知在三度空間中移動的物體。小眼與小眼的交界處生有感覺毛（圖 3.4-6），能感覺氣流、測量氣流方向，以及飛翔時的風速。

2. 觸角

　　觸角在臉中央，基部有一個關節點（圖 3.4-7），內有四條肌肉，可使觸角自由轉動。觸角的基部一節是柄節（scape），接著是梗節（pedicel），後方是鞭節（flagellum），蜂王及工蜂的鞭節有 10 節，觸角總共 12 節（圖 3.4-8）。雄蜂觸角的鞭節多一節，總共有 13 節（圖 3.4-9）。蜜蜂的觸覺及嗅覺器官很發達，觸角鞭節的末端上有許多感受器，能夠偵測氣味分子的濃度，甚至判定香氣的正確方向。每根觸角上約有 3,000 個感受器。膜板感受器（sensillum placodea）分布在觸角鞭節末端八節上，感受器上有細孔，能讓空氣的氣味分子穿過膜

▌3.4-7 頭部與觸角相接處（楊恩誠、陳琬鎰攝）

▌3.4-8 工蜂的觸角（楊恩誠、陳琬鎰攝）

▌3.4-9 雄蜂的觸角（楊恩誠、陳琬鎰攝）

板，進到下方的感覺細胞。蜜蜂觸角上的感受器，對於蜂蠟、花香及其他香氣特別敏感，比人類對這些氣味的敏感度高出 10~100 多倍。

3. 口器

　　蜜蜂的口器是咀吸式，可吸食液態食物，也可咀嚼固態食物。工蜂的口器（mouthparts）包括一對大顎（mandible），下方是小顎（maxilla）及下唇（labium）特化成的口吻（proboscis；tongue）。頭部中央一大片區域是頭楯（clypeus），基部有突出的拱型凹槽。

　　蜜蜂口器最前段是大顎，大顎堅強、呈匙狀，內部有齒狀突起，有強勁的肌肉與頭部相連。大顎基部有大顎腺（mandibular glands），開口處有叢毛。工蜂的大顎有許多功能，能咀嚼花粉，咬取蜂蠟以便築巢，還可咬掉並丟棄雜物或幼蟲屍體，也可在攻擊敵害時當成武器。

　　蜜蜂休息時，口吻呈 Z 字形折疊到口器中。口吻伸出時，小顎外葉（galeae）及下唇鬚（palps）形成管狀，稱為中舌（glossa）。口吻近端有兩根連桿支撐在口器底部，在小顎外側及下唇中央連接（圖3.4-10）。中舌外表有濃密細毛、強化的板片、也有軟的膜質區，中舌端部膨大，形成唇瓣（flabellum）便於吸吮。液態食物經過中舌內的細管傳到口腔。中舌向前及向後縮動，可吸取食物。中舌外表濃密細毛可黏附花粉，工蜂用前足把中舌外表附著的花粉收回。

　　工蜂的口吻也用於彼此之間傳遞食物、飼餵蜂王、飼餵幼蟲，也可傳遞蜂群中的費洛蒙。蜜蜂因品種不同，口吻長度各異。口吻長短決定工蜂採集花朵的種類，長口吻的蜜蜂可採集蜜腺較深的花朵，短口吻的蜜蜂採集蜜腺較淺的花朵。

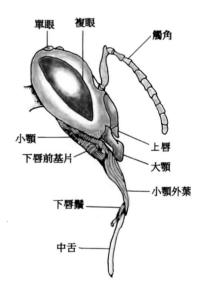

▋3.4-10 工蜂頭部側面圖（Rei-rei 繪自：Dade, 1977）

3.4.2 胸部

　　蜜蜂頭部與胸部之間是膜質的頸部，頸部細小可活動。胸部有三個體節，分別是前胸、中胸及後胸。每個體節由背板、腹板及兩側的側板組成。體節上各有一對足，中後胸各有一對翅。蜜蜂胸部內有強勁的運動肌肉，可爬行，也可飛翔。

1. 足

　　蜜蜂胸部與足連接的第一節是基節（coxa），可使足前後轉動，第二節是轉節（trochanter），接著是腿節（femur）、脛節（tibia）、跗節（tarsus）（圖 3.4-11）。最後的跗節分為五節，與脛節相接的為基跗節（basitarsus），也是第一跗節。基跗節最長，其他四節較小。跗節最末節為前跗節（pretarsus），也稱端跗節，上有一對跗節爪（tarsal claws），爪的中央有一褥墊（pad）。前跗節上的特殊構造，可使蜜蜂垂直或倒懸行走，蜜蜂築巢時用來處理蠟片。

　　工蜂前足的基跗節上有濃密叢毛，用於清理附著在頭部的花粉、灰塵及異物，又稱為清潔足（cleaning leg）。前足脛節下方有一小骨

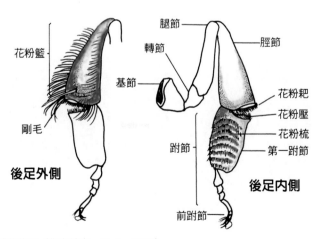

▌3.4-11 工蜂的後足（作者繪自：Dade, 1977）

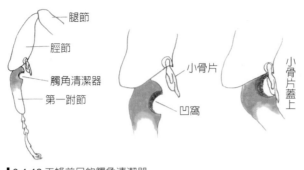

腿節
脛節
觸角清潔器
第一跗節
小骨片
凹窩

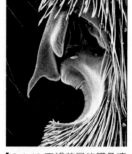

小骨片蓋上

3.4-12 工蜂前足的觸角清潔器
（作者繪自：Dade, 1977）

3.4-13 工蜂前足的觸角清
潔器（楊恩誠、陳琬鎰攝）

片（fibula），基跗節前方有一個半圓形凹窩，這兩個結構組成觸角清潔器（antenna cleaner）（圖 3.4-12）。工蜂清除觸角上的花粉時，會將觸角放入清潔器內，小骨片蓋上後將觸角拉出，凹窩內的毛刷將花粉刮下，完成清潔工作（圖 3.4-13）。工蜂要經常清除黏附在觸角上的花粉及異物，以免影響觸角上感受器的靈敏度。中足有許多叢毛，可清除胸部沾黏的花粉，並轉送到後足上。

工蜂後足又名攜粉足（pollen-carrying leg），顧名思義可知它用於攜帶花粉。脛節後端寬扁，外側向內凹陷，邊緣有長毛，凹陷的中央有一根長剛毛（bristle），可穩固住採集的花粉團，稱為花粉籃（corbicula；pollen basket）（圖 3.4-11、3.4-14A）。基跗節內側有數

花粉籃
後足外側

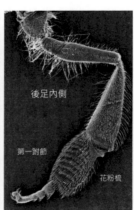

後足內側
第一跗節
花粉梳

3.4-14A 工蜂後足外側的花粉籃及內側花粉梳（楊恩誠、陳琬鎰攝）

3.4-14B 後足內側的花粉梳（楊恩誠、陳琬鎰攝）

3.4-15 工蜂後足內側的花粉梳（楊恩誠、陳琬鎰攝）

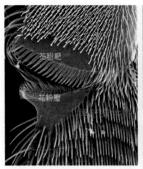
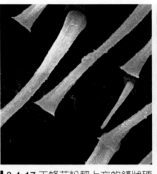
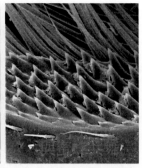

▌3.4-16 工蜂後足的花粉耙及花粉壓（楊恩誠、陳琬鎰攝）　▌3.4-17 工蜂花粉耙上方的鏟狀硬毛（楊恩誠、陳琬鎰攝）　▌3.4-18 工蜂後足的花粉壓放大圖（楊恩誠、陳琬鎰攝）

排整齊的堅硬短毛，排列成梳子狀，稱為花粉梳（pollen combs）（圖 3.4-14B，3.4-15）。脛節內側端部，與花粉壓相對處有一排長齒狀物，稱為花粉耙（rastellum；pollen rake）（圖 3.4-16），刮下花粉梳上的花粉。花粉耙上方表面的一大片鏟狀硬毛（圖 3.4-17），協助鏟下花粉。基跗節前端與脛節相連處有一扁平齒狀構造，稱為花粉壓（pollen press）（圖 3.4-16、3.4-18），將花粉壓到花粉藍中，花粉耙及花粉壓的周圍都是細毛，都有特殊用途。最初演化時，花粉籃為了攜帶蜂膠之用，後來演變成也能攜帶花粉。

2. 翅

　　蜜蜂中後胸上各有一對翅，呈膜質透明狀。前翅較後翅略大，內有強勁的肌肉，前翅可自主運動，後翅只跟隨擺動。前翅中央部位的下緣有一段捲起是翅摺（fold）（圖 3.4-19），後翅前緣對應部分有一排 20 個翅鈎（hamuli）。經電子顯微鏡放大後，翅鈎有大小之別。前端的 2 個翅鈎較小（圖 3.4-20），尖端向下（圖 3.4-21）。

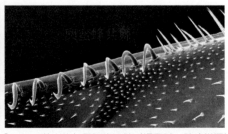

▌3.4-19 翅摺及翅鈎（楊恩誠、陳琬鎰攝）　▌3.4-20 前方的七個翅鈎比較（楊恩誠、陳琬鎰攝）

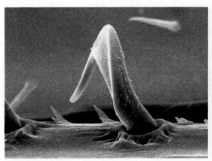
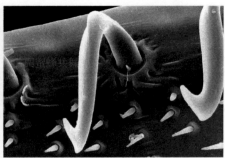

3.4-21 最前 2 個翅鉤略小尖端向下（楊恩 誠、陳琬鎰攝）

3.4-22 中央的翅鉤較長且尖端上彎（楊恩誠、 陳琬鎰攝）

　　中央的翅鉤逐漸加大，且尖端上彎（圖 3.4-22）。後端 6 個翅鉤又逐漸變小、也尖端向下。翅鉤的形狀及大小之別，可能是為了方便前後翅快速連結及脫鉤，蜜蜂雙翅上的細微構造，可看出造物者的巧思。蜜蜂飛翔時，前後翅以翅摺及翅鉤相連，動作一致。雙翅不使用時，翅摺及翅鉤脫開，放在背後。當蜜蜂罹患微粒子病時，前後翅無法連結是主要病徵。

　　蜜蜂的雙翅中有翅脈，可支撐薄翅，並將血液及氧氣送到雙翅。翅脈的排列及定量數據，構成「肘脈指數」（cubital index），每一品種蜜蜂的肘脈指數都不同，就像人類的指紋一樣，可作為蜜蜂分類的一項重要依據。工蜂振動翅時，會產生熱量。蜜蜂跳舞時，雙翅會產生聲音。前胸兩側背片上有一個瓣，向後突出蓋住氣孔。

　　工蜂飛行時，雙翅振動每秒超過 200 次，為了維持高速的拍打效率，胸部溫度要維持在 46℃，頭部因血液流動有同樣的熱度。蜜蜂飛翔需要的能量，主要靠取食花蜜後，代謝所產生。如果蜜蜂的血糖含量低於 1%，飛翔不能持久，因此蜜蜂在將離巢時，會先取食蜂蜜以供飛翔的能量。工蜂平均飛行速度每秒 7.5 公尺，滿載花蜜時的飛行速度較慢，是每秒 6.5 公尺。

3.4.3 腹部

　　蜜蜂的腹部由許多環節組成，蜂王及工蜂的腹節可見到六節，雄蜂則見到七節。工蜂腹部由七個腹節組成，第一節是前伸腹節

（propodeum），工蜂腹部有絨毛覆蓋，螫針平時藏在腹部末端。蜂王及雄蜂生殖器呈軟板狀，也藏在腹部末端。

腹部的每一個腹節都由背板（dorsal plate）及腹板（ventral plate）構成，背板略大，可蓋過腹板。背板及腹板之間有薄膜相連，因而腹部可伸縮自如，如果蜜蜂取食過多水分及花蜜，蜜腹部就會膨脹。活動激烈期間，腹節能增加氧氣的貯存量。

工蜂腹部第四至第七節的腹面皺摺之下，每節各有一對蠟腺。蠟腺由單層上皮細胞的蠟腺細胞構成，也稱為蠟鏡（wax mirror）（圖3.4-23）。蠟腺分泌的蜂蠟是蜜蜂建築巢房的主要材料。

工蜂及蜂王的螫針是由產卵管特化而成，是自衛武器。工蜂的螫針是直形，蜂王的螫針比工蜂長，螫針向下彎曲，藏在第 7 節螫針腔（sting chamber）內部。螫針由兩根單側有倒刺的螫刺（lancets），及一根表面有倒刺，並且較硬的針鞘構成，後方有強壯的肌肉支撐。螫針中央有細管，與毒腺相連。蜜蜂在螫刺時釋放的毒液是由毒腺（酸性腺）產生，貯存在毒囊中。工蜂日齡 14 天毒囊存滿，可存放 0.3 毫克的毒液。到日齡 18 天毒囊退化，無法再製毒液。蜜蜂腹部的另一個腺體是鹼性腺（alkaline gland）又稱杜福氏腺（Dufour's gland），鹼性腺的分泌物在螫刺時放入螫針腔，有潤滑螫刺的功能（圖 3.4-24），也有讓蜂毒揮發的作用。

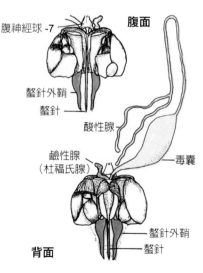

腹神經球 -7

腹面

螫針外鞘

螫針

酸性腺

鹼性腺
（杜福氏腺）

毒囊

螫針外鞘

螫針

背面

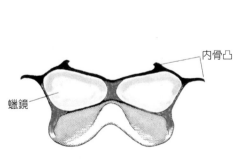

內骨凸

蠟鏡

▍3.4-23 工蜂的蠟鏡（作者繪自：Dade, 1977）

▍3.4-24 工蜂的螫針及毒腺（作者繪自：Dade, 1977）

工蜂螫刺敵害時，螫針會留在皮膚上，後方的毒囊隨之脫出。螫針脫開蜜蜂身體後，毒囊仍會繼續抽動 30~60 秒，繼續放出毒液，同時也釋放警報費洛蒙。失去毒囊及螫針的工蜂，只能再存活數小時或數天。

3.4.4 結語

蜜蜂身體的每一部分都有它的功能，整體結構是一個複雜而巧妙的組合，構成一個完美的生命體。三型蜂擔負任務不同，演化出不同的特殊構造。特別是工蜂身體，觸角上有感受器、體表有各式各樣的叉狀濃密細毛、前足有觸角清潔器、後足有花粉籃及花粉梳等。

在電子掃描顯微鏡照片中，看到蜜蜂的翅鉤竟然有形狀及大小差異，真是讓人詫異。工蜂身體各部分的長度及特殊構造，都是為了採集花蜜花粉，及為植物授粉而設計。蜜蜂的身體結構具體而微，功能齊全，真是自然界的傑作。

3.5 令人讚嘆的蜜蜂器官

　　蜜蜂體內的器官，包括消化排泄系統、呼吸系統、循環系統、神經系統及生殖系統等。克蘭（Crane, 1990）及溫斯頓（Winston, 1987）對蜜蜂的器官，都有詳細記述。另外說明三型蜂的構造差異。

3.5.1 消化及排泄系統

　　蜜蜂的消化系統（圖 3.5-1）由消化管（alimentary canal）組成。消化管包括頭部的口器及咽喉（pharynx），胸部的食道（esophagus），腹部的蜜胃（honey stomach）或稱蜜囊及嗉囊（crop）（圖 3.5-2）、前腸（proventriculus；foregut）、中腸（midgut；ventriculus）、後腸（hindgut）、小腸（small intestine）及直腸（rectum）。蜜蜂的蜜胃是一個特殊器官，在腹腔前方，是外出採集花蜜或水分的暫存之處。外勤蜂回巢後，會將蜜胃中的花蜜經口器傳給內勤蜂，或吐出於巢室貯存。

　　蜜蜂的口器在咀嚼食物時，有唾液腺（圖 3.5-3）分泌的唾液伴隨，食物通過咽喉及細長的食道，送到蜜胃。工蜂蜜胃的伸縮性很大，一般容積在 14~18 微升（μL），充滿花蜜後可擴大三倍以上，達 55~60 微升，以便運載更多花蜜。蜂王及雄蜂因不需採集花蜜，蜜胃比較不發達。前腸內有一個十字形膜瓣（valve）保持關閉，以防止

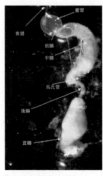
3.5-1 消化系統（黃智勇攝）

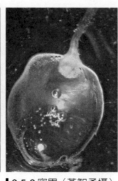
3.5-2 蜜胃（黃智勇攝）

3.5-3 唾液腺（黃智勇攝）

液態食物逆流。在消化食物時打開，讓食物進到中腸。前腸中有一個毛叢，可過濾花蜜中的花粉及雜物，存放於膜瓣後方唇瓣形成的小袋中。小袋充滿後，形成一個小團，經過膜瓣送入中腸。前腸毛叢可過濾直徑 0.5~100 微米的顆粒。前腸後端有一個具彈性的噴門瓣，深入中腸，可封閉中腸。

消化系統的中腸是消化食物及吸收養分的主要器官，中腸的細胞壁有環狀皺褶，可增加中腸內壁與食物的接觸面，並使中腸有伸縮及膨脹性。中腸是腸道中最長和最大的部分，腸內的上皮細胞（epithelium）可分泌消化酵素到腸腔，上皮細胞會不斷增生，分離後與腸中的食物混合。蜜蜂吃下去的花粉粒外壁不易斷裂，但是中腸分泌的消化酵素能穿透花粉粒外壁，消化內部的蛋白質，花粉 50% 的養分在此處被吸收。食物的營養由腸壁吸收後，未完全消化的食物經過幽門瓣（pyloric valve）送到較細的後腸，後腸壁吸收剩餘的養分及水分後，送入後方的直腸排出。

中腸與後腸交界處有數百條細管，稱為馬氏管（Malpighian tubules）。馬氏管末端閉塞，游離於腹腔中，是蜜蜂的排泄器官。液態含氮廢物被馬氏管吸收後，送入腸道排出。

後腸是一條較細的管狀，有吸水的功能。後腸後方的直腸呈囊袋狀，有貯存及排除糞便的功能，並能吸收糞便中的水分。通常蜜蜂飛出時，會將直腸中的廢物排放到田野，以減輕體重。冬季氣候寒冷，蜜蜂很少外出排泄，廢物會累積在直腸中，使直腸變得特別肥大（圖3.5-4），待天氣暖和才出巢排放。直腸壁上有 6 條直腸腺，能分泌化合物防止糞便腐敗產生毒素，讓蜜蜂能安全越冬。蜜蜂有排便到巢外，以免汙染居家環境的好習慣。

蜜蜂腹部內的背板及腹板上有貯存養分的細胞，稱為脂肪體（fat body），與泌蠟作用有關。這些細胞能把脂肪、蛋白質及肝糖濃縮貯存，身體需要時可很快轉變為葡萄糖，便於利用。

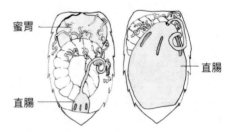

蜜胃

直腸

直腸

▌3.5-4 蜜胃及直腸，右圖直腸肥大（Rei-rei 繪自：Dade, 1977）

3.5.2 呼吸系統

蜜蜂的呼吸系統包括氣孔（spiracle）、氣管（trachea）及微氣管（tracheoles）（圖3.5-5）。呼吸系統使蜜蜂能從空氣中吸收氧氣，進入細胞，並排出體內的二氧化碳。

呼吸系統的氣孔分布於胸部及腹部兩側，共有 10 對。胸部氣孔有 3 對。第一對前胸氣孔特別大，在前胸及中胸之間，隱藏在前胸背板側面的下方，無法完全閉合。第二對氣孔形狀較小，在前翅的基部，沒有閉合機能，但是不易看到。第三對氣孔在後胸側板上，非常大，也稱為腹部第一對氣孔。腹部氣孔有7對，在腹部第二至第八節背板兩側下緣。最後一對氣孔隱藏在螫針基部。除了胸部第二對氣孔外，其他氣孔都能閉合，以減少體內水分散失，並控制空氣在氣管中的流動。蜜蜂在靜止時，只靠第一對氣孔呼吸。

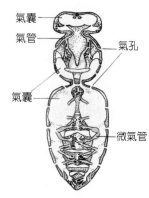

▌3.5-5 呼吸系統（作者繪自：Dade, 1977）

氣孔內部是氣管，蜜蜂活動量增加時，氣管會膨大成為氣囊（air sac），以利氣體交換。氣管末端的小分支是微氣管（tracheoles），小分支成網狀，散布全身。微氣管很細，沒有螺旋加厚，末端有開口。微氣管伸入到組織內將氧氣送到細胞中，同時帶出二氧化碳。

蜜蜂飛翔時需大量氧氣時，從胸部第一氣孔吸入氧氣，由第三氣孔呼出二氧化碳。腹部伸展時，胸部氣孔全部張開，腹部氣孔關閉。腹部收縮時，胸部氣孔關閉，腹部氣孔張開。蜜蜂休息時，腹部仍然不停的伸縮，進行呼吸作用。

3.5.3 循環系統

蜜蜂的循環系統是開放式，包括腹部背管（dorsal vessel）及胸部動脈（aorta）。背管從腹部後端開始，沿腹部背方，經胸部動脈，向前在大腦的下方開口。腹部的背管也稱心臟（heart），由五個心室組

成，每個心室的二側各有一個開口是心門（ostium），是血液進入背管的通道（圖 3.5-6）。

腹部及腹部隔膜肌肉收縮運動，把體腔血液經過心門流入心臟。心門有活瓣構造，血液只許

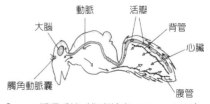

▌3.5-6 循環系統（作者繪自：Dade, 1977）

進不能出。血液向前流動經過動脈到頭部，再流回體腔。只有少部分血液在血管中流動，其他充滿在身體中。血液在體內流動時，將養分送到頭部、胸部的翅及足等器官。同時，將各器官產生的廢物，由馬氏管吸收後排出體外。

觸角基部有觸角動脈囊（antennal vesicle），一支小血管將血液加壓運送到觸角頂端。蜜蜂的背管搏動每分鐘約 100 次，靜止時 60~70 次，飛行或激烈運動時 120~150 次。此外，血液中有吞噬細胞的白血球，會取食及破壞入侵的細菌。昆蟲類都沒有紅血球及肺部構造。

3.5.4 神經系統及感覺器官

1. 神經系統

蜜蜂的神經系統（圖 3.5-7）包括頭部神經中樞的腦（brain）、神經球（suboesophageal ganglion）及腹神經索（ventral nerve cord）（圖 3.5-8）。神經球在胸部有二對，腹部有五對。腹神經索有神經連至附近的體節及附器。受到外部刺激時，會引起神經衝動，連帶產生反應動作，並促使某些腺體分泌。

與其他昆蟲相比較，工蜂腦與身體的比例相差特別大。蜜蜂的活動並非完全由腦控制，如果切除蜜蜂頭部，自主神經仍能控管雙翅的振動及足部運動，只是相互之間失去了協調功能。

2. 感覺器官

蜜蜂的感受器包括許多人造氣味在內，至少能夠分辨出約 700 種不同氣味。每一群蜜蜂都有特殊的氣味，包括費洛蒙的氣味，讓蜜蜂能分辨自己的族群。

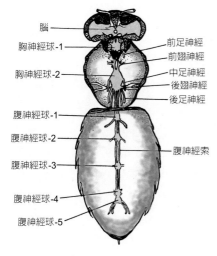

脑
胸神經球-1
胸神經球-2
腹神經球-1
腹神經球-2
腹神經球-3
腹神經球-4
腹神經球-5

前足神經
前翅神經
中足神經
後翅神經
後足神經

腹神經索

▌3.5-7 神經系統（作者繪自：Dade, 1977）

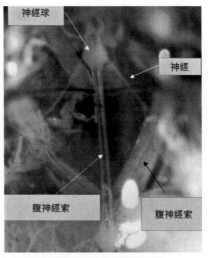

神經球

神經

腹神經索

腹神經索

▌3.5-8 神經球及神經索（黃智勇攝）

（1）視覺器官

　　蜜蜂的視覺器官由單眼及複眼組成，它對光的視覺與人類不同，蜜蜂能夠分辨紫外線、紫色、藍色、藍綠色、綠色、黃色、橙色，但對紅色是色盲。蜜蜂這種辨別光線能力，與自然界花朵顏色相對應，蜜蜂複眼尚能辨識偏光。當太陽被雲層遮住時，只要能看到一角藍天，就能由反射的偏光看到太陽方位以辨認方向，這功能能有助於飛行中的定向。

（2）體表的毛

　　蜜蜂頭部、複眼及翅上的絨毛，可測定飛行速度。毛板上或剛毛區的毛狀感受器，可感受重力。頭胸部之間的頸部及腹柄，足的基節及轉節，也能感受重力。

（3）嗅覺及味覺

　　蜜蜂身上有很多化學感受器（chemoreceptors），分布在觸角、前跗節及足的其他部位，口器附近分布最多。口器上的味覺感受器，有剛毛感受器（sensillum chaetica）、毛狀感受器（s. trichodea）、錐狀感受器（s. basiconica）。觸角上的嗅覺感受器，有毛狀感受器、錐狀感受器、剛毛感受器、腔狀感受器（s. coeloconica）、膜板感受器（s. placodea）等。工蜂觸角上另有罈狀感受器（s. ampullaceae）及腔狀感受器，非常靈敏，能測知空氣中少於 1% 的二氧化碳含量。蜂巢中二

氧化碳含量高時，工蜂會開始扇風，以增加空氣流通。罈狀感受器還能偵測到少於 5% 的相對濕度變化，及判定香氣的方向等。工蜂觸角上最後五節的罈狀感受器及腔狀感受器，也用於測知溫度。

蜜蜂有些嗅覺器官，對費洛蒙特別敏感。化學感受器能夠辨識費洛蒙氣味、吃過的花蜜及花粉的氣味、體表接受過的氣味等。觸角梗節上有一重要的感受器，是江氏器（Johnston's organs），內部有導音感受器（s. scolopophore），能感知觸角位置每分鐘的變化，測定觸角附近的氣流及感覺聲音。它也可藉由觸角受風造成的彎曲度，測知飛行的速度。另外在足脛節的膝下器，是導音感受器，能感知足基部的振動。

（4）電場感應

蜜蜂對於電場感應（electric field）很靈敏，陰雨天打雷之前，蜜蜂有較強的攻擊性。將蜂箱置放在高壓電線下方，也會有同樣反應。環境中的電場，會影響蜜蜂體表的液態電解質部分，體表的角質層也會成為電介質。不同的角質層對電介質有不同的抗拒度及容受度。硬化或膜質的體表對電場的感應靈敏度有很大差異，可能是由體表的感覺毛造成。

（5）磁場感應

地球磁場每天的規則振動，與蜜蜂在蜂群中每天規律的週期活動有關。已經知道蜜蜂腹部內有磁性物質，其腹部節上有許多成帶狀環繞的細胞，其中有「超順微磁鐵」顆粒存在。蜜蜂分蜂群選擇新巢址後，新築造的巢脾與原先老巢內巢脾的方向相同，就是利用體內磁鐵與地球磁場來定向。

3.5.5 生殖系統

蜂王、雄蜂及工蜂的生殖系統構造，因生殖功能不同而有甚大差異。分別說明如下：

1. 蜂王

蜂王的生殖系統（圖 3.5-9），包括卵巢（ovary）、輸卵管（oviduct）、受精囊（spermatheca）及陰道（vagina）等。卵巢有一

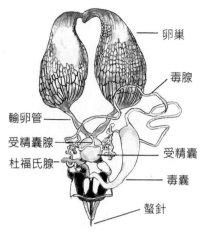

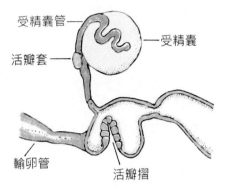

3.5-9 蜂王的生殖器（作者繪自：Snodgrass, 1956。Cornell University Press 授權）

3.5-10 精子與卵在輸卵管中結合（Rei-rei 繪自：Dade, 1977）

對，每個卵巢都有 150~180 條微卵管（ovarioles）。卵巢起始在腹部的前端，像一條細線，連接到腹部腹面。卵巢的頂部細胞從胚胎組織發芽，向下移動。有些分化成護士細胞（nurse cells），有些成毛囊細胞（follicle cells），其他是真正卵細胞（true egg cells）。護士細胞從卵巢壁吸取養分，卵細胞再從護士細胞取得營養。卵細胞成熟時，會將護士細胞完全吸收。卵巢的開口接到兩條輸卵管，兩條輸卵管在中輸卵管（median oviduct）部位連接。卵從卵巢排出進入輸卵管，再進入陰道。

蜂王與雄蜂交配後，雄蜂精子進入蜂王體內的輸卵管，再移入受精囊（spermatheca）貯存，供一生使用。受精囊能夠容納七百萬精子，從交配到用完，可達 2~4 年。受精囊有一小管是受精囊管（spermathecal duct），與陰道相連，受精囊管末端有一對受精囊腺（spermathecal gland）。蜂王在王台或工蜂巢室產卵時，精子會從受精囊中釋出，在陰道中與卵結合，成為受精卵（圖 3.5-10），產出後發育成蜂王或工蜂。蜂王在較大的雄蜂巢室產卵時，不會釋放精子，產出未受精卵，發育成為雄蜂。

2. 雄蜂

雄蜂的生殖系統有一對睪丸（testis），精子在睪丸的精管（sperm tube）中形成。雄蜂剛羽化時睪丸很大，到日齡13天時睪丸完全收縮，貯精囊（seminal vesicle）在充滿精子後變大（圖3.5-11）。成熟的精子經過輸精管（vas deferens），送到貯精囊，交尾前暫存於此。二個貯精囊末端，各有一個黏液腺（mucous gland），二個黏液腺開口接合為一，並與射精管（ejaculatory duct）相連，射精管的末端與陰莖（penis）相連。雄蜂陰莖平時收在腹腔內，空中飛行交尾時，由於氣管內充滿空氣壓力，將陰莖從腹腔內翻出體外。蜜蜂做人工受精時，可擠壓雄蜂腹部，使陰莖外翻採取精液。

3. 工蜂

工蜂的生殖系統與蜂王相似，但卵巢嚴重退化，只有2~12條微卵管，正常狀況下無法產卵。蜂群失去蜂王的特殊情況下，某些工蜂的微卵管會再度發育，產出未受精卵，發育成雄蜂。將正常的工蜂卵巢、產卵的工蜂卵巢，以及處女蜂王卵巢（圖3.5-12）相比較，可見卵巢的差異。

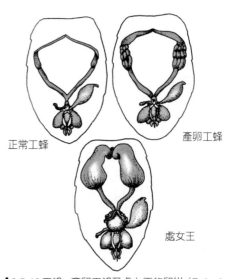

正常工蜂　　　　　　　　　　產卵工蜂

處女王

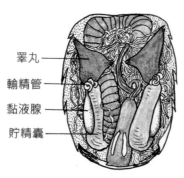

睪丸
輸精管
黏液腺
貯精囊

▌3.5-11 雄蜂的生殖器（作者繪自：Dade, 1977）

▌3.5-12 工蜂、產卵工蜂及處女王的卵巢（Rei-rei 繪自：Dade, 1977）

3.5.6 三型蜂的構造差異

　　三型蜂擔負不同的任務，身體構造上也有差異。蜂王只負責生育，不負責採蜜，故複眼的小眼只有 3,000~4,000 個，較工蜂及雄蜂少。觸角的膜板感受器約有 1,600 個，數目也最少。蜂王的口吻較短，足上也沒有採集花粉的構造。處女王為了爭奪王位，螫針一側的倒刺數目有 3~5 對，倒刺與螫針板連接緊密，所以蜂王的螫針可使用許多次，不致被拖出體外。蜂王毒囊中的毒液比工蜂多 2~3 倍。蜂王另有受精囊腺，分泌營養成分維持精子存活。蜂王受精囊中的精子用光，沒有生殖能力時，會被蜂群中的工蜂殺死。

　　雄蜂與交配相關的構造特別發達，複眼很大，複眼上小眼的數目最多，有 7,000~8,600 個。單眼在頭部前方，婚飛時能準確辨識處女王。雄蜂觸角的鞭節多一節，觸角膜板感受器約有 30,000 個，數目最多，比工蜂多十倍。飛翔肌肉較工蜂強，雙翅的形狀較工蜂大，翅鉤也比工蜂大。雄蜂在蜂群中除傳宗接代外，沒有其他任務，所以口吻較短、大顎很小、蜜胃細長。雄蜂沒有螫針，不具攻擊性。

　　工蜂螫針上的倒刺數目有 10 對，螫針與螫針板連接比較疏鬆，螫刺後就會脫除。另外，工蜂足上有花粉籃、花粉梳、花粉耙等，都是為採集花粉而形成的特殊構造。

3.5.7 結語

　　工蜂身體上有許多特殊構造，能夠感知聲音、溫度、濕度、二氧化碳、地心引力、飛行速度等，也有味覺、嗅覺及聽覺功能。工蜂蜜胃有很大的伸縮性，吸花蜜後可擴大三倍以上，可運載更多花蜜。觸角基部有觸角動脈囊，有一支小血管將血液加壓運送到觸角頂端。蜂王交配後，精子進入輸卵管再移入受精囊貯存，受精囊內七百萬精子，可使用 2 至 4 年。精子在蜂王體內如何存活這麼久，讓許多研究人工受精的醫學家都很有興趣。

　　三型蜂身體的內部構造，因擔負任務不同而有相當差異。蜜蜂身體是經過千萬年的演化，為適應環境而逐漸形成，非常神奇。其功能的完整，器官的精巧細膩，都令人讚嘆。

3.6 工蜂的神奇分工

　　小時候喜歡唱兒歌〈小蜜蜂〉：「嗡嗡嗡、嗡嗡嗡，大家一起去做工。來匆匆、去匆匆，做工趣味濃。天暖花開不做工，將來哪裡好過冬。嗡嗡嗡、嗡嗡嗡，別學懶惰蟲。」兒歌對蜜蜂忙來忙去辛勤做工的狀況，描寫得生動又有趣。蜜蜂做什麼工？為什麼要做工？又如何去做工？

　　人類壽命長，以年計，稱為年齡。蜜蜂壽命短，以日計，稱為日齡。蜜蜂的卵、幼蟲及蛹期的發育日數與品種有關，略有差異，到了成蜂時期就根據日齡大小，分別負擔不同工作。工蜂在蜂群中數量最多，是做工的主力。工蜂一生做的工，概分為二大類：一類是年輕時擔任蜂巢內部的工作，稱為「內勤蜂」。另一類是壯年時擔任蜂巢外部的工作，稱為「外勤蜂」。

3.6.1 內勤蜂做什麼工？

　　內勤蜂都在光線微弱的蜂巢內工作，人們觀察不易。根據世界各地生物學家的研究克蘭（Crane, 1990）、蓋瑞（Gary, 1992）及溫斯頓（Winston, 1987），綜合內勤工蜂的日齡與分工的關係，見表1。工蜂在蜂群中擔負的工作繁多，按發育日齡的增長，參與的工作內容不斷調整。擔負的工作分別是清潔巢室、清理巢內雜物、飼餵幼蟲、服侍蜂王、巢室封蓋、築造巢脾、接受花蜜及處理花粉。

1. 清理巢室（clening activities）

　　清理巢室（圖 3.6-1）的工作又有兩類，一類是清理自己住過的巢室，另一類是清理所有蜂巢。剛羽化成蜂的第一件工作是清理自己住過的巢室，清理項目包括移除殘餘繭蛻及幼蟲期的分泌物等。

　　工蜂日齡漸長則須清理自己住

▌3.6-1 清理巢室

過巢室外的其他部分，包括清理所有巢室壁面，使巢室上方邊緣平滑，以及移除殘缺的封蓋。蜂王有潔癖，只在乾淨的巢室中產卵，所以迅速清潔巢室非常重要。清理完一個巢室，平均需 15~30 隻工蜂參與，大約要 41 分鐘。除清潔之外，要移除巢室中發霉的花粉，死去的幼蟲或成蟲拖出巢外拋棄，以及封閉老化的巢室等。

2. 飼餵幼蟲（brood tending）

工蜂下咽頭腺及大顎腺在羽化後第 3 天逐漸發育成熟，這兩個腺體的分泌物用來飼餵幼蟲。飼餵幼蟲的工蜂，又稱「護士蜂」或「哺育蜂」。工蜂飼餵幼蟲（圖 3.6-2）的日期較長，從日齡 1~52 天均可參與。

▌3.6-2 飼餵幼蟲

飼餵幼蟲時，護士蜂先用觸角檢查幼蟲身體狀況，再把一滴食物放到巢室的側壁或底部，讓幼蟲自行取食。飼餵的時間 0.5~2 分鐘，最長可達 3 分鐘。一隻護士蜂在飼餵幼蟲期間，只能負責飼餵 2~3 隻幼蟲。護士蜂檢查幼蟲巢室及飼餵次數，隨著蜂群中幼蟲數目及護士蜂數目的比例而改變，如果護士蜂數量不足，飼餵次數酌量減少。

3. 服侍蜂王（queen tending）

工蜂服侍蜂王與飼餵幼蟲的日齡略同，通常有 6~10 隻工蜂圍繞在蜂王四週，服侍蜂王（圖 3.6-3）。工蜂用觸角或前腳碰觸蜂王，用口器舔蜂王（圖 3.6-4），或口對口傳遞食物給蜂王。蜂王在產卵高峰期需更多營養，每 20~30 分鐘就要被飼餵一次，每次飼餵 2~3 分鐘。工蜂服侍蜂王的同時，接受蜂王費洛蒙的訊息，再用觸角碰觸其他工蜂（圖 3.6-5），把訊息散布到整個蜂群。

▌3.6-3 服侍蜂王

▌3.6-4 工蜂舔蜂王

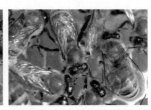
▌3.6-5 工蜂用觸角碰觸其他工蜂

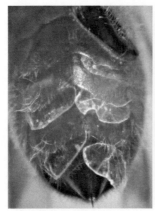

▌3.6-6 蠟鱗（黃智勇攝）　　▌3.6-7 工蜂築巢（江敬皓攝）

4. 築造巢脾（comb bulding）

　　工蜂築造巢脾分兩類。一類是巢室封蓋，這類工作簡單，由年輕工蜂擔任。工蜂在日齡 2~3 天能分泌蜂蠟，平均日齡 4.8 天，可參與巢室封蓋工作。或是老工蜂把身上分泌的蠟鱗（圖 3.6-6），放在要封蓋巢室的邊緣，由年輕工蜂進行巢室封蓋。幼蟲化蛹時，工蜂用蜂蠟封住幼蟲巢室，以便幼蟲在舒適密閉的環境，完成蛹期的發育。

　　另一類是真正築造巢脾（圖 3.6-7），此工作的技術性較高，由日齡較長的工蜂擔任。工蜂日齡 12~18 天是泌蠟的最盛時期，參與這項工作。築造巢室的工序細膩複雜，執行此工作的工蜂並非都在築造巢室，有些是傳遞蠟鱗，或只是把蠟鱗移到鄰近的巢室。一段時間築造巢室，等體內蠟腺分泌不足時，到別處進行其他工作。過一段時間體內蠟腺有了充足的蜂蠟，再回來繼續築造巢室。工蜂這種平行多工的工作方式，提高了工作效率的限度。完成一個巢室的封蓋工作，平均工作超過 6 小時。同一時段，會有數百隻工蜂參與。也有學者記述，一隻工蜂完成一個巢室的封蓋只需 20 分鐘，封蓋的工作進行得非常快。

5. 接受花蜜及處理花粉（food handling）

　　外勤蜂將採集的花蜜或花粉交給內勤蜂，內勤蜂把食物放入巢室貯存，這種接受花蜜及處理花粉是傳遞工作。接受花蜜的工蜂平均日

齡 14.9 天，處理花粉的工蜂平均日齡 16.3 天。

　　內勤蜂用口器將外勤蜂採集回來的花蜜，一口一口的啜吸過來，動作會持續幾秒。通常一隻外勤蜂採集的花蜜量很多，採回的花蜜可傳給 2~3 隻內勤蜂。內勤蜂接受了花蜜，轉到巢中較不擁擠區域，重複口器伸出及收回動作，在花蜜中加入蜜胃中的酵素成為蜂蜜。同時將蜂蜜暴露於空氣中，蒸散水分，直到蜂蜜中含水量降低於 18%。這種加入酵素及排除水分的工作，就是所謂的「釀蜜」。釀製完全的蜂蜜，稱為「成熟蜜」，內勤蜂會將貯滿熟蜜的巢室封上蠟蓋，便於貯存較長時間。

　　從蜂箱中採成的蜂蜜，是工蜂從百花叢中採回的花蜜，加上自己的唾液醞釀而成。唾液！我們吃的蜂蜜含有蜜蜂唾液，聽起來有點噁心，但不用擔心，這是天然的瓊漿玉液，是有錢買不到，沒加任何人工添加物的有機食品。蜂蜜所含的營養成分對人體絕對有益，儘管享用，無需憂慮。

　　花粉的處理過程，是外勤蜂將採集的花粉團唧到巢室中，內勤蜂再將巢室內的花粉團加入唾液，用大顎推入巢室底部。巢室裝滿花粉後，敷上一層蜂蜜蓋住，這樣巢室內的花粉就能貯存較長時間。

3.6.2 外勤蜂做什麼工？

　　「嗡嗡嗡，大家一起去做工……」，花園中看到在花叢中飛來飛去採蜜的是日齡 18~38 天的成年工蜂。日齡 18 天的工蜂相當於人類的 20 歲，已能外出獨立工作。春秋兩季蜜蜂採蜜忙碌，工作較重，工蜂的壽命較短，只有 40 天左右。寒帶地區，越冬前羽化的工蜂，工作量不大，壽命較長，可存活達半年之久。外勤蜂的工作項目很多，包括扇風、定向飛行、守護蜂巢及採集花粉花蜜等。外勤蜂的分工與日齡的關係，見表 3.6-1 及表 3.6-2。

表 3.6-1 工蜂分工與日齡的關係圖（Seeley, 1995）

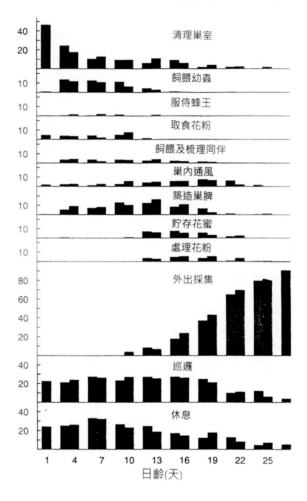

表 3.6-2 外勤蜂分工與日齡的關係（Winston, 1987）

	分工	日齡	平均日齡	研究者
1	扇風	1~25	14.7	Seeley, 1982
		1~61	19.0	Winston and Punnett, 1982
3	守衛	4~60	22.1	Winston and Punnett, 1982
		7~23	14.9	Moore, Breed, and Moor, 1986
2	首次定向飛行	5~15	7.9	Rosch, 1925, 1927
		7~12	8.9	Seeley, 1982
4	首次採集	3~65	25.6	Winston and Punnett, 1982
		10~27	20.6	Seeley, 1982
		9~35	19.2	Ribbands, 1952

▎3.6-8 工蜂扇風　　　　　　　　　▎3.6-9 定向飛行

1. 扇風（ventilation）

　　工蜂站在巢門前方的起降板上，頭部向蜂箱內，腹部向外上翹，抖動翅膀產生氣流，就是扇風（圖 3.6-8）。扇風主要是為降低蜂群中溫度，排出濕氣，及減少蜂群中二氧化碳的含量。盛夏炎熱，蜂巢溫度高，外勤蜂滿載著花蜜回來時，蜂群中會有頻繁的扇風行為。通常有數十隻到百隻的工蜂，聚集在蜂箱前的起降板上，相互保持適當距離，搧動翅膀。即使天氣不熱，巢內濕氣過高，或需要除去巢室中蜂蜜的水分時，工蜂也會聚集扇風。

2. 定向飛行（orientation flights）

　　工蜂要外出採集之前，要先認識自己蜂巢的位置及方向，以免返回時認錯家門。先在蜂巢附近巡迴飛行，稱為定向飛行。定向飛行通常在風和日麗的上午或下午，同一時間內會有許多工蜂在蜂巢前做定向飛行（圖 3.6-9），飛了一陣子後回巢，這種動作也稱為「試飛」或「鬧巢」。定向飛行的距離會逐漸擴大，以便了解離蜂巢更遠的陸標，與蜂巢所在位置的關係。蜜蜂成長後外出採集時，即使飛出很遠，有了這些眼熟的地標，回程就能找到自己的家。定向飛行時，蜜蜂會順便將體內的糞便排泄到巢外，避免汙染蜂巢。定向飛行也是蜜蜂的健康檢查，罹病的蜜蜂，在定向飛行時將體力耗盡，死在田野中，無法飛回蜂群。蜜蜂這種行為是維持蜂群健康的方法。自然的法則自有其道理，令人讚嘆。

3. 守衛（guard duty）

年輕的工蜂通常先擔任比較不費體力的守衛工作。守衛蜂在執行任務時的姿勢很容易辨認，牠們觸角向前，遇到敵害來襲時前腳舉起，中後腳站立（圖 3.6-10）。每隻守衛蜂各守一個區域，根據氣味及行為檢查飛回的蜜蜂是不是同

▌3.6-10 守衛蜂（江敬皓攝）

伴。回錯家門的蜜蜂，如果攜帶採集的食物也歡迎，特許進入蜂巢。

守衛蜂執行守衛工作幾小時或幾天後，身體逐漸健壯，改任勞動力較大的採集工作。有時採集蜂回巢後，尚有餘力，會協助擔任守衛工作。當蜂群遭到攻擊、缺乏食物，或發生盜蜂時，會有更多工蜂投入守衛工作。

4. 採集（foraging）

工蜂體內的一些腺體，隨日齡漸長會逐漸退化，但身體肌肉則逐漸強壯，這時可擔任採集工作，也稱為「採集蜂」。蜜蜂採回的採集物，有花蜜（圖 3.6-11）、花粉（圖 3.6-12）、蜂膠（圖 3.6-13）及水分（圖 3.6-14）。花蜜供自己及同伴食用，多餘的貯存在巢脾上的巢室中，貯存的位置在兩側的空巢脾中。貯存的蜂蜜是蜂群越冬的存糧，也有保持巢內溫度的功能，難怪要提醒「天暖花好不做工，將來哪裡好過冬」。臺灣地處亞熱帶，蜂群很少因寒冷死亡，但在下雪的北方，蜂群沒有存糧，很難度過寒冬。

外勤蜂回巢後將採集的花蜜，用口對口方式與內勤蜂分享（圖 3.6-15），分享過程的互動，也是在交換費洛蒙訊息。外勤蜂如果採集了花粉回巢，內勤蜂會將花粉加上蜜囊中的酵素做成蜂糧，作為飼餵幼蟲的食物。外勤蜂除採集花蜜及花粉外，會在特定植物上採集樹脂，是所謂的蜂膠，作為修補巢室、黏固巢框、縮小巢門及封閉病變幼蟲巢室之用，蜂膠也可抑制蜂群中病原及微生物的擴散。目前蜂膠的醫療效果已經科學證實，加工後在市面上銷售的蜂膠，是高單價的保健食品。

3.6-11 工蜂採蜜

3.6-12 採集花粉（C. Correa 攝）

3.6-13 採集蜂膠（花粉藍中白色物）
（劉增城攝）

3.6-14 工蜂採水

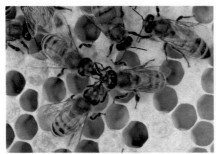
3.6-15 工蜂口對口分享食物

3.6-16 雙翅破損、背板脫毛的老工蜂

　　外勤蜂要經常清理身體，特別是清理眼睛及觸角部分。這樣可以保持身體感覺器官的靈敏度，以接受費洛蒙及外界訊息。東方蜜蜂用口器梳理自己的身體，同時也能清除身體上的蜂蟹蟎。採集蜂工作辛勞，幾天後就逐漸衰老，進入老齡期，最終因身體表面細毛及翅膀破損（圖 3.6-16）以致死亡。一隻工蜂一生的飛行里程，總計約 800 公里。由於蜜蜂傳播花粉對農作物的貢獻，歐洲國家把蜜蜂列為第三大最有價值的畜產，居於牛、豬之後，在雞隻之前。

3.6.3 工蜂日齡與分工關係

工蜂的分工原則與日齡有密切關係，初羽化的工蜂只負責清理巢室；日齡 4.8 天時，擔任巢室封蓋工作；日齡 6.5~12.6 天，因下咽頭腺及大顎腺發育成熟，開始飼餵幼蟲；日齡 5.15~17.1 天，服侍蜂王；日齡 11.3 天，清理巢內雜物；日齡 12~18 天蠟腺發育盛期，適宜築造巢脾；日齡 14.9~16.3 天，接受花蜜、花粉及釀製蜂蜜。工蜂隨著日齡增加，分工逐漸改變。但是，工蜂分工與日齡之間，有很大的差異性及重疊性。

各地生物學家因研究方法、地區、年代及蜂種等的不同，研究結果會有差異。蜜蜂的工作順序及分工日齡，因各地區蜂群狀況不同，也略有差異。

3.6.4 分工與蜂群需求

工蜂在蜂巢內停留的位置與分工有關，工蜂在不同位置會接受到不同氣味，這些氣味促使工蜂擔任不同工作。例如一隻護士蜂接受幼蟲或花粉氣味的刺激，就去負擔飼餵幼蟲的工作。如果在蜂王附近的工蜂，受到蜂王費洛蒙影響，會去服侍蜂王。剛羽化的工蜂通常先在巢室附近進行清潔工作，接著擴大工作範圍，清理附近的巢室。隨日齡增長，活動的範圍更擴大。會移到巢脾中心，轉換成飼餵幼蟲、封蓋及服侍蜂王等比較繁忙的工作，或分散到整個巢房中，執行其他工作。

蜂群中影響工蜂分工還有許多因素。例如：蜂群中的工蜂數目、各齡期的幼蟲及卵的數目、蜂群中老齡蜂與年輕蜂的比率、蜂群中巢脾數目、蜂群中貯存食物的數量、蜂王是否有足夠的產卵空間等。工蜂的工作根據這些大數據，再作細部調整。

飼餵幼蟲及築造巢脾的工作，受蜂群內部情況變化的影響比較大。實驗證明，如果移除蜂群中部分巢脾，工蜂會重新調整工作，製造新的巢脾。年輕的內勤蜂，此時除了飼餵幼蟲外，也會擔負起築造新巢脾工作。外勤蜂的定向飛行、守衛及採集工作，也會因內部需求

而提前工作。如果移除群體中部分年輕工蜂，則較老的工蜂的腺體會再度活耀，恢復分泌臘片及分泌幼蟲食物的功能，再參加築造巢脾及飼餵幼蟲的工作。如果移除蜂群中部分工蜂，除了影響分工之外，工蜂擔負的任務更加繁重，壽命自然也會縮短。

如果使用「花粉採集器」放在蜂箱入口處收集花粉，使外勤蜂採集的花粉無法帶入蜂群，這時蜂群會認為花粉的採集量不足，調配更多年輕工蜂加入採集花粉工作。管理蜂群時開箱檢查，也會影響工蜂分工行為，所以要盡量減少開啟蜂箱次數。蜜粉源充足及溫度適宜的時期，蜜蜂數目逐漸增加，工蜂會築造巢脾。當採集的食物與蜂群內卵數及幼蟲數目呈負相關時，蜂群會認為需要更多食物，工蜂會提早開始外出採集。可見整個蜂群的客觀環境，會影響工蜂腺體發育及蜜蜂分工行為。

3.6.5 蜜蜂會不會偷懶

偷懶是人們常有的事，所以人們想知道蜜蜂是不是也會偷懶。蜜蜂的行為都是根據自然，天道酬勤，沒有偷懶這回事。工蜂在忙碌一陣子後，會在巢內「巡邏」或站著不動「休息」，像無所是事，像在偷懶，其實不是偷懶，是蜜蜂生活的一環。蜜蜂何時巡邏或休息，見表 3.6-3。其中工蜂在日齡 10.5~15.5 天之間的巡邏，是在收集蜂群內部資訊，依蜂群的資訊，決定後續工作。工蜂在日齡 9.1~19.2 天之間會休息一陣子，休息是為走更遠的路，也是為進行下一個工作補充體力。工蜂在巢內巡邏或休息，有長達日齡 60 天或 69 天的記錄，這是蜜蜂在天寒地凍的北方冬季狀況，可做為參考，見表 3.6-3。

表 3.6-3 工蜂在巢內走動或休息（Winston, 1987）

序	分工	日齡	平均日齡	研究者
1	巡邏	0~60	15.5	Winston and Punnett, 1982
		1~27	10.3	Seeley, 1982
2	休息	0~69	19.2	Winston and Punnett, 1982
		1~27	9.1	Seeley, 1982

3.6.6 蜜蜂觀察箱

　　美國康乃爾大學西利（Seeley, 1995）為研究蜜蜂分工的行為。特別製作了一個可放 4 張 23 x 89 公分的巢脾，飼養 2 萬隻蜜蜂的大型觀察箱。觀察箱非常沉重，不容易搬運，也不容易打開，兩側有透明玻璃，便於觀察蜜蜂在箱內的活動。另外製作了一個可飼養 4 千隻蜜蜂的小型觀察箱。他將已知日齡的蜜蜂，背板上依日齡多少塗各種顏色油漆並編號後，放回觀察箱，藉以計算參加某種工作的工蜂數量及時間。觀察箱玻璃內面間隔 4.3~4.5 公分，保持足夠距離，利於蜜蜂在玻璃及巢脾上行動，標記蜜蜂日齡的各種顏色油漆會抹在玻璃上，作為對比參考。這個觀察箱放置在特製的觀察室中，以便持續觀察及記錄蜜蜂的分工狀態和數量。

　　用觀察箱展示蜜蜂生活，是生物學教師及蜂農常用的活教材，觀察箱可放一片巢脾、兩片巢脾，或多片巢脾及蜜蜂，可作近距離的觀察。蜂箱中的「蜂路」，要在 1/4~3/8 吋之間，巢脾上方、下方及底部都要留通路，讓蜜蜂有足夠的活動空間，除蜂路外也要有通往外部出口，讓蜜蜂自由進出。觀察箱內放置工蜂，也要有蜂王及雄蜂，構成完整蜂群，觀察箱兩側是透明玻璃或壓克力板，以便近距離觀察蜜蜂在巢脾上的活動情況。

3.6.7 結語

　　工蜂分工與日齡的關係密切，也受蜂群內部需求及外部因素影響。蜂群是一個歷經數千年演進的智能群體，從蜂王、雄蜂、到工蜂，任何單一個體都不能離開群體，或控制整個群體。這種「智能群體」的形式，是一個完整而獨立的「超個體」，又可視為像人類的生命體。工蜂的分工，及因應環境變化靈活調整工作，隱藏了自然界的大奧秘。

　　《李淳陽昆蟲記》中提出幾個讓讀者思考的昆蟲問題，例如：昆蟲有「心」嗎？昆蟲是否完全只靠本能，不思考就能生活？也請讀者平行思考這些同樣在蜂群中發生的問題，並請從本書各篇中自行尋找答案。

3.7 工蜂的舞蹈語言

希臘哲學家亞里斯多德（Aristotle；西元前 384~322 年）已經發現，蜜蜂外出覓食回巢後會召募同伴，去採集甜美的食物。梅特林克（M. Maeterlinck）1901 記述，採集蜂餵一滴蜂蜜給尾隨蜂後，尾隨蜂就會找到食物區。他用油漆標記回巢的採集蜂，看到牠飛回來，後來又看到一隻尾隨蜂自行飛到食物區。古爾德及古爾德（Gould & Gould, 1988）記述，學者們對於工蜂語言行為的研究將近七十年，已經能解讀大部分的蜜蜂語言。

德國慕尼黑大學的馮・弗里希博士（K. von Frisch, 1886~1982）研究將近三十年，1920 年出版《蜜蜂的舞蹈語言及定向》（Dance Language and Orientation of Bees）是研究蜜蜂舞蹈語言的經典巨著，於 1973 年獲得舉世矚目的諾貝爾「生理學或醫學獎」（The Nobel Prize in Physiology or Medicine）。到目前為止，學者研究蜜蜂的交換訊息（communication）及定向（orientation）機制，比其他動物的語言都清楚，這兩項能力，對於社會性昆蟲而言是一項很重要的功能。

弗里希及學生們用透明玻璃觀察箱飼養的蜜蜂，標記採集蜂觀察其行為變化，發現採集蜂回巢後會在巢脾上規律的運動，像是在跳舞。蜂群內其他工蜂會隨之舞動，可稱為「尾隨蜂」。尾隨蜂用觸角接觸到採集蜂，得到食物氣味訊息，就能夠飛出找到食物，因此推斷蜜蜂以嗅覺傳達食物訊息。另一實驗，在不同的方向及距離處，設置許多盛糖水的盤子，藉以引誘同一群蜜蜂，結果發現只有少數工蜂，能夠很快找到食物。由此可知，食物的氣味只是訊息的因素之一，不是決定採集訊息的唯一因素。

蜂群或分蜂群中，工蜂利用不同的舞蹈語言，把食物的距離、方向、質與量的訊息，傳達給同伴。定向飛行與舞蹈語言配合，使同群的工蜂能飛到特定區域採集食物，又能準確的飛回原來蜂巢。工蜂的舞蹈，主要有圓舞、八字形舞、搖擺舞，另有次要的歡樂舞、清潔舞、按摩舞、警報舞。此外，還有擠撞舞、痙攣狀舞、嗡嗡舞等。克蘭（Crane, 1990）、蓋瑞（Gary, 1992）及溫斯頓（Winston, 1987）對工蜂的舞蹈語言，都有記述。

3.7.1 圓舞（round dance）

　　圓舞是一種簡單的舞蹈，無法精準地傳達食物的方向及距離，只是通知同伴，在 10~15 公尺範圍內有食物，一般不超過 50 公尺。採集蜂舞蹈時在巢脾上跳圓圈，尾隨蜂會緊跟著跑或接近牠，用觸角碰觸牠的身體。採集蜂跳舞的方式是先在巢脾上狹窄的範圍內，跑幾個小圓圈（圖 3.7-1），左一圈右一圈，跑 1~2 圈或更多圈，跳舞持續數秒鐘到一分鐘就停止，換一個位置，再繼續跳

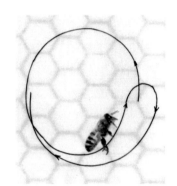

▌3.7-1 圓舞圖（作者繪自：von Frisch, 1967）

圓舞。在同一位置正反方向來回跑，最多可達 20 多圈，隨後再度飛出採集。採集蜂在跳舞時，可釋放出採集時附在身上的特殊花香，即使是很弱的花香，都是傳達食物位置的訊息。

　　蜂群繁殖季節，圓舞與蜂王的出現及分蜂的時間有關。採集蜂跳舞的位置可能在巢箱中的巢脾上，也或在分蜂群的表面。在巢脾上舞蹈，多在出入口附近，尾隨蜂也在此附近聚集。工蜂在糖水盤採集時，會放出奈氏腺費洛蒙來標示它，後來的尾隨蜂會聞到這種味道。但蜜蜂在花朵上採集花蜜時，就不會放出奈氏腺費洛蒙。

　　用糖水引誘蜜蜂試驗證明，蜜蜂採集濃度高的糖水時，比較興奮，舞蹈時間也較長。若糖水濃度逐漸增加，舞蹈表現會更激烈而且時間加長，尾隨蜂的數目也隨之增加。季節變化，使田間蜜源數量改變，採集蜂的舞蹈也隨之改變。田間食物充沛時，採集蜂採收豐盛食物，回巢後會跳舞。田間食物缺乏時，採集蜂採到低濃度糖水，回巢也會跳舞。採集蜂採集到花粉時，跳圓舞的行為與採集糖水時相同。

3.7.2 八字形舞（eight-shaped waggle dance）

　　採集蜂發現食物距離在 25~100 公尺，圓舞會先轉變成八字形舞（圖 3.7-2），或稱轉型舞、鐮刀舞、新月舞，八字形舞是轉變成搖

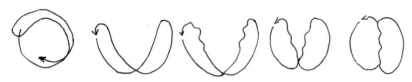

▌3.7-2 八字形舞（Rei-rei 繪自：von Frisch, 1967）

擺舞前的過渡形式。食物距離較遠時，工蜂搖擺次數增加，同時八字型兩端會逐漸靠近，直到最後轉成搖擺舞。蜜蜂的品種不同，跳八字形舞表示的距離也不同，埃及蜂是 3~5 公尺、義大利蜂是 6~8 公尺、高加索蜂約 10 公尺、德國蜂約 20 公尺。顯然，舞蹈還有「方言」的差異。

3.7.3 搖擺舞（waggle dance）

搖擺舞也稱搖尾舞（wag-tail dance），可指出食物的正確方向、質與量、與蜂箱的距離（圖 3.7-3）等。如果食物與巢箱的距離在 100 公尺以上，採集蜂會跳搖擺舞。典型的搖擺舞是在巢脾上一個小區域內，向一側繞半圓形疾走，繞完半圓後轉成直線跑回出發點。接著再向另一側繞半圓形疾走，於是合成一個完整圓圈，如此循環

▌3.7-3 搖擺舞（作者繪自：von Frisch, 1967）

不已。採集蜂沿直線急走時，腹部會急速地向左右搖擺，每秒擺動 13~15 次。跳搖擺舞時，還發出嗡嗡聲（buzzing sound）。

搖擺舞跑直線的長度及腹部搖擺的次數、舞蹈時發出嗡嗡聲的次數、每次搖擺舞跑的圓圈數、在巢脾上跳舞區域離巢箱門口的平均距離等，都傳達不同的訊息。採集蜂疾走時，尾隨蜂會緊跟在後用觸角碰觸。尾隨蜂還會發出 0.1~0.2 秒的嘰喳聲（squeaking sound），是乞討信號。採集蜂有時會停下腳步，把花蜜分給尾隨蜂，花蜜的香氣是重要訊息。搖擺舞每 15 秒跑直線的次數，表示食物的距離遠近，如表 3.7-1。

表 3.7-1 每秒跑直線時的次數表示食物的距離（Gary, 1992）

每 15 秒跑直線的次數	距離（公尺）
9~10	100
7	600
4	1,000
2	6,000

　　採集蜂跳搖擺舞傳遞的訊息，除食物與蜂箱的距離外，也表示採集蜂飛到食物位置所消耗的總能量。採集蜂飛往山坡的上坡飛翔，或是迎風飛翔，找到食物後，搖擺舞指引的距離會比較遠。採集蜂在找到食物的過程中，如果加上飛行消耗較多能量時，舞蹈時所指引的距離也會較遠。尾隨蜂要到較遠的距離採集之前，會先取食較多的蜂蜜後再飛出。採集蜂舞蹈訊息傳達後，尾隨蜂接受到訊息。尾隨蜂第一趟飛出時，只有 2~10% 能採集到食物，經 2~5 趟的採集才能找到正確的食物位置。有研究指出，150 隻有標記尾隨蜂中，有 91 隻採回食物，其中有 79 隻採回與採集蜂指示的相同食物，42 隻採回的是第一次得到訊息的食物。

　　環境因素也會影響舞蹈節拍，溫度較高時，舞蹈的節拍較快。但是，尾隨蜂有解決這些差異的辦法，會評估 6~7 隻舞蹈蜂的訊息，歸納出平均值後再出巢採集。蜜蜂有多種傳達訊息的溝通機制，並非單一的舞蹈。尾隨蜂會綜合不同化學氣味、聲音，觸覺、舞蹈刺激等訊息，決定外出採集的正確方向。

　　蜂巢內採集蜂跳搖擺舞時，跑直線的方向與地面垂直線造成的角度，等於食物方向與太陽方向之間的角度，但約有一度的偏差。如果食物與太陽方向相同，搖擺舞跑直線就朝上（圖 3.7-4）。如果食物與太陽方向的角度是右側 45 度，搖擺舞跑直線就與巢脾的垂直線呈右側 45 度（圖 3.7-5）。尾隨蜂在巢脾垂直面上接受到的訊息，能轉換為食物與太陽間的平行面角度，是蜜蜂很特殊的行為能力。

　　採集蜂外出採集時，會面臨太陽移動、太陽突然被雲層遮蓋、風向改變、氣象變化等問題。太陽並不固定在天空中，而是每 4 分鐘改變 1 度。尾隨蜂如果只循著採集蜂指示的訊息，將永遠不能找到田間的食物，牠們另有自行修正偏差的能力。

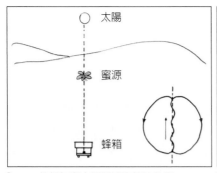

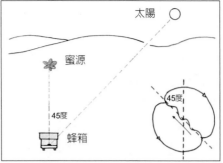

▌3.7-4 搖擺舞與太陽呈垂直線的角度　　▌3.7-5 搖擺舞與太陽呈 45 度的角度

3.7.4 次要的舞蹈

1. 歡樂舞（happy dance）

　　蜂群中另有一種常見舞蹈是歡樂舞（happy dance），也稱為背腹振動舞（Dorso Ventral Abdomen Vibration；DVAV），蜂群中出現最好的狀況，才會見到這種舞蹈。歡樂舞是工蜂的腹部上下振動，工蜂經常會興奮地抓住另一隻工蜂，甚至會抓住蜂王表演歡樂舞。歡樂舞通常在採集蜂大量外出採集前，或蜂群將要分蜂之前發生。蜂群跳歡樂舞時，一小時內會跳百次以上。研究也發現，這種舞蹈多在工蜂採集到花粉，或跳搖擺舞的時候發生。歡樂舞有日週期及季週期的區別，與田間食物充沛的時期長短有關。

　　工蜂每天跳歡樂舞的高峰時間，與採集活動的高峰期相近。蜂群連續 3~4 天豐收後，早晨就會增加歡樂舞。蜂群發現有新的食物來源，也會跳歡樂舞，同時在 30 分鐘內會增加採集行為。這種舞蹈，有召募更多的蜜蜂參與採集工作的作用。

　　蜂王在分蜂時期，也會跳歡樂舞。蜂群中開始培育蜂王，到了王台將要封蓋的一段時期，交尾過的老蜂王會突然跳歡樂舞。如果蜂王跳歡樂舞突然停止，有消除抑制蜂王活動的效果，也有刺激老蜂王離開巢箱，加入分蜂群的作用。老蜂王帶領分蜂群離群而去後，巢脾上大多數工蜂會馬上停止跳舞，少數工蜂會轉到王台附近跳歡樂舞。少數工蜂的歡樂舞會刺激處女王的交尾，但是比其他舞蹈的作用較小。歡樂舞傳達的訊息，目前尚無法完全了解。

2. 清潔舞（Cleaning dance）

工蜂清理身上的灰塵、毛髮或異物顆粒時，會跳清潔舞。包括足部快速踩踏，身體向兩側節奏性擺動。此時蜜蜂會迅速升高和降低身體，並用中足清潔翅膀的基部。通常跳清潔舞的蜜蜂用觸角碰到附近的蜜蜂時，被碰的蜜蜂就會去清理舞蹈蜂。舞蹈蜂感覺到有蜜蜂清理，就會停止跳舞，慢慢地將翅膀展開到一側，腹部彎曲到一側，接受清潔蜂的清理。

同時，用兩對足站立，前一對足懸在空中，大顎也有動作，像是清理咀嚼的東西，並將觸角靠近大顎的尖端。然後，清潔蜂會將大顎由後方向前鉗住。有時會爬上舞者，爬到另一側，在另一對翅膀下清潔，然後停止活動。舞蹈蜂也會清潔自己的中舌、觸角、身體。舞蹈蜂也可能繼續跳舞，同一隻清潔蜂或另一隻蜜蜂，重新開始整個清理過程。有時巢脾上有幾隻清潔蜂並不跳舞，但會連續清理其他蜜蜂。蜜蜂在 25 分鐘內，有清理 26 隻其他蜜蜂的紀錄。如果遇到雄蜂，也會進行清理過程。

3. 按摩舞（massage dance）

巢脾上的蜜蜂以某種特殊方式彎曲頭部時，就是開始按摩舞的時候。一隻或多隻蜜蜂開始興奮起來，用觸角及前足按摩。爬到對方的上方和下方，拉動後足及中足，大多用觸角、大顎及前足，從下方觸摸對方側面，並清理觸角。蜜蜂的大顎張開，中舌伸出，但伸出的部分完全乾燥。

當一隻按摩蜂接近另一隻工蜂前部時，另一隻工蜂頭部會轉向按摩蜂。然後，展開整個中舌，展開第二對足，就好像坐在第三對足上一樣，並不斷用前足清潔中舌，將其向下按摩。

4. 警報舞（alarm dance）

採集蜂回巢時，有可能攜帶一種被二硝基甲酚（dinitrocresol）汙染的糖溶液，回來後幾分鐘就非常興奮。許多外勤蜂及內勤蜂開始凝視這種舞蹈，採集蜂以螺旋形或不規則形的「之字形」奔跑，並向側面劇烈搖動腹部。此時蜜蜂外出採集的活動完全停止，附近蜜蜂開始

回應。隨著毒液的擴散，跳警報舞的蜜蜂數量會逐漸增加。約有一至兩個小時期間，蜜蜂中毒的死亡率最高。過 2~3 個小時，蜂群會恢復正常，重新外出採集。這些舞蹈可能是採集蜂取食了有毒物質引起，或是蜜蜂受到異常干擾的反應。

5. 其他舞蹈

除以上所述蜂舞之外，還有擠撞舞（jostling dance）、痙攣舞（spasmodic dance）、嗡嗡舞（buzzing dance）等。擠撞舞是回巢的採集蜂把其他蜜蜂推擠到一邊的舞蹈，也許是警告同伴有蜜蜂要開始跳舞。痙攣舞像跳搖擺舞時，短暫停下腳步的動作，並且會把採集的食物分給尾隨蜂，或是像擠撞舞表示即將有食物的訊息。嗡嗡舞是在分蜂時，指示蜜蜂離巢，以及指引分蜂群落到新位置的作用。跳嗡嗡舞是工蜂用雙翅發出嗡嗡聲，同時在巢箱中或分蜂群上亂跑，呈一種很活潑及激動的狀態，可促使蜂群的活動增加，可激起同伴飛動。

3.7.5 跳舞時的振動及聲音

人們一直認為蜜蜂完全聽不到聲音。科里森（Collison, 2016）記述：亨特及理查德（Hunt and Richard, 2013）證明，蜜蜂可偵測空氣微粒（airparticles）振動產生的聲音（airborne sounds），這種聲音在蜂群內部通信有重要功能，稱為振動聲學（vibroacoustics）。產生聲音的頻率，從小於 10 赫茲（Hz）到超過 1000 赫茲。

導音器（Chordotonal）又稱絃音感受器，是一種機械感受器，有鼓膜器官（tympanal organ）、觸角梗節內的江氏器（Johnston's organ）及足脛節膝下器（subgenual organ）等三種型態。江氏器是由 300~320 個碗狀排列的神經細胞（scolopidia）組成，是感受振動的感覺器官，能夠偵測到鞭節末端每分鐘微弱的振動。蜜蜂在搖擺舞時會產生聲音，身體搖擺產生 15 赫茲，振動翅膀產生的頻率是 200~300 赫茲。採集蜂在舞蹈時，翅膀及腹部會產生振動及聲音，告知尾隨蜂蜜源的方向及距離。江氏器將機械振動訊息，傳遞給大腦神經。

除了翅膀及腹部產生的振動及聲音外，基板振動（substrate-borne）訊號也與蜜蜂語言有關。基板振動訊號是由足脛節膝下器發

出，轉換成神經脈衝，傳輸到中央神經系統。足脛節膝下器在足的腿節及脛節交接處內部，足脛節膝下器懸浮在淋巴內。搖擺舞的動作，會提高胸部振動以傳到基板。此時胸部完全橫向搖擺，可傳輸最大訊號。不同的姿勢，會影響水平及垂直方向的基板振動。

採集蜂跳圓舞時會發出聲音信號，此信號含有方向性信息，可能還會顯示距離。採集蜂跳搖擺舞時，會同時發出嗡嗡聲相配合。尾隨蜂發出的 380 赫斯的嘰喳聲，是乞討信號。最有名的是蜂王發出，頻率在 200~500 赫斯之間的嘟嘟聲（tooting）及嘎嘎聲（quacking），這是通知工蜂停止工作的訊號。

3.7.6 結語

工蜂的舞蹈語言能夠傳達外出採集到食物的相關訊息，包括食物的數量、方向、與蜂箱之間的距離。採集蜂在蜂箱中黑暗的蜂脾上跳舞，尾隨蜂無法看到。訊息的傳達，除了舞蹈語言外，另要配合振動及聲音、食物氣味，以及下一章要介紹的蜜蜂費洛蒙。

採集蜂在垂直巢脾上跳舞所呈現的角度，指示食物的方向。尾隨蜂如何換算成在平面訊息，找到食物的方向。以及地球與太陽運動造成角度改變，蜜蜂如何調整後安然返巢等，仍然有許多非常神祕問題，值得深入探討。

3.8 蜜蜂的費洛蒙

　　一隻蜜蜂螫人後，釋放出特殊氣味化合物，藉以召來同伴敵愾同仇抵禦外侮。釋放出的化合物就是費洛蒙（pheromones），這種費洛蒙稱為警報費洛蒙。費洛蒙是由一個活生物體分泌到體外的化合物，能傳達某種訊息，讓同物種的其他個體察覺，表現出某種行為、情緒、生理機制的改變。費洛蒙是訊息化合物，也稱外激素或信息素。另一種體內分泌的化合物是荷爾蒙（hormones），可通知體內各個器官該做什麼樣的反應，能協調溝通生物體內各器官。

3.8.1 費洛蒙的早期研究

　　臺灣的昆蟲費洛蒙研究始於周延鑫博士，1970 年周博士在美國阿拉巴馬州州立奧本大學獲得博士學位，返國後在中央研究院動物研究所任職，帶領研究人員針對壁蝨、蟑螂、茶蠶等的性費洛蒙，進行鑑定與合成系列研究。是臺灣最早研究費洛蒙的團隊。

　　除了費洛蒙外，還有開洛蒙、阿洛蒙與新洛蒙，都是不同物種在個體之間傳遞訊息的化合物。開洛蒙（kairomones）又稱卡洛蒙、利他素，是指對接收者有利，對釋放者不利的化合物。如寄主害蟲散發的氣味誘引天敵，植物的氣味誘引害蟲前來產卵取食等，都是此類開洛蒙。阿洛蒙（allmones）又稱利己素，是對接收者不利，對釋放者有利的化合物。如植物所釋放以抵抗昆蟲的化合物；如防禦性之分泌物、忌避劑、花香等。欣洛蒙（synomones）又稱新洛蒙、互利素，則對釋放者與接收者雙方均有利，如花香誘引蜜蜂採花蜜，同時也幫忙授粉等。

3.8.2 蜜蜂的費洛蒙

　　蜜蜂在黑暗的蜂箱中，利用多種費洛蒙傳達各種訊息，還配合舞蹈及聲音等，形成「蜜蜂語言」。蜜蜂的費洛蒙，克蘭（Crane, 1990）及溫斯頓（Winston, 1987），有詳細記述。工蜂、蜂王及雄蜂，

都有分泌費洛蒙的腺體（圖 3.8-1），見表 3.8-1。

表 3.8-1 三型蜂產生費洛蒙腺體的部位

	產生部位			
	頭部	胸部	腹部	其他
蜂王	大顎腺	跗節腺	背板腺、克氏腺、直腸腺	卵、幼蟲及蛹
工蜂	大顎腺	跗節腺	奈氏腺（臭腺）、蠟腺、克氏腺	卵、幼蟲及蛹
雄蜂	大顎腺	—		卵、幼蟲及蛹

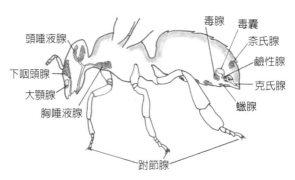

▌3.8-1 工蜂的腺體

3.8.3 蜂王的費洛蒙

正常的蜂群中，工蜂在蜂巢內及蜂巢外的活動都井然有序。一旦因某些原因突然失去了蜂王，許多工蜂會在蜂巢內外亂爬，表現出急躁不安，採集活動也會急速減少。因此可證明蜂王某些腺體分泌的費洛蒙，會控制整群工蜂的行為。蜂王分泌費洛蒙的腺體，有大顎腺、跗節腺、背板腺（表皮腺）、克氏腺及直腸腺等。

1. 蜂王大顎腺

蜂王頭部兩側的大顎腺，是分泌費洛蒙的重要腺體。工蜂在飼餵蜂王時，取得蜂王的大顎腺（mandibular gland）費洛蒙，此費洛蒙經工蜂相互餵食之際，傳達到全群，並控制工蜂的行為。從蜂王大顎腺萃取出的「蜂王質」，是一種活性成分，是反式 -9- 氧代 -2- 癸烯酸（9ODA；9-keto-(E)-2-decenoic acid），大顎腺費洛蒙另有反式 -9- 羥

基 -2- 癸烯酸（9HDA；9-hydroxy-(E)-2-decenoic acid）成分。這兩種癸烯酸的混合物有抑制工蜂培育新蜂王的作用。大顎腺費洛蒙含有20 多種化合物，與蜂群的多種的行為有關。有學者記述，在一個有25,000 隻蜜蜂的蜂群中，由 6 隻蜜蜂通過互相哺餵的方式在短短 4 小時，可將蜂王費洛蒙傳給 7,250 隻蜜蜂，可見其互相傳遞的效率十分高。

蜂王質是強力的費洛蒙，它的功能是吸引雄蜂來交配、抑制工蜂培育蜂王及抑制工蜂卵巢發育、促使工蜂供應食物及引誘工蜂服侍、吸引工蜂到分蜂群、穩定分蜂群聚集、刺激工蜂奈氏腺費洛蒙分泌、刺激工蜂採集及識別蜂王等。蜂王質的 9ODA 含量占蜂王大顎腺分泌物的三分之二。處女王大顎腺中含量較少，產卵蜂王含量較多，釋放量與蜂王日齡有關。老蜂王的分泌量減少後，會促使蜂群產生「取代蜂王」，造成蜂群的分蜂。夏末冬初蜂群活動減弱後，9HDA 及蜂王質（9ODA）兩種費洛蒙的含量都會減少。

2. 蜂王跗節腺

蜂王跗節腺（arnhart gland；tarsal gland）費洛蒙，也稱足跡腺費洛蒙（footprint pheromones），至少含 12 種化合物。此費洛蒙存放在三對足前跗節的褥墊毛梳表面。蜂王在玻璃表面上爬行時，留下的無色油漬就是這種費洛蒙，蜂王跗節腺費洛蒙有抑制初期培育蜂王、築造王台、蜂群分蜂的作用。這種費洛蒙須加上大顎腺費洛蒙的作用，才能完全抑制築造王台，預防蜂群分蜂。

當飼養蜂群中的蜜蜂數目太多，過於擁擠，使蜂王無法爬到巢脾下緣，工蜂就會在巢脾下緣，築造「分蜂王台」，準備分蜂。年輕蜂王的跗節腺費洛蒙含量，比年老蜂王多，抑制分蜂的能力較強。蜂王的跗節腺費洛蒙，比工蜂多 10 倍以上。

3. 蜂王背板腺

蜂王的背板腺（dermal tergite glands）又稱表皮腺，位於腹部 4~6 節背板內，會釋放費洛蒙，化合物成分尚未確認。蜂王交配時，大顎腺費洛蒙能夠吸引 50~60 公尺以外的雄蜂。背板腺費洛蒙只在少於30 公分距離，有強力吸引雄蜂的作用。蜂王背板費洛蒙，還能誘發

雄蜂的交配活動。

4. 蜂王克氏腺

克氏腺（Koschevnikov gland）是螫針腔內一小群細胞，會產生費洛蒙。處女王在空中交配前，螫針外翻時費洛蒙隨之釋放吸引雄蜂。處女王克氏腺費洛蒙，對工蜂的引誘力很小。產卵蜂王的克氏腺費洛蒙，對工蜂的引誘力很強，但年老蜂王的克氏腺則退化。

5. 蜂王直腸腺

蜂王的直腸腺（rectum gland）位於腸道末端的直腸，分泌的費洛蒙隨糞便釋放，又稱工蜂忌避費洛蒙，有使工蜂不願接近的功能。處女王約在日齡第 1 天開始，持續約兩週產生這種費洛蒙，讓工蜂不去服侍她。這種費洛蒙的作用，像是一種安靜劑。蜂王排泄物中另有多碳氫化合物、脂類、醇類及酸類等化合物等，會吸引工蜂的照顧。

有學者研究，將蜂王的大顎腺移除後，放入分蜂群中，蜂王吸引工蜂的能量減少 85%，證明蜂王大顎腺是吸引工蜂最重要的費洛蒙。如將蜂王大顎腺移除，至少 3 個月仍然正常，仍能抑制工蜂卵巢發育。大顎腺與許多費洛蒙聯合作用，才能對蜂群中蜜蜂活動產生較大影響。另一個有趣的現象在蜂王費洛蒙的傳送及作用，費洛蒙的傳送需要蜂王與工蜂的接觸，奇怪的是許多工蜂沒有接觸到蜂王，也會有相當的反應。如將兩群工蜂分別用紗網隔開，互相不能通過也沒有接觸。一群工蜂的蜂王放在幽王籠中，另一群無蜂王，兩群中工蜂卵巢都沒有發育。費洛蒙的傳遞有三種方式：工蜂之間的食物交換、揮發物的散布，及工蜂體表接觸。實驗結果發現，揮發物的散布是最重要的傳遞方式。

3.8.4 工蜂的費洛蒙

工蜂的腺體有大顎腺、跗節腺、奈氏腺、蠟腺及克氏腺等。

1. 工蜂大顎腺

工蜂大顎腺（圖 3.8-2）費洛蒙與蜂王大顎腺成分不同，是反

式 -10- 烴基 -2- 癸烯酸，（10HDA；
10-hydroxy-(E)-2-decenoic acid），
也是幼蟲食物的主要成分。大顎腺
中另有脂肪酸，如己酸、辛酸、安
息香酸等揮發性酸類。剛羽化工
蜂的大顎腺費洛蒙所含 10 HDA 很
少，隨日齡增長而漸增加。

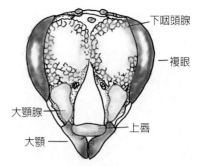

▌3.8-2 工蜂頭部的腺體圖（作者繪自：
Dade, 1977）

工蜂開始擔任守衛及採集工作
時，大顎腺會釋放另外一種有乳酪
氣味的化合物，二庚酮（2-HP；
2-heptanone）。二庚酮是一種弱性警報費洛蒙，工蜂日齡到三週後，
二庚酮的含量會逐漸減少。二庚酮主要作用是聚集守衛蜂，警報強度
比螫針腔費洛蒙要減弱很多。二庚酮還有刺激蜜蜂貯存食物及標識盜
蜂的功能，是一種多功能的費洛蒙。

2. 工蜂跗節腺

工蜂跗節腺費洛蒙主要成分不明，能吸引其他工蜂採集或回巢。
工蜂在蜂巢出入口，或採集過的花朵上留下費洛蒙，會吸引經過的工
蜂。工蜂跗節腺費洛蒙及奈氏腺費洛蒙，兩者同時在蜂群出入口作
用，有定向功能。蜂王跗節費洛蒙及工蜂跗節費洛蒙之間的關係，尚
待深入研究。

3. 工蜂奈氏腺

工蜂的奈氏腺在腹部第七腹節
背板的基部，又稱臭腺或香腺（圖
3.8-3）。此費洛蒙存放在一個小溝
管中，蜂王沒有這個腺體。當工蜂
要交換訊息時，會舉起腹部打開小
溝管，並釋放費洛蒙，同時工蜂會
振動雙翅，以擴散費洛蒙的氣味。

▌3.8-3 工蜂的奈氏腺（林椿淞攝）

費洛蒙主要成分是香葉草醇，有甜的玫瑰花香味，與蜜蜂的定向有
關。另有香葉草醛 -E、香葉草酸、橙花醇、橙花酸、法呢醇等。剛

羽化的工蜂費洛蒙很少，外出採集費洛蒙逐漸增加，日齡 28 天時達最高量。

工蜂在蜂箱出入口釋放奈氏腺費洛蒙，標示蜜源、蜂巢出入口及分蜂群。整個蜂群除了奈氏腺費洛蒙外，另有空巢脾、花粉、蜂蜜、蜂膠及蜂王的氣味等，混合成為該蜂群獨特的氣味。蜂群中工蜂的數目、貯存花粉及花蜜的數量、其他費洛蒙的氣味、罹患病蟲害的氣味等，都會影響蜂群的總體氣味。同一養蜂場的每一群蜜蜂都有不同的氣味，所以大多數工蜂很容易認識自己的家。

分蜂群中奈氏腺費洛蒙的作用是引導蜂群聚集，以及指示新位址的入口，奈氏腺費洛蒙標記採水位置。在採集的花蜜甜度很高或發生盜蜂時，也會釋放奈氏腺費洛蒙。如果蜂群中有足夠食物，奈氏腺費洛蒙就會減少。

4. 工蜂蠟腺

工蜂的蠟腺（wax gland）有蠟腺費洛蒙，化合物成分包括辛醛、壬醛、糠醛、苯甲醛及癸醛等，這些化合物，是新製成巢脾氣味的來源。空巢脾的蜂蠟味，有吸引外勤蜂聚集的作用，真正作用的費洛蒙尚未測出，主要成分尚不明瞭。空巢脾的揮發物，可增加蜂蜜的貯存。蜂群中有足夠的貯存空間，會刺激工蜂覓食，也有吸引工蜂聚集的作用。

5. 工蜂克氏腺

工蜂將螫針腔打開放出螫針時，會釋放強力的警報費洛蒙，克氏腺費洛蒙其中之一。警報費洛蒙會先聚集在針柄刺毛膜，並附在螫針上。有香蕉氣味的異戊乙酸（IPA；isopentyl acetate）是最早鑑定出的警報費洛蒙。其後又發現有茉莉花香醇、乙酸正丁酯、乙酸正己酯、乙酸苯酯、異戊醇及乙酸正辛酯等味道的費洛蒙，這些都具有類似警戒費洛蒙的功能。蜂農們在管理蜂群時，碰撞到蜂箱，引起蜂群騷動，會釋放這種很熟悉的氣味。

克氏腺費洛蒙的警報作用，比工蜂大顎腺的二庚酮，強 20~70 倍。年輕工蜂含量較少，日齡 15~25 天的工蜂，擔任守衛及剛要外出採集時，所含的異戊乙酸達到最大量。蜂王不產異戊乙酸，但會製造

長鏈的脂類，與警報費洛蒙的功能近似。

在蜂箱前的輕緩動作，蜜蜂多不會發動攻擊或螫人。蜜蜂的螫人，多發生在快速的移動。警報費洛蒙的濃度，是決定工蜂反應強度的主要因素。警報費洛蒙的氣味擴散狀況，會受到溫度及濕度的影響，溫度稍高時，會增加擴散速度及反應強度。濕度略高，只增加反應強度，擴散速度不會增加。日齡 5 天以下的工蜂對警報費洛蒙及蜂王的味道反應較弱，到日齡 5~10 天反應較強，日齡 28 天的外勤蜂反應最強。日齡 36 天的工蜂，因日齡太老反而減弱。

3.8.5 雄蜂的費洛蒙

雄蜂只有大顎腺費洛蒙，它有吸引雄蜂聚集及標識領域的作用。這些費洛蒙由日齡 9 天的雄蜂分泌細胞合成後貯存，有需要時則釋放。雄蜂費洛蒙也會吸引其他蜂群的雄蜂，並與吸引蜂王飛到交配時期的雄蜂聚集區有關。雄蜂是否有跗節腺費洛蒙，學者有不同看法。有些學者認為有雄蜂費洛蒙，並且至少有一種化合物成分。

3.8.6 蜜蜂的其他費洛蒙

有蜂王的蜂群中，蜂王產出的卵會帶有一些特殊脂類物，主要來自於蜂王的鹼性腺，稱為「卵標記費洛蒙」，工蜂會好好照顧這種正常的卵。蜂群失王時，工蜂產的卵則不含這種卵標記費洛蒙，會被其他工蜂吃掉。雄蜂幼蟲有三種幼蟲費洛蒙，包括「抑制費洛蒙」、「幼蟲辨識費洛蒙」及「刺激飛行費洛蒙」。雄蜂幼蟲費洛蒙可誘導工蜂將幼蟲巢室封蓋，並刺激工蜂採集。

從蜂蛹中分離出來的「蛹孵化費洛蒙」，工蜂蛹含 2~5 毫克、蜂王蛹 30 毫克、雄蜂蛹 10 毫克。此費洛蒙可使工蜂聚集，並刺激工蜂將蜂巢溫度保持在 35℃。另外在年輕雄蜂雙倍體幼蟲中，有「自殘費洛蒙」，使雙倍體幼蟲無法存活。

3.8.7 結語

　　國外發展出「人工合成奈氏腺費洛蒙」，由檸檬醛與香葉醇以二比一調製而成。用來吸引群蜜蜂遷移到新的蜂巢或進入蜂箱，也用來收捕分蜂群，及促使蜜蜂為特定的植物授粉。蜂王費洛蒙在許多先進國家已經應用於植物授粉，增加果實的大小及產量，用於蜂王的生產管理，也用於預防蜂群分蜂等。蜜蜂的費洛蒙，是值得生物學家深入探討的課題。

3.9 黃雨事件之謎

　　化學武器種類繁多，從第一次世界大戰德軍對法英軍陣地，施放的芥子氣、氯氣開始，世界各國相繼研發出多種用於戰爭的化學武器。基於化學武器兇殘、對人類具毀滅性，全世界 130 個國家簽訂了「禁止化學武器公約」，然而仍有許多國家祕密研製並使用化學武器。

　　20 世紀 70 年代最出名的化學武器是「黃雨」（yellow rain），黃雨被許多國家用於對付反政府叛軍，成為全世界最大的新聞。黃雨究竟是怎麼回事？它的化學成分及對人類的危害如何？

3.9.1 黃雨事件的發生

　　1976 年在寮國、1978 年在柬埔寨及 1979 年在阿富汗，連續不斷有新聞報導，化學武器被政府軍用來攻擊苗族、柬埔寨及阿富汗的反政府組織。根據目擊者對化武攻擊的描述：它是由直升飛機或飛機載送，飛越反抗軍占據的村落，在村落上空釋放出一種黃色煙霧。這種煙霧像黃色雨水從空中灑下，三個國家的受害者，都稱其為黃雨，其實就是致命的化學武器。

　　黃雨的新聞引起世界各國注意後，美國派出大批專家學者前往東南亞各受害國實地調查，取回大量植物、土壤、受害者血液及尿液等樣本作分析。1979 年 6 月美國國務院兩次派官員調查，1979 年 10 月派一個四人組成的美軍醫療隊前往泰國，花了一個星期時間採訪了 31 名苗族難民，這些難民聲稱他們是黃雨事件中倖免於難的人。

　　根據調查暴露在黃雨的受害者，首先感到皮膚搔癢及發紅腫脹，然後患處起硬痂，並出現嘔吐、暈眩及視力障礙等症狀。短時間內中毒者會大量吐血、便血、抽搐，中毒嚴重的通常在一至數小時內死亡。中毒地區附近吃了含有化武成分食物的人也有同樣症狀，並常伴有出血性腹瀉，中毒深者會在一兩週內死亡。概略估計，那段期間在柬埔寨約有兩萬人因黃雨中毒而死亡。

3.9.2 美國的控訴

　　1981 年 9 月 13 日美國雷根總統時期的國務卿海格（A. M. Haig）指控，蘇聯對泰國、寮國及柬埔寨提供化學武器，並協助政府軍對叛軍施放，這項指控的目的是打擊美國當年冷戰時期的敵手。1982 年 3 月海格又在美國國會指控，蘇聯違反 1925 年在日內瓦簽訂的「禁止在戰爭中使用化學戰劑及生物戰劑」臨時協議，也違反 1972 年簽訂的「禁止使用生物和毒素武器公約」。西利（Seeley, 2010）引用的主要證據，是一種黏附在當地植物表面上，被稱為黃雨的黃色斑點，斑點的直徑小於 6 毫米，所含的有毒物質可能是真菌毒素。

　　美國國務卿公告的是六年的調查結果，陸軍毒物專家沃森博士（S. Watson）指出，受害者的症狀很明顯是由黃雨造成。蘇聯飛機在反政府軍營區上低空飛行，灑落的黃色液體是一種類似單孢真菌毒素，這種毒素可殺害植物和動物。據統計在 1975~1981 年期間，因蘇聯提供 T-2 真菌毒素給政府軍對付反政府組織，被這種生物武器殺害的約有 6 千多人。苗族難民調查報告中指出，黃雨不僅殺死人類，也殺害家畜，如雞、狗、豬、牛隻等，死去動物的普遍症狀是鼻子和嘴巴出血。黃雨對植物也有害，黃色液體落在植物葉子上，兩三天內葉面會出現針頭大小的空洞。

　　1981 年中央情報局派醫生前往東南亞，對黃雨受害者的屍體進行解剖分析，發現受害者的胃和小腸分解出低摩爾質量的毒物。從植被及水質的樣本分析中，證實了其毒物成分是真菌毒素的推論。1983 年中央情報局一份祕密文件記述：蘇聯在 1941 年開始開使用單孢真菌毒素，並以被逮捕的政治犯進行測試，該文件強調當時產生的症狀與苗族描述的受害者症狀相似。

　　美國透過管道得知，蘇聯曾在這個地區進行單孢真菌毒素對人類影響的研究，並發表多篇此種毒素的量產方法，及毒素對皮膚滲透性的研究論文。美國得出結論，蘇聯確實在阿富汗使用過黃雨化學武器。其他國家，包括奧大利、英國、加拿大、丹麥、法國、以色列、紐西蘭、挪威及西德等，所做的獨立調查也證實蘇聯使用過黃雨化學武器。1982 年 12 月英國外交部長宣布支持美國立場，1983 年法國外

交部長也宣布及提出蘇聯使用化學戰劑的證據。

3.9.3 蘇聯的指責

　　同一時間，蘇聯強烈否認美國的控訴，指責這是一項「大謊言」，並反擊稱美國於 1961~1971 年間，曾在越南戰場上曾使用一種稱為「橙劑」的落葉劑，才是含有毒素的化學武器。橙劑不只嚴重傷害越南人民，也傷害許多參加越戰的美國軍人。黃雨的受害者根據這段歷史，認為從天而降的神祕液體是有毒化學武器。

　　為何稱此種落葉劑為橙劑？原因是此種落葉劑為便於運送，封裝在中間帶有橙色條紋的 55 加侖圓鐵桶中，橙劑因而得名。它的主要成分是 1：1 比率混合的兩種化學物質，一種是 2,4,5- 三氯苯氧乙酸（2,4,5-T）、另一種是 2,4- 二氯苯氧乙酸（2,4-D）。生產過程中，部分化學反應衍生的汙染物，形成更能致癌的四氯雙苯環戴奧辛（2,3,7,8-Tetrachlorodibenzodioxin；TCDD）。四氯雙苯環戴奧辛屬於第一類致癌物質。橙劑的主要製造商，是陶氏化工、孟山都、鑽石三葉草等公司。

　　美國在越南服役的退伍軍人，回國後罹患癌症，包括神經、消化、皮膚及呼吸系統癌症的比率很高，另有罹患咽喉癌、急慢性白血病、何傑金氏淋巴瘤、非何傑金氏淋巴瘤、前列腺癌、肺癌、結腸癌、軟組織肉瘤、肝癌者。其中以飛機及直升機的駕駛員、陸軍防化部隊成員、陸軍特種部隊成員、清除基地周邊人員及海軍河流單位成員，遭受汙染最嚴重。更可怕的是橙劑所含的戴奧辛致癌物質，在環境中會持續危害幾十年。

3.9.4 美國學者的調查

　　1982 年 2 月美國明尼蘇達大學的莫羅卡（C. J. Mirocha）教授，到寮國及柬埔寨進行生化調查，採集了受害者的血液、尿液及組織樣本做化學分析，尋找單孢真菌毒素的存在。調查結果發現採集的樣品中含有 T-2、HT-2 及 DAS 毒素，為使用單孢真菌毒素作化武戰爭的武器，提供了令人信服的證據。又從中毒症狀研究，判斷是某些真菌毒素，

分析結果發現含有異常高的三種強效真菌毒素，包括 T-2 毒素、二乙氧基 烯醇（DAS）和脫氧雪腐鐮刀菌烯醇（DON）。最確切的證據是黃色粉末中有 T-2 和 DAS 毒物成分。這類毒物對人類及動物毒性很大，而且不是該地區的本土物質。

就在這時候，蜜蜂在黃雨事件中也參了一腳。1982 年美國梅賽森（M. Meselson）教授到一個苗族難民營做調查，在那裡收集了許多蜜蜂排泄物樣本。大多數苗族人都聲稱，那就是攻擊時化學武器的樣本，一名男子識別出那是昆蟲排泄物，但與苗族同胞討論後，轉向支持是有毒化學武器。

1983 年哈佛大學生物學家梅賽森及西利（T. D. Seeley）團隊，再次到寮國進行調查，尋找天然存在單孢真菌毒素，並核對證人的證詞。這個團隊提出了另一種非常勁爆的說法，黃雨是蜜蜂的排泄物（honeybee feces），不是有毒化學武器。他們提出的證明是：落在樹葉上的黃雨經採集樣本分析後，發現主要是由花粉粒組成。每一滴黃雨有不同的花粉粒，這些花粉粒都來自當地的植物，而且含有蜜蜂無法消化的花粉粒外殼。

麻省理工學院也分析了梅賽森及西利（Meselson & Seeley）採集的樣本，發現大多數黃色斑點的尺寸、形狀和色彩都相同，其中含有蜜蜂的毛、花粉粒及蜜蜂消化的蛋白質。最後結論是某些黃雨是蜜蜂的排泄物，蜜蜂排泄時的飛行高度約 50 英尺，飛行速度約每小時 20 英里，人們很難看到蜜蜂的排泄行為，只能看到「黃色的雨」。

3.9.5 聯合國的調查

聯合國專案小組調查黃雨事件時，面臨到重大政治障礙，寮國及越南政府拒絕與該小組合作。聯合國專案小組只好避開與官方合作，完全依賴訪問受害倖存者及難民，因訪問對象有限，無法做出結論。1982 年 9 月聯合國專案小組報告，這些對蘇聯使用化武的指控無法證實。但是間接證據指出，某些情況下有可能使用過有毒化學武器。西利（Seeley，2010）記述 1984 年美國農部官員因缺乏有力證據，停止對蘇聯違反有毒化學武器的指控。

黃雨是蜜蜂排泄物的說法公開後，網路檢索時發現中國也有黃雨

的報導。文中提到江蘇省 1976 年 9 月曾有黃色不明物從天而降的現象，許多農民認為黃雨是將要發生地震的預兆。有些人則認為黃雨可能是蘇聯或臺灣噴灑的化學武器。然而，中國科學家研究得出的結論是，黃雨來自於蜜蜂排泄物。

3.9.6 臺灣的黃雨事件

1992 年開始，臺中、彰化、臺南及高雄縣市，都出現過黃雨。黃雨大多發生在 10 月到 3 月間，因蜂群在冬天體內累積過多排泄物，一旦天氣暖和就會飛向空中排便。

2010 年 3 月中旬，小港區居民抱怨說，發現天空偶而飄下黃色不明物，灑在車子（圖 3.9-1）或外面晾曬的衣物上，汽車上或車窗上沾這些不明物（圖 3.9-2）很難清洗。有民眾認為不明物來自於小港機場起降的飛機，懷疑飛機將乘客排泄物直接在空中排放。航空站人員說，飛機的儲便器是密閉的，不可能在飛行中排放。環保局採集不明物樣本，送交正修科大超微量檢測中心化驗，發現樣本有花粉成分，研判可能是蜜蜂排泄物，進一步採集飛禽排泄物作比對，發現兩種成分差異很大，因此推定是蜜蜂排泄物。

2016 年 7 月中旬住在嘉義機場航道下的嘉義市民，受空中落下的黃色汙染物所苦。嘉義航空站通報嘉義市環保局，市環保局前往採取汙染物樣本，送農委會農業藥物毒物試驗所檢驗，檢驗報告證實汙染物是蜜蜂排泄物。

▍3.9-1 汽車前窗上的黃雨

▍3.9-2 整隻蜜蜂貼到汽車的前窗上

3.9.7 結語

「黃雨」事件在世界兩大強權之間，鬧得沸沸揚揚，官司打到聯合國，聯合國派出專案小組查證，也難以做出結論。有趣的是，哈佛大學生物學家梅賽森及西利稱黃雨有許多種，其中某些黃雨只是蜜蜂的排泄物，給這場世界著名的黃雨紛爭，添增了意想不到的趣聞。

3.10 神奇的蜂療

　　二十世紀的科學日新月異，人類的醫學及藥學進步神速，日常生活食衣住行更是大幅改善，使人們的平均壽命逐漸延長。然而，人類對於醫療保健的需求及依賴，並未因而減少。但中西傳統的醫學及藥學，不能完全治療人們各式各樣的病痛，於是傳統醫學之外的民俗療法在世界各國應運而生，其中蜂療在近年來頗為盛行，是一種甚具實效的民俗療法。

3.10.1 什麼是蜂療

　　蜂療（Apitherapy）是利用蜜蜂螫針，搭配蜂產品，包含蜂蜜，藉以預防及治療人類疾病的方法。德國斯坦修博士（S. Stangaciu）記述：Api 是蜜蜂的拉丁文名字，therapy 來自於法文the'uapie，是指一種治療人類疾病的方法。王金庸等（1997）記述：中醫稱蜂療為蜂療學（圖 3.10-1）、蜂針療法或蜜蜂醫療，是中國傳統醫學的

▌3.10-1 王金庸等著《中醫蜂療學》

重要部分。它與中醫學及中藥學結合，成為一種獨特的醫療方法，是傳統醫學中最具生命力的一環。蜂療涵義有二：其一，以蜂產品為營養品：蜂產品的蜂王乳、蜂花粉、蜂蠟、蜂膠、蜂毒、蜂巢脾（蜂房）、蜂子（含幼蟲及蜂蛹），及蜂產品衍生的製劑等，屬於中藥範疇。其二，用於醫療和保健：蜂產品可用於預防醫學，如健身、美容、食療、抗衰老及延年益壽等；臨床醫學，可防治各種疾病症候；復健醫學，各種疾病的康復保養。屬於傳統醫學範疇。

　　蜂毒療法（Bee venom therapy）是單純用蜜蜂螫針的蜂毒，螫刺人體穴位的一種治病方法。房住（1992）記述：蜜蜂螫針是用過即棄的天然刺針，好比自動化微量注射器，刺入皮膚深度為 1~1.5 毫米，蜂針的刺法與中國古代針灸的毛刺、揚刺、浮刺、半刺相似。毛刺是

刺浮於皮膚。揚刺是當中一針旁邊四針，均為淺刺。浮刺是淺刺不傷肌肉。半刺是淺刺皮膚即速出針，勿傷肌肉。現行的蜂針療法使用散刺法，是將一隻蜜蜂的蜂毒分散螫刺在患者的皮膚上，分散5~7個點，或十幾個點，使皮膚的局部反應恰到好處。分散各刺點的蜂毒含量較少，人體不致呈現毒性反應。

3.10.2 蜂療的源起

古埃及、古印度、敍利亞、古羅馬及中國的民間醫學中，用蜜蜂螫刺病人，治療風濕病、類風濕性關節炎、痛風等病症，有悠久歷史。據記載 1700 多年前古羅馬醫學家蓋倫（Galen）記述蜂毒可作止痛等多種用途。西歐早期的查理曼帝國的創建者查理大帝，和俄國沙皇伊凡雷帝，都曾應用蜂螫治療他們的痛風性關節炎。

十八世紀後，蜂毒治療風濕病的報告陸續增加。東歐的一些國家如波蘭、羅馬尼亞、保加利亞、捷克等，應用比較普遍。1888 年《維也納醫學周刊》報導，奧地利醫師特爾奇（F. Teretsch）用蜂螫治療了173 個風濕病例。施密特及布赫曼（Schmidt. & Buchmann, 1992）記述：蜂療的科學性研究，始於十九世紀末期，美國貝克（B. F. Beck）博士發現利用蜂毒製作的針劑，不如使用活蜂螫針直接螫刺有效。因此，貝克不再使用蜂毒針劑，並於 1935 年出版《蜂毒療法》（Bee Venom Therapy）。後來又出版《蜂毒療法聖經》（The Bible of Bee Venom Therapy），成為蜂毒療法的經典。王金庸等（1997）：記述蜂毒可用在風濕性關節炎、多發性硬化症、神經系統性疾病、坐骨神經痛、神經炎、退化性脊椎病等。1941 年蘇聯阿爾捷莫夫（H. M. ApTemoB）出版《蜂毒生理學作用和醫療應用》。這些專業書籍出版後，引起科學家對蜂毒醫療的興趣。

3.10.3 蜂療的效果

蜂毒中含有多肽類及酶類等成分，具有直接和間接消炎止痛作用，可調節免疫能力、改善血液循環、增加末梢血液供應、增強心臟肝腎生理功能及其局部經絡和物理作用，其中主要是消炎止痛和免疫

調節兩項。從中醫角度而言，蜂毒進入人體後，有活血化瘀、消腫止痛、通經活絡、去風散寒的功效。另外，鋒針刺入穴位，有針刺經穴的機械性刺激及蜂毒的藥理作用，蜂螫後的局部紅腫反應，有類似溫針的治療效應。因此，蜂針兼具針刺、溫灸及物理治療等多重功效。

費爾布（Feraboli, 1997）記述：蜂療可以用在骨科及傷科的疾病，蜂毒有抗風濕的特性。蜂毒消炎及抗風濕的特性是因為對腎上腺的刺激後，釋放出的皮質醇。曾有實驗，以 10 名志願者接受蜂療測試，連續 4 天後，檢查皮質醇釋放的情形。每次平均蜂螫 5 針，抽取 4 天的血液樣本，每天抽取時間在上午 9 時，下午 2 時、6 時及 10 時，共抽取四次。為測定皮質醇的基準值，第 1 天不使用蜂毒處理，3 天後的結果，皮質醇並沒有明顯增加；只有 3 名非常情緒化的患者，出現皮質醇增加。雖然這項測試，可能質疑蜂毒治療的有效性。但從其結果來看，仍對於某些疾病有療效，其治癒率達 68%，見表 3.10-1。

表 3.10-1　蜂毒對某些疾病的治療效果（Feraboli, 1997）

病因	治療數目	改善	無效
膝關節炎	26	17	9
創傷後踝關節炎	4	3	1
背痛	34	27	7
上髁炎	15	8	7
肩部疼痛	31	20	11
周圍神經病變	6	6	-
蹠骨痛和拇趾外翻	23	19	4
痛風關節炎	8	8	-
乾癬性關節炎	2	2	-
未分化脊椎關節炎	25	19	6
類風濕性關節炎	12	7	5
阿希爾肌腱炎	3	2	1

美國紐約的雪比利（Cherbuliez, 1997）記述：美國新澤西州國家健康研究所的金博士（Dr. Christopher Kim）應用蜂毒治療慢性疼痛，曾經治癒 2,000 名以上病患。他主要用蜂毒來治療關節炎、肌腱炎、纖維肌炎、神經炎及神經痛等。韓國蜂療保健研究會會長高相基的報告中，例舉說明蜂療對多發性關節炎、帶狀皰疹、坐骨神經痛、腰痛、

關節痛等有臨床效果。

臺灣蜂針研究會顧問葉兆雲博士指出，蜂毒肽對下列疾病有療效。

1. **自體免疫疾病**：如類風濕性關節炎、乾癬性關節炎、反應性關節炎、腸道系病關節炎、感染性關節炎骨關節炎、系統性紅斑狼瘡、系統性硬皮病、皮肌炎、雷諾氏病綜合症、僵直性脊椎炎、痛風、貝賽特氏症候群、抗磷脂症候群、血管炎等。

2. **細菌性感染疾病**：如格蘭氏陽性細菌，如鏈球菌感染、肺炎球菌感染、葡萄菌感染等。格蘭氏陰性細菌，如腦膜炎球菌感染、傷寒菌感染等。

3. **病毒性感染**：如泡疹病毒，如帶狀泡疹、單純泡疹、增值性泡疹、水痘病毒等。

4. **惡性腫瘤**：臨床報告對部分早期惡性腫瘤有療效，如淋巴癌、子宮頸癌、鼻咽癌等，仍繼續研究中。

3.10.4 中國的蜂療

王金庸等（1997）記述：中國古代蜂針療法不僅採用針刺，還將蜂螫器官用作藥灸。明朝方以智（西元 1611~1671）著《物理小識》卷五中，記載有「藥蜂針」的配方和用法，「取黃蜂之尾針，和硫煉，加冰麝為藥，置瘡瘍之頭，以火點而灸之。先以濕紙覆瘡瘍，其易乾者，即瘡瘍之頂也。」蜂毒療法在東方國家稱為蜂針療法，中國大陸房柱醫師於 1956 年開始研究蜂療，1993 年將近 40 年的經驗，與張碧秋合著《中國蜂針療法》一書（圖 3.10-2）。由於房柱醫師

▌3.10-2 房柱、張碧秋《中國蜂針療法》

積極研究及推廣，目前已經是中國大陸及世界蜂療的先驅。

中國大陸的「國際蜂療保健及蜂針研究會」（IAHBA）於 1991 年 11 月 12 日在濟南成立，由中國養蜂學會創會副理事長房柱醫師發起創辦，並當選為第一任會長，日本太田直喜及韓國朴昌浚為副會長。第二至五屆分別在中國南京、杭州，日本東京及馬來西亞的吉隆

坡舉辦。1993 年 9 月美國蜂療學會會長維克斯（B. Weeks）博士，率領 20 多位代表參加南京舉辦的第二屆國際蜂療大會。1999 年 3 月作者等人參訪北京順義蜂療所，王孟林院長表示，當年全國從事蜂療的人員約有 2 萬人。第六屆國際蜂療保健學術大會（圖 3.10-3），於 2001 年 11 月在南韓大邱市舉辦，有德國蜂療協會會長斯坦修，日本蜂療協會太田直喜副會長前往參加。臺灣省鋒針研究會亦派員參加。國際蜂療大會的參與者，包括醫師、醫療師、生物學者、生化學者、營養學者、藥學學者、養蜂者、相關患者等。

▌3.10-3 韓國召開的第六屆國際蜂療保健的論文集

3.10.5 臺灣的蜂療

　　臺灣最早推展蜂針療法、且較知名的是臺中高農蔣永昌老師。蔣老師飼養蜜蜂數十年，潛心研究蜂療二十多年。1983 年臺灣省立博物館由作者主辦全國第一次大型展覽會「蜜蜂與蜂產品特展」，邀請蔣老師發表「漫談蜂針」演講及示範。當天盛況空前，全省各地的針灸醫師、中醫師、蜂針療法推廣者都蒞會參加。演講廳內爆滿，門外還有數十人聚集聽講。事後媒體記者陸續造訪蔣老師，詢問蜂針療法的相關問題並報導。1985 年蔣老師出版《中國文化的神奇——蜂毒與針灸》一書，記載當年演講前後的概況及蜂療實例。

　　1994 年 6 月政府核准在彰化市成立「臺灣省鋒針研究會」，是臺灣最早成立的蜂針研究民間組織。2004 年會員已達 400~500 人。創會理事長蘇瑛奇先生於 1989~1990 年先後赴中國大陸、日本、韓國及東南亞各地，研究蜜蜂醫療的應用，回臺灣後結合醫療保健專家、養蜂專家、針灸專家等創立研究會。除了推廣蜂針療法之外，同時推展中醫蜜蜂醫療學。研究會出版會刊、辦理訓練班，廣泛宣達創會理念。參加訓練班並經考試合格的「蜂療師」將近 200 人，為服務民眾，各縣市約有 100 個服務處。2005 年改名為「中華民國蜂針研究會」，並設有網站。

2000 年 5 月 7 日「社團法人高雄市蜂針研究會」經核准後，在高雄市成立。創會理事長黃麗香女士熱心積極，目前研究會會員已有 300 餘人。黃理事長參加美國、日本、韓國及德國舉辦的國際會議，並與日本蜂療專家合作，進行「蜂毒治療魚鱗癬」的專題研究，有初步成效。黃理事長對於膀胱癌及前列腺癌也在出版的研究會刊中，有研究探討。

3.10.6 其他國家的蜂療

　　日本於 1976 年由養蜂新聞社發起，1979 年 10 月 15 日在長野縣養蜂協會的「日本蜂針療法講習會」支持下，成立「日本蜂針療法研究會」（Japan Apitherapy Society），每年出版《蜂針》（圖 3.10-4）雜誌，負責人為深沢光一。參加研究會的會員經講習訓

▌3.10-4 日本蜂針療法研　▌3.10-5 日本蜂針協會的
究會的《蜂針》雜誌　　　Apitherapy

練後，必須通過「技能士認定試驗」考試，檢定分為初級、一級、二級等資格。日本另有太田直喜負責的一份 Api therapy 雜誌（圖 3.10-5）。韓國於 1984 年 7 月成立「韓國蜂針療法研究會」，促進養蜂事業及蜂針療法的發展。

　　美國蜂療協會（American Apitherapy Society；AAS），創辦於 1989 年，會址在紐約。以收集蜂療資料，透過集會訓練及雜誌與醫藥結合研究，提升蜂療水準，辦理年度課程及考試提升水準。在最近 30 年收存 630 篇論文，最近 5 年發表 450 篇論文。所有資訊每年更新，提供會員查閱。雪比利（Cherbuliez, 1997）記述：美國蜂療協會會員約有 600 人，出版一本季刊，名為 Apitherapy。國際 Apimondia 蜂會出版一本蜂療月刊，名為 Apiacta。

　　2001 年德國斯坦修報告：羅馬尼亞對於蜂療醫學的研究最具成效。經二十多年的努力，已有 60 多位醫學、藥學、生化學等學者進行研究，2001 年在大學醫學院中開設蜂療課程。奧地利、法國、英國、

西班牙及荷蘭等西歐國家，也進行許多蜂療醫學的研究。2002 年斯坦修記述：德國於 2002 年 3 月 23 至 24 日，召開第一屆蜂療與蜂產品大會（The First German Congress for Bee Products and Apitherapy）（圖 3.10-6），由德國蜂療協會（German Apitherapy Society）主辦。有法國、義大利、奧地利、芬蘭、立陶宛、土耳其、保加利亞、智利、臺灣、南韓及日本等國學者參加。有關蜂療部分共有 19 篇報告，臺灣蜂針研究會會員發表有 8 篇。其他日本、韓國等國家的各類學術會議，臺灣都派員參加，切磋學術心得。

▌3.10-6 德國蜂產品與蜂療學會會刊 -2002 創刊

2009 年，英國 IBRA 發行了新的科學期刊，名為 ApiProduct and ApiMedical Science（JAAS）。在高級編輯庫珀（R. Cooper）教授的領導下，該研究的重點是對蜜蜂及蜂產品的生物學相關的醫學、營養及保健領域，進行科學研究。該雜誌提供了一個論壇，在此論壇可使用科學原理、辯論及評估，蜜蜂及蜂產品的治療特性及功效。接下來的三年中，JAAS 發表了 58 篇論文，包括 41 篇原創研究文章、9 篇評論、6 篇註釋及評論及 2 篇社論。JAAS 成了實驗室和臨床研究的論壇。從 2012 年 1 月起，決定將 JAAS 納入 IBRA 的主要科學期刊《養蜂研究雜誌》。

3.10.7 結語

美國探索頻道（Discovery Channel）曾出版一張「救命之吻」DVD 光碟，介紹美國對蜂療的研究。其中有病例證明，蜂療治療對於「慢性疲勞症」及「多發性硬化症」有實質效果。目前美國的蜂療仍在實驗階段，尚未獲得食品藥物管理局的認可，期望不久的將來，蜂療能被醫學界認同，成為人類未來的另一種醫療方法。

3.11 可怕的殺人蜂

在臺灣一般人聽到「殺人蜂」（Killer Bees），都認為是虎頭蜂。其實不然，世界上最知名的殺人蜂是一種稱為「非洲化蜂」的蜜蜂，牠是從非洲引進至南美洲巴西的東非蜂後代，為什麼東非蜂的後代又稱殺人蜂呢？

3.11.1 非洲化蜂的由來

巴西蜜蜂專家克爾（W. Kerr）博士，1956 年從非洲的南非及坦桑尼亞，引進東非蜂（*Apis mellfera scutellata*）的蜂王到巴西。運到巴西聖保羅的第一批蜂王，大部分在抵達之前死亡。後來再從蜂農斯奈爾（E. A. Schnetler）處取得 12 隻蜂王，及南非養蜂協會會長克雷斯（W. E. Crisp）的育王蜂場取得 120 隻蜂王。這些蜂王運到巴西，只有 54 隻存活，其中 35 隻狀況良好，繼續飼養。這些從非洲引進的蜂王原先以為是非洲蜂（*Apis mellifera adansonii*），後來證實不是非洲蜂，而是東非蜂。

東非蜂是非洲的原生種蜜蜂，分布範圍從蘇丹一直延伸到南非，這個區域是世界上最好的蜜蜂繁殖地區之一。世界上部分的蜂蠟都產自此處，主要由野生蜂群所生產。迪茨（Dietz, 1992）記述，這個地區的特點是氣候炎熱，乾旱季節長，花蜜和花粉的產量豐富，但有許多蜜蜂天敵，包括鳥類及人類等。東非蜂在高度接近 2,000 公尺，有時下雪會持續長達一週，或一年中 6 個月溫度低於 0℃的地區都能存活。

當年克爾把蜂群搬到聖保羅附近尤加利樹的森林中飼養，蜂箱出入口用隔王柵封住，只許工蜂出入，阻擋蜂王飛出。溫斯頓（Winston, 1993）記述：1957 年一位當地的養蜂工人意外地打開了隔王柵，26 群蜜蜂飛到森林中一去不回，其餘沒有飛逃的蜂群在飼養場中繁殖。飛逃的蜂群中，一隻蜂王是來自坦桑尼亞，25 隻蜂王是來自南非的川司哇省。這些逃亡的蜂群在南美洲生存繁殖，產生了新的雜交種，稱為「非洲化蜂」（Africanized Honey Bee），也稱非洲化蜂或殺人蜂。從那年起，殺人蜂逐漸擴散到整個南美洲。

3.11.2 為什麼稱殺人蜂

　　研究非洲化蜂的溫斯頓及其工作小組，1977 年進入法屬圭亞那（French Guiana）附近的蘇利南（Surinam）地區。工作小組在訪問蘇利南附近的一個養蜂場時，遭遇到慘痛經驗。養蜂場遠在郊區，飼養有二十餘群蜜蜂，汽車停在養蜂場半公里之外。當時所有人員都穿著雙層長袖衣服，戴上面網及手套，攜帶一個特大的噴煙器，進入養蜂場。尚未接近蜂箱，就有一群蜜蜂飛來攻擊，檢查了幾箱蜜蜂後，蜜蜂已滿天飛舞，無法繼續工作，趕緊撤退。退回車上時還有一小群蜜蜂緊追不捨，車行較遠，蜂群才散去。其中有一小群蜜蜂轉向攻擊附近牛群，養牛的農民一面拍打驅趕蜜蜂，一面把牛群帶到較遠的安全地區，如果牛隻沒有離開養蜂場，可能會被蜂群螫死。

　　溫斯頓在上述事件中，短短數分鐘內就被蜂螫五十餘針，其他工作人員也被蜂螫無數，所幸最後都能保住性命。隨者非洲化蜂持續向外擴散，殺人蜂攻擊人類的事件在南美洲、中美洲及美國都頻繁發生，其中有不少人被殺人蜂攻擊致死。非洲化蜂的攻擊性強，可在數秒鐘之內，密集發動數千隻蜜蜂，攻擊在蜂群附近的任何動物。如果不小心接近騷擾蜂群，可能短時間內被蜜蜂螫刺數百到上千針。1986 年一位邁阿密大學植物系的學生歐應三（I. S. Ooi）與同學三人，到哥斯大黎加採集標本，爬過岩石時被非洲化蜂攻擊，數分鐘內被蜂螫約八千針而死亡。據統計，1975-1988 年間，在委內瑞拉約有 350 人被蜂螫，每年每百萬人中有 2.1 人被蜂螫死。1978 年的死亡率最高，約有 100 人被蜂螫死。到 1985 年，因人們對非洲化蜂有較多的認識，並嚴加防備，死亡率降低，但還是有 20 人死亡。目前拉丁美洲的養蜂場，為避免蜂螫事件，都開設在遠離人群及畜牧區的地方。

　　非洲化蜂為保衛蜂群而螫人，所以螫人事件通常都發生在蜂巢附近。蜜蜂在花叢間飛舞時並不螫人，也不容易大量聚集，因此非洲化蜂在野外螫人致死的情況較少。非洲化蜂螫人時，人體的反應情況與一般蜂螫完全相同。被蜂螫的人因體質關係反應不一，有些人能夠承受 5~10 針，也有人可承受百針，甚至千針，在非洲曾有人被蜂螫 2,243 針還能存活的實例。

輕敲蜂箱會觸發蜂群的警覺，數秒鐘就會聽到蜂群的嗡嗡聲，蜜蜂同時會釋放出特殊的費洛蒙氣味糾集同伴，曾經在數分鐘之內試驗用的皮手套就被螫刺 600 多針。人們離開蜂群逃跑時，蜜蜂最遠會追擊到將近一公里距離，被騷擾的蜂群，整天都保持在警戒狀態，一公里內所有跑動的動物都有可能被攻擊。

3.11.3 為什麼要引進東非蜂？

北美洲及南美洲沒有原生種蜜蜂，所有蜜蜂都是由其他地區引進。巴西的蜜蜂最早於 1950 年前後，由歐洲引進西方蜜蜂包括歐洲黑蜂（*Apis mellifera mellifera*）、義大利蜂（*Apis mellifera ligustica*）、喀尼阿蘭蜂（*Apis mellifera carnica*）、高加索蜂（*Apis mellifera caucasica*）及這些蜜蜂的混合種，在南美洲熱帶及亞熱帶地區飼養，尤其是在亞馬遜河流域，蜂蜜的收穫量並不理想。

東非蜂有這麼強的攻擊性，為何要引進南美洲？因為東非蜂有一種特性，就是採蜜量相當高，有經濟利益，吸引了科學家對東非蜂的興趣。克爾想用兩個以上的蜜蜂品種雜交，產生一種新混合品種，兼具溫順及多產的優點。克爾及他的同仁被一篇 1946 年發表在《南非養蜂月刊》（South African Bee Journal）的報導吸引，該報導敘述：一群蜜蜂在某一年的最高平均年產量 70 公斤。克爾引進熱帶非洲蜂種的申請，經政府許可後展開了研究工作。

3.11.4 殺人蜂的特性

原生種東非蜂體型較小，築造的巢室也比西方蜜蜂巢室小。非洲化蜂的翅膀，比西方蜜蜂稍短。非洲化蜂的毒液與西方蜜蜂的毒液相同，但短時間內前者螫刺數目較多，造成的死亡率比西方蜜蜂高。非洲化蜂對低濃度蔗糖很敏感，適於採集糖分很低的食物來源，包括花粉及花蜜。

管理非洲化蜂群時需要使用大量煙霧，但蜜蜂被激怒後，煙霧可能無法使牠們平靜下來。因此幾乎所有蜂農進入養蜂場，都要穿戴全套防護裝備，包括堅固的靴子及手套、蜜蜂面紗，甚至戴防護頭盔。

傳統上，保護臉部的面紗是黑色的，以防止太陽眩光，但因非洲化蜂會攻擊深色，故黑面紗改用白色。管理非洲化蜂的蜂農，還要將防護裝備與靴子、手套連接的空隙，用膠帶貼緊，防止蜜蜂鑽入。

1. 發育及壽命

各種蜂群中的工蜂，發育日數與體重都不同，非洲化蜂的發育日數是 18.5 天，西方蜜蜂是 21 天。非洲化蜂體重 62 毫克，西方蜜蜂 93 毫克。非洲化蜂的工蜂分工與一般蜜蜂相同，年輕時擔任內勤蜂，負責巢內工作，年老時，擔任外勤蜂，負責外出採集工作。蜜蜂的一個群組等同一個社會，分工的功能完善，必要時也有互通有無的彈性。

非洲化蜂工蜂的壽命在寒冷冬季會因工作量減低而延長，夏季壽命 25~40 天，冬季壽命可達 140 天。為了解非洲化蜂的這些壽命特性，溫斯頓的工作小組在法屬圭亞那的養蜂場作過非洲化蜂的行為研究。小組把剛羽化還不會螫人的工蜂標示後放回蜂群，每週檢查一次，每次檢視兩遍，得到上述很有價值的結果。

2. 分蜂

非洲化蜂群中的王台封蓋後，會進行第一次分蜂（prime swarm）。此時老蜂王帶著一批老蜂離巢而去，舊蜂巢留給新蜂王。在舊蜂巢的新女王蜂羽化一週後，接著有第二次分蜂，稱為後分蜂（after swarm）。蜂群的分蜂週期是 50~60 天，整個旱季會有 3~4 次分蜂。一個蜂群除了第一次分蜂之外，平均還有兩次後分蜂，整個分蜂季約分蜂 12 次。一群蜜蜂在分蜂季，可分出 64 群蜜蜂，蜂群的繁殖率極高。

非洲化蜂分蜂後建立新巢時，因新分蜂群的工蜂數目少，又忙於建新巢、育幼、採集蜜等工作，工蜂因任務繁重，壽命會減短為12天。西方蜜蜂的新分蜂群沒有這種現象，只是蜂群的數目增加較緩。

3. 逃蜂

飼養過程中從蜂巢逃離的蜜蜂稱為「逃蜂」，這是飼養非洲化蜂，很難克服的問題。一般養蜂場中的逃蜂率在 30~100% 之間。逃蜂的主因是蜂群受過多騷擾及食物缺乏，「騷擾」包括蜂農的管理檢查、

敵害的攻擊等。其他如：行軍蟻、虎頭蜂、非洲蜜獾、食蜂鳥、食蟻獸等天敵為害，或火災、過度日曬、過於寒冷等，也會引起逃蜂。

逃蜂群中的工蜂，蜜胃中存蜜量比分蜂群多出兩倍以上，以便能活得更久，逃得更遠。典型非洲蜂分蜂群的工蜂，攜帶蜂蜜可超出體重一倍，能不停飛翔 90 多公里。逃蜂群的工蜂可飛到 160 公里以外，建立新巢。逃蜂並不是對族群的背叛，和人類的叛逃不同。相反的，是為族群延續生存的一種特殊行為。法屬奎那亞缺乏食物的季節，非洲化蜂因逃蜂得以延續族群存活。西方蜜蜂則因蜂群逐漸縮小，整群蜜蜂全部死亡。物競天擇，生存之道，在蜜蜂的行為可得印證。

3.11.5 非洲化蜂的擴散

溫斯頓的工作小組進入法屬圭亞那時發現，前二年非洲化蜂在野外的密度較低，不易找到，無法進行研究工作。隨之，蜂農發現飼養蜂群的行為突然改變，螫人機率增加，蜂農為蜜蜂螫人大傷腦筋。另外蜂群的分蜂及逃蜂增加，採蜜量也大量減少。很明顯的，因為非洲化蜂的雄蜂與當地西方蜜蜂蜂王交尾後，非洲化蜂已經取代了當地飼養的西方蜜蜂。大多數的蜂農並不知道這些變化的原因，只知道蜂群變得不好養，部分養蜂者拋棄蜂群而去，加速非洲化蜜蜂的擴散。

非洲化蜂從引進到聖保羅開始，每年以 300~500 公里距離的驚人速度向四周擴散。蜂群分布的密度平均每平方公里 6 群，最高紀錄是每平方公里 108 群。非洲化蜂的年度擴散狀況如下：1964 年擴散到巴拉圭，1965 年到阿根廷，1967 年到波黎維亞，1973 年到委內瑞拉，1975 年到法屬圭亞那，1980 年到哥倫比亞。1982 到中美洲的巴拿馬，1983 年到哥斯大黎加，1985 年到南美洲的秘魯。1986 年到北美洲的墨西哥南方，1986 年 10 月進入墨西哥的塔帕丘拉附近，1989 年到墨西哥北方。雖然非洲化蜂的擴散速度極快，所幸目前還沒有侵入加拿大、智利及一些小島。

3.11.6 控制非洲化蜂的計畫

1987 年,墨西哥政府和美國農業部(APHIS 和 ARS)為防阻非洲化蜂北移,啟動「控制非洲化蜂計畫」。最初的構想是在墨西哥最窄的「特萬特佩克」地峽,防止牠們進入墨西哥中部。但是計畫尚未核准,非洲化蜂已越過地峽。這項控制非洲化蜂的計畫改為減緩進入墨西哥北部。計畫中,在預計入侵路線上,放置超過 200,000 個費洛蒙處理過的誘集箱,蜜蜂費洛蒙的氣味可吸引非洲化蜂聚集,可以捕獲並摧毀入侵的非洲化蜂群。

迪茨(Dietz, 1992)記述:據墨西哥和美國農業部報告,在坎帕切州、尤卡坦州、塔巴斯科州、韋拉克魯斯州、塔毛利帕斯州、恰帕斯州、瓦哈卡州及太平洋沿線設置的誘集箱。兩年內捕獲並銷毀的 8 萬群以上,這些蜂群中非洲化蜂比例很高,約有 6 萬群。另外,也在此地區增加西方蜜蜂的飼養數量,並在西方蜜蜂群中繁殖大量雄蜂,期望西方蜜蜂能逐漸取代非洲化蜂。

但是,非洲化蜂王產卵數目較多,分蜂群很小並且增長很快。克蘭(Crane, 1990)記述:一個分蜂群 5~7 週就能建立一個新蜂群,分蜂群比西方蜜蜂多十倍。分蜂群可以飛到 75~100 公里外築新巢,處女王產卵日齡較早。另外,非洲化蜂的蜂王,會在非洲化蜂雄蜂密度較高的地區交配。隨著時間的推移,蜂群更加非洲化,西方蜜蜂幾乎完全被取代。許多非洲化蜂的遺傳特性強於西方蜜蜂,使得非洲化蜂更能適應美洲的生活環境。非洲化蜂與西方蜜蜂的行為比較,見表 3.11-1。

非洲化蜂王的發育天數,比西方蜜蜂短。非洲化蜂王發育天數是 14 天,西方蜜蜂是 16 天,見表 3.11-2。同一蜂群中如果有兩種血統混雜,第一隻處女蜂王出現後,會殺在死王台中尚未羽化的處女蜂王,最後主導蜂群。因而,非洲化蜂在蜂群中取得優勢。這是無法防阻非洲化蜂群擴散的一項重要因素。

表 3.11-1 非洲化蜂（Africanized honey bee）與西方蜜蜂（European honey bee）的行為比較（Crane, 1990）

名稱	項目	西方蜜蜂	非洲化蜂
野蜂巢	容積（公升）	45	22
	巢脾面積（1,000cm2）	23.4	8~11
	貯蜜（1,000cm2）	2.8	0.9
日齡（天）	工蜂第一次飛翔	10~14	3
	處女王交尾飛翔	7~10	5~6
	蜂王產卵	交尾後 3	交尾後 3
	雄蜂可交尾	13	7.5
蜂王	產卵數目	每日最多 2,500	每日最多 4,000
		全年 58,000	全年 105,000
每年分蜂	次數	1~4	5~10
	增加群數目	4 倍	16 倍
	新巢最遠距離	5 公里	約 75 公里
蜂螫	每秒螫人次數	1.4	35
	追擊距離（公尺）	22	160
	蜂群螫人後恢復時間	3 分鐘	28 分鐘

表 3.11-2 西方蜜蜂（European honey bee）與非洲化蜂（Africanized honey bee）的發育天數（卵到成蟲）

	西方蜜蜂	非洲化蜂
蜂王	16	14
工蜂	21	19-20
雄蜂	24	24

3.11.7 非洲化蜂進入美國

1990 年 10 月 15 日，非洲化蜂從墨西哥經美國德州南部伊達爾戈（Hidalgo）附近的里奧格蘭德（Rio Grande）河谷，進入美國。卡隆及康納（Caron and Connor, 2013）記述：1991 年非洲化蜂在美國第一

次肇事，德州有人被非洲化蜂螫死。1992 年非洲化蜂擴散到路易斯安那州，1994 年在亞利桑那州的圖森地區發現。1997 年擴散到北卡羅來納州，2005 年到密西西比州，2013 到阿拉巴馬州，接著擴散到喬治亞、田納西、阿肯色、奧克拉荷馬、猶他、內華達等州，非洲化蜂生存在北緯約 34°及南緯 32°緯度之間。從自然生態的角度來看，非洲化蜂被限制在一個緯度範圍內繁衍，這是自然界控制非洲化蜂擴散的機制。

1989 年 4 月南卡羅來納州針對非洲化蜂問題成立諮詢委員會，委員會由來自各州政府及協會十四名成員組成，制定了南卡羅來納州對非洲化蜂的管理計畫。計畫中列出五項建議：1. 教育，培訓和公共信息。2. 監管和檢疫。3. 公共衛生。4. 南卡羅來納州對蜂農的管理。5. 控制及識別。可見該州非常重視非洲化蜂對人們的影響及擴散問題。

3.11.8 結語

東非蜂是基於經濟利益考量，才被引進到南美洲。因牠們被引進到人口比較稠密的南美洲地區，與人類接觸的機會頻繁，因此造成意外傷亡的機率大增。東非蜂螫人致死的訊息，在南美洲傳布非常迅速。由於美洲國家特別重視人民的生命安全，為了防止意外，特別提醒人民小心防範，以致東非蜂成為知名的殺人蜂。

PART 4
國際養蜂交流

作者參與多場國際蜂會、亞洲蜂會，以及養蜂相關國際活動，體驗了哪些新鮮事？兩岸蜜蜂如何交流？美國華府的「世界蜜蜂日」有什麼特色？精彩內容盡在本章。

各種大小型的蜜蜂公寓

4.1 澳洲亞特蘭大第26屆國際蜂會：第26屆國際APIMONDIA蜂會，於1977年10月在澳洲的亞特蘭大舉辦。作者帶領臺灣代表團一行六人，首次參加國際蜂會。記述參加國際蜂會的時空背景、組隊前往澳洲的過程、蜂會盛況、參加蜂會的心得等。七天的國際蜂會，快速了解歐美的養蜂型態，廣增見聞拓展視野，獲益良多。

4.2 美國密西根養蜂協會演講：1985年作者公費留學，赴美國密西根州立大學博士後研究。昆蟲學系胡品納（Dr. R. Hoopingarner）教授，是美國密西根州養蜂協會理事長，邀請3月在該協會的年會發表專題演講。介紹臺灣養蜂事業的發展，內容包括蜂王乳的產銷、臺灣省養蜂協會成立經過、臺灣的蜂蜜評審等。當年美國蜂農對蜂王乳的產及銷很陌生，也很有興趣。

4.3 兩岸蜜蜂交流溯源：1999年3月國立臺灣大學昆蟲學系何鎧光教授領隊，訪問中國蜜蜂研究機構。包括北京市中國農業科學院蜜蜂研究所、北京市農科院蜜蜂博物館、北京市順義蜂療所等。接者轉往福建省訪問福州市福建農業大學蜂學系、福建農業大學蜂療研究所。協商兩岸蜜蜂與養蜂交流事宜，開啟海峽兩岸養蜂業的交流。

4.4 泰國清邁第 5 屆亞洲蜂會：第 5 屆亞洲蜂會，於 2000 年 3 月在泰國清邁舉行。國立臺灣大學何鎧光教授領隊，陳裕文博士宣讀論文。會後首次被大蜜蜂螫，留下了深刻印象。參訪清邁華僑楊盛清的養蜂場，遇到美國加州大學的養蜂學劉英昕教授。參訪清邁臺灣蜂農的養蜂場，臺灣養蜂技術促成泰國蜂業快速發展，感覺與有榮焉。

4.5 菲律賓拉古納第 7 屆亞洲蜂會：第 7 屆亞洲蜂會，於 2004 年在菲律賓舉辦，我國亞太糧食肥料技術中心是贊助單位，會議在拉古納的菲律賓大學。亞太糧肥主任吳同權博士，開幕式致賀詞。臺大何鎧光教授代表臺灣發表論文。參加大會安排星光之夜，及各項節目，獲益良多。

4.6 武漢第 4 屆兩岸蜂會：第 4 屆兩岸蜂會，於 2004 年 11 月在武漢舉辦。作者領隊，臺灣代表 34 人，會議論文 47 篇，分為 6 個專題，包括兩岸綜述、蜂病防治、蜜蜂生物學、蜜蜂醫療等。蜂會中安排 2 小時的自由座談，交換心得，是這次蜂會的特色。大家無所不談，道出所有難言之隱，是最有價值最值得回味的一項特色。會後參訪華中農業大學、華中農業大學養蜂場、武漢寶春蜂王漿公司、武漢大學等，留下深刻印象。

4.7 杭州第 9 屆亞洲蜂會：2008 年 11 月在中國舉辦的第一次亞洲蜂
會，有五大洲 28 國，一千多人參加，是歷屆亞洲蜂會參加人數
及國家最多的一次。歡迎晚宴、亞洲蜂會暨博覽會開幕式及答謝
晚宴，都安排得極為精緻。會後參訪中國江南地區人文薈萃的名
勝，蘇州、烏鎮、寒山寺及留園等地，是參加杭州蜂會的額外
收穫。

4.8 法國蒙彼利埃第 41 屆國際蜂會：第 41 屆國際 APIMONDIA 蜂會，
於 2009 年 9 月在法國蒙彼利埃舉辦。參加國際會議並發表研究
報告，也帶回許多新的養蜂知識、研究方向等。同時，體驗到法
國巴黎文化蘊藏、光輝亮麗的一面，見到街頭許多乞丐的悲慘場
面，形成強烈對比。搭飛機回國路上很納悶一件事，法國羅浮宮
典藏眾多世界級名畫及藝術品，為什麼讓觀眾拍照及錄影，而臺
灣許多博物館卻要禁止拍照及錄影？孰是孰非，百思不解。

4.9 首屆新疆黑蜂論壇：首屆新疆黑蜂論壇，於 2012 年 7 月在新疆
的尼勒克縣辦理。參訪烏魯木齊的養蜂發展基地，看到穿著迷彩
軍服的養蜂裝及當地的使用繼箱養蜂，又參訪新疆黑蜂育種站，
非常難得。在郊外一大片空蕩蕩的土地上，一個小山丘下擺放了
數十箱的蜜蜂的蜂農，使用現代化的煤氣爐烹煮食物，用太陽能
板發電，還架有碟形天線在帳棚外，最感意外。

4.10 美國華府的世界蜜蜂日：2016 年 5 月在美國華府，參加斯洛維尼亞大使館主辦「世界蜜蜂日」活動，享用該國別具風味的蜂蜜早餐，欣賞具有文化特色的彩繪蜂箱。蜜蜂公寓獨具特色，使養蜂場具有吸引力。斯洛維尼亞政府為推展養蜂事業，全國規劃 12 條「養蜂場之旅」觀光路線。將養蜂業與觀光業結合，值得參考。

4.1 澳洲亞特蘭大第 26 屆國際蜂會

　　為拓展蜂王乳外銷，瞭解國際養蜂運作並廣結善緣，臺灣養蜂代表團首度於 1977 年 10 月 13 至 19 日，飛往澳洲亞特蘭大（Adelaide），參加第 26 屆國際 APIMONDIA 蜂會（26th International Congress of Apiculture of APIMONDA）。該會議係由當年設在羅馬尼亞（Romania）布加勒斯特（Bucharest）的「國際蜂聯」（The International Federation of Beekeeping Associations）主辦，主要目的在促進養蜂業者聯誼及相關產業發展。與會有 65 個會員國及 2,000 多位代表，大會討論內容分為五個主題：養蜂技術及裝備、蜜蜂生物學、蜜源植物及授粉、蜜蜂病蟲害學、養蜂經濟學。會議活動除開幕迎賓、期中餐會、閉幕大會、參訪養蜂場之外，並安排室外的養蜂器具展及室內的蜂產品展。

　　代表團一行六人，作者擔任團長，團員有中華蜂王乳公司董事長張朝琴、養蜂協會常務理事李錦洲、中國蜂業公司董事長邱坤豐、臺灣蜂王乳公司董事長陳榮輝及三宜蜂業公司董事長林宜鐘。亞洲國家除臺灣外，尚有日本、馬來西亞、泰國及印度等國參加。

4.1.1 參加國際蜂會的時空背景

　　1956 年 7 月日本蜜蜂專家井上晃先生帶來《採收蜂王乳技術》影片，指導養蜂業者生產蜂王乳後，臺灣養蜂業者積極生產，締造「蜂王乳王國」的榮景。

1. 蜂王乳外銷

　　1961 至 1962 年間，養蜂業者開始採收蜂王乳。1964 年臺灣蜂王乳年產約 50 公斤。1966 年開始外銷蜂王乳，輸往日本 10 公斤。到 1976 年 91 噸，金額達新臺幣 3 億 7 千 2 百餘萬元。主要外銷市場日本占 80%，其餘銷往香港及東南亞等地（參見本書 2.7 臺灣蜂場經營之研究）。

　　隨著蜂王乳外銷數量及產值不斷增加，養蜂業者迫切需要匯集民

間力量，於 1968 年成立「臺灣養蜂協會」。為防止蜂王乳價格被操縱剝削，確保臺灣出產的蜂王乳品質，保障蜂農的利益，接著又成立「中華蜂王乳產銷股份有限公司」。

2. 臺灣養蜂協會成立

1969 年 8 月正式成立臺灣省養蜂協會，初成立時會員 151 人。第一屆理事長是臺中市施學昆先生，1970 年 12 月在臺中市自由路 2 段 92 號，舉辦第一屆第一次會員大會（參見本書 1.3 臺灣省協會創立經過）。

3. 中華蜂王乳公司成立

在臺灣省政府農林廳及臺灣養蜂協會輔導下，成立中華蜂王乳產銷股份有限公司，由養蜂協會的會員共同投資，1975 年 4 月成立籌備處。當初設有七個養蜂研究班，參加的蜂農 985 人，蜂群數 119,497 箱，負責人董事長張朝琴，經理藍偉誠。

1976 年公司開辦初期因未建立外銷網，交易未臻理想。生產蜂王乳價格與外銷日本價格相差懸殊。經公司不斷努力，外銷價格由每公斤新臺幣 3,000 餘元逐步提高到 4,000 餘元，已達政府評定的生產成本價格。依據毛潤豐記述，1977 年臺灣已經享有「蜂王乳王國」的美譽。

4.1.2 組隊前往澳洲

作者領隊前往澳洲，負責辦理與大會聯絡、報名、訂行程、購機票等，參加國際會議的相關事宜。代表團張朝琴、李錦洲先生與作者同行，出國前翁文炳理事長親自到機場送行（圖 4.1-1）。到雪梨後，先拜訪當年駐澳洲的「遠東貿易代表團」，羅世琪代表（圖 4.1-2）熱忱接待，介紹澳洲國情及當地中國人概況，帶領參觀著名的雪梨歌劇院、博物館及風景區等。會議結束後，

▌4.1-1 臺灣養蜂協會翁文炳（左 1）理事長到機場送機

▌4.1-2 遠東貿易代表團（右起）羅世琪代表、張朝琴、李錦洲、安奎

10 月 22 日參觀墨爾本市，並拜訪「遠東貿易公司常務董事」唐賢仁先生。

4.1.3 國際蜂會盛況

大會於 10 月 13 日開幕，10 月份南半球澳洲春暖花開氣候宜人。開幕典禮在亞特蘭大市一座可容納兩千人的文化中心大廳舉行。大會期間，室外的「養蜂器具展覽」，看到許多以前只在書本上見過的養蜂器具，如塑膠蜂箱（圖 4.1-3）、吊運蜂箱的大型吊車（圖 4.1-4）、幽王籠（圖 4.1-5）、塑膠巢框等，首次看到實物印象深刻。展覽場中巧遇美國蜜蜂皇后（Honey Queen）與觀眾握手（圖 4.1-6），她是大會邀請的貴賓，引起眾人圍觀。

另有一場非常特別的澳洲原住民「毛利人長茅及迴旋鏢」表演，毛利人的 L 型迴旋鏢投到約 20 到 30 公尺空中，盤旋後又飛回原表演者的手中，非常精彩。表演時大會主席杜爾博士（Dr. K. M. Doull）也到場觀賞，機會難得邀請合照存念（圖 4.1-7）。他得知我們來自臺灣，也很好奇，詳細詢問了臺灣養蜂事業的情況。參加大會的世界各

▌4.1-3 塑膠蜂箱及繼箱

▌4.1-4 吊運蜂箱的大型吊車

▌4.1-5 李錦洲與寄送蜂王的幽王籠

▌4.1-6 美國蜜蜂皇后與毛利人

▌4.1-7 左起林宜鐘、安奎、李錦洲、大會主席 Dr. K. M. Doull、陳榮輝、張朝琴、邱坤豐

▌4.1-8 穿裙子打領帶的愛爾蘭男人

▌4.1-9 澳洲蜂蜜局的歡迎牆面　　▌4.1-10 電動搖蜜機可放　▌4.1-11 滾輪式巢礎製
　　　　　　　　　　　　　　　　54 片巢脾　　　　　　造機（下角）及蜜蜂
　　　　　　　　　　　　　　　　　　　　　　　　　　觀察箱（三片巢脾）

▌4.1-12 各種蜂蜜　▌4.1-13 蜜源植物與蜂蜜展示　　　▌4.1-14 蜂蠟用途及製品展示
　　　　及包裝

國人士都有，難得遇到穿裙子又打領帶的男人，特別與這對愛爾蘭夫
婦合照留念（圖 4.1-8），他們很高興遇到臺灣來的養蜂代表團。

　　蜂產品展覽在室內廊廳展出，展場正面是「澳洲蜂蜜局歡迎」的
牆面設計（圖 4.1-9），展場中展出電動搖蜜機（圖 4.1-10）、滾輪式
巢礎製造機及蜜蜂觀察箱（圖 4.1-11）、蜂蜜品嘗器組、各種蜂蜜及
包裝（圖 4.1-12）、蜜源植物與蜂蜜（圖 4.1-13）、蜂蠟用途及製品（圖
4.1-14）等。

　　歐美普遍使用繼箱飼養蜜蜂，使用繼箱的蜂箱很重，無法用人
工搬運，需靠大型吊車懸吊並使用拖車拖運。以前從未想過蜂箱及巢
礎，還可以使用塑膠材質製作，也在展覽場出現。展出的各式電動搖
蜜機，設計精良又合乎衛生。展覽室中展出許多各地古代的蜂巢、模
型及照片、蜜源植物、各種蜂蜜容器及包裝等。從這些展出的養蜂展
品及器具可深切了解，臺灣小農式的養蜂營運，與歐美集約式大規模
的養蜂方式，確實有很大差異。

4.1.4 參加國際蜂會心得

　　參加大會，認識了各國養蜂研究者及養蜂公司負責人，例如日本名古屋養蜂研究所的井上凱夫、神戶大學農學部農業昆蟲研究室的內藤親彥博士、全日本蜜蜂協同組合的副理事長清水進一及日新蜂蜜株式會社的社長岸野憲逸。瑞士的 Paul Yaques 及 Eh. Bonwrd 博士，紐西蘭蜂蜜市場行銷總經理 Curtis Wicht，芬蘭養蜂業的 Kari Koivulehto，捷克養蜂雜誌社的 Mr. Duro Sulimanovic 等。各國養蜂同好都非常友善，交談甚歡。當年蜜蜂蟹蟎在臺灣的養蜂場中已形成危害，但是歐美養蜂業者及各國養蜂專家，仍然不知蜂蟹蟎危害的嚴重性，這也成為在大會中與歐美專業人士交談的話題。回國後仍與國外專業人士保持聯絡，在蜜蜂病蟲害防治問題上互相切磋。

4.1.5 結語

　　首次出國，第一次參加國際 APIMONDIA 蜂會，正巧作者剛進入博士班攻讀「蜜蜂學域研究」，有緣參加國際盛會實屬榮幸。雖僅短短七天的國際蜂會，卻可快速瞭解歐美的養蜂型態，廣增見聞拓展視野，獲益良多。深感臺灣與世界先進國家的養蜂型態，確實有很大落差，政府的養蜂主管機構、養蜂業者及學術界，都需要在養蜂技術方面更加努力，才能儘快趕上世界水平。

4.2 美國密西根州養蜂協會演講

　　1983 年報名參加教育部辦理的博士後研究公費留學，「博物館學域」考試榮獲錄取。查閱國外各大學研究所資料，發現少數大學設有「蜜蜂博物館」，美國密西根州立大學（Michigan State University）是其中之一。立即申請入學，一則進修博物館學，再則深入了解美國的養蜂事業，兩全其美，申請手續非常順利，1984 年 10 月整裝赴美。

4.2.1 赴美國博士後研究

　　密西根州立大學昆蟲學系養蜂學教授，胡品納博士（Dr. Roger Hoopingarner）開授養蜂學課程，也負責管理蜜蜂博物館，並協助作者的博士後研究。首先在密西根大學昆蟲系認識美國的養蜂概況，參與密西根大學的養蜂場管理工作（圖 4.2-1）。瞭解美國特有的養蜂屋（bee house），養蜂場中使用的養蜂工具（圖 4.2-2）等，也首次見到運送蜂蜜的拖灌車（圖 4.2-3）等。

　　因為主要進修目的是博物館學域，特別請胡品納教授推薦到「大學博物館」，進行博物館研究工作。在博物館館長的協助下，深入了解美國大學博物館的運作方式。美國大學博物館正式編制人員很少，活動運作的主力是大學生及研究所學生，以志工身分計時服務而不領工資，服務時數達到規定的總時數，可以得到「志工認證」證書。這是初來美國很納悶又無法了解的課題，想不通為什麼美國大學生願意奉獻時間當志工。後來才發現大學生未來申請進研究所或轉戰職場，「志工認證」可列入加分，並且有許多特殊優惠。實際與志工們一起工作後，發覺參加志工活動有很大的樂趣，除了學習很多課本中學不

▌4.2-1 密西根州立大學的養蜂場

▌4.2-2 蜜蜂屋

▌4.2-3 運送蜂蜜的拖灌車

到的知識及技能外，還可結識許多不同專長的朋友。

　　大學博物館唯一的研究員約翰博士告知，要學習博物館專業知識，可考慮去華府（Washington D. C.）的史密森機構（Smithsonian Institute），該處有更完美的訓練機會，並提供許多短期博物館學專業訓練課程。因此，密西根州立大學停留半年，隨申請轉往史密森機構的國立自然史博物館（National Museum Natural History）進修，繼續博士後研究工作。

4.2.2 受邀發表演講

　　轉往華府前一週，正逢密西根州養蜂協會（Michigan Beekeepers' Association）召開年會。胡品納教授是密西根州養蜂協會的理事長，主持養蜂協會年會。年會會場在密西根大學的會議中心，除了舉辦演講之外，另有展示蜜蜂的小型展覽（圖 4.2-4）、蜜蜂書籍展售、盛裝蜜蜂的精緻容器（圖 4.2-5）等。年會的上午時段辦理「蜂蜜評審」，由胡品納教授親自主審，使用糖度計測定蜂蜜糖度（圖 4.2-6）、測

▌4.2-4 密西根州養蜂協會年會的展覽

▌4.2-5. 盛裝蜂蜜的各式精緻容器

▌4.2-6. 測定蜂蜜的糖度

▌4.2-7. 測定蜂蜜的色澤

定蜂蜜的色澤（圖 4.2-7），加上判別香味、品嘗風味，最後公布得獎名單。這是首次見到美國「蜂蜜評審」的整個過程，非常難得。正逢內人歐陽琇來美探親（圖 4.2-8），也參加密西根養蜂協會的年會活動。

▌4.2-8 密西根州養蜂協會的看板

胡品納教授邀請作者於 1985 年 3 月 19 日下午發表專題演講，生平第一次在美國上臺發表演講，使用幻燈片介紹「臺灣養蜂事業的發展」。演講結束，許多蜂農在門口等候，簇擁好奇發問，交談熱絡彼此留下深刻印象。演講之後的第三天，與內人搭機轉往華府。

4.2.3 專題演講內容

由於進入臺博館工作後，仍然在國立臺灣大學昆蟲學系兼課，與何鎧光教授共同開授「養蜂學」。因此，對當年臺灣養蜂事業發展，頗為熟悉。專題演講從臺灣飼養的西方蜜蜂很溫馴說起，臺灣蜂農不需要戴面罩，只要點一根香菸，就可以開箱檢查蜜蜂，當地蜂農對此點很感興趣。

接著介紹臺灣養蜂場的單箱式飼養，臺灣養蜂事業於 1956 年日本人傳入蜂王乳生產技術後，開始產銷蜂王乳，蜂農賺大錢，引起美國蜂農的興趣。也介紹臺灣的蜂群管理，蜂群的搬運、蜂王乳生產及採蜜方式等。臺灣 1982 年開始實施蜂蜜評審，及 1983 年 7 月在臺灣省立博物館首度辦理「蜜蜂與蜂產品」特展，概略說明，都引起美國蜂農很大興趣。

演講後贏得熱烈掌聲，並有許多當地蜂農提問蜂王乳產銷問題。實際上，美國密西根州蜂農對蜂王乳還很陌生，對蜂王乳能賺大錢，更是特別感興趣。走出會場，還有十多位當地蜂農在門口等候，繼續發問。一位湯姆先生曾經是臺中市馬禮遜外語學校的老師，退休後回密西根州養蜂，一直述說臺中的往事，非常親切。演講的主要內容概略有下列三項：

1. 蜂王乳價格

經過十餘年營運，1972 年臺灣外銷蜂王乳價格一度破萬元大關。1973 年臺灣蜂王乳外銷 48 噸，金額 2 億 2 千 1 百餘萬元；1976 年 91 噸，金額 3 億 7 千 2 百餘萬元，約近美金 1,000 萬元。到 1976 年，全省養蜂戶 1,054 戶，飼養 112,760 群。

2. 臺灣省養蜂協會成立

隨著蜂王乳外銷數量及產值不斷增加，養蜂業者需要匯集民間力量，共同發展養蜂事業。為防止蜂王乳價格被剝削，確保蜂王乳品質，保障蜂農正當利益，並拓展國外業務，於 1968 年成立「臺灣養蜂協會」。

3. 臺灣的蜂蜜評審

早年臺灣蜂蜜品質不良，為了確立消費者信心，1982 年臺灣省養蜂協會辦理「蜂蜜評審」。依據國家標準化驗含水量、蔗糖、還原糖百分比，結果在國家標準乙級以上 93%，甲級以上 14%。這項蜂蜜評審委託農委會、農林廳、國立臺灣大學、國立中興大學、臺灣養蜂協會蜂及國立臺灣博物館共同辦理。

4.2.4 結語

獲博士學位後，雖然人生跑道轉換到博物館學域，但並沒有放棄養蜂學域。順利考取博物館學博士後研究，出國深造，也是意外收穫。

密西根州立大學胡品納教授熱忱邀請，1985 年 3 月在美國密西根州養蜂協會發表演講，介紹臺灣養蜂事業的發展。詳述臺灣的蜂王乳暢銷日本，賺取外匯的經過，讓美國密西根州的蜂農們大開眼界，熱烈發問，深感是一項畢生難忘的榮耀。

4.3 兩岸蜜蜂交流溯源

　　為增進對中國蜜蜂科學研究發展的進一步瞭解，由國立臺灣大學昆蟲學系何鎧光教授帶團，安奎、陳裕文、張明星同行赴大陸參訪。於 1999 年 3 月 22 日至 4 月 1 日，訪問中國大陸蜜蜂教學及研究機構共計 11 天。訪問北京的行程：3 月 23 日訪北京市東郊香山區的「中國農業科學院蜜蜂研究所」，3 月 24 日訪北京市農科院「中國蜜蜂博物館」，3 月 25 日訪北京市順義區的「北京蜂療所」。3 月 29 日轉往福建，參訪福州市的「福建農業大學蜂學系」，3 月 30 日上午參加蜂學系座談，下午觀摩蜜蜂人工受精及生產王漿過程，3 月 31 日參觀養蜂場，4 月 1 日訪問「福建農業大學蜂療研究所」等。此次參訪是為後續的兩岸蜜蜂與養蜂交流鋪路，回臺之後即刻籌備於 2000 年，舉辦第一屆兩岸蜜蜂生物學研討會。

4.3.1 中國農科院蜜蜂研究所

　　中國農科院蜜蜂所成立於 1958 年，位於北京西郊海淀區的香山（圖 4.3-1）。該所技術人員有 98 人，共有六個研究室，分別為現代化蜜蜂飼養技術研究室、蜜蜂遺傳育種研究室、蜜蜂保護研究室、養蜂資源研究室、蜂業技術開發室、蜂產品研究室等，並有五個分布於郊區的實驗蜂場。另外有中國養蜂雜誌編輯室，負責月刊的編輯工作。蜜蜂研究所規模相當大，有豐碩的研究成果。1993 年曾經辦理過第 33 屆國際 APIMONDIA 蜂會，頗受世界肯定。

▎4.3-1 中國農科院蜜蜂研究所

4.3.2 蜜蜂博物館

　　1993 年建立的蜜蜂博物館（圖
4.3-2）在中國農科院蜜蜂所內，
初建時期的展覽空間只有 80 平方
公尺，1994 年 10 月對社會大眾開
放。1996 年擴大展覽空間為 150 平
方公尺，並正式立案為中國蜜蜂博
物館，展覽室分為三區，展出圖片

▎4.3-2 中國蜜蜂博物館

500 多幅，標本、模型及實物 700 餘件。分別展出蜜蜂的起源及演化、
中國古代養蜂史、蜜蜂及文化藝術、中國蜜蜂和蜜源植物資源、蜜蜂
生物學特性和蜂產品的生產、蜜蜂為農作物授粉增產、蜂產保健產品
和蜂療、中國養蜂業發展成就、世界養蜂業概況、國際科技交流等。

　　博物館展覽透過圖片、圖表、標本、實物、景觀模型、錄像播
放等方式呈現。生動介紹中國源遠流長的養蜂發展史、蜜蜂生物學知
識、現代養蜂科學技術及蜂產品的市場。特別強調提供中小學生物學
教學的課外活動場所、培養中小學生對蜜蜂科學和生物學的興趣、滿
足探求知識的渴望，并以蜜蜂的品格，對學生們進行高尚情操的薰陶。

　　該館的最大特色，是蜜蜂與文化藝術部分，將中國歷史與蜜蜂有
關的傳統文化藝術，整理成冊，並擇其精華展出，濃郁的學術氛圍最
為誘人。該館是一個小型專題博物館，展覽內容深入，可稱之為「小
而精緻」。

4.3.3 順義北京蜂療所

　　北京市順義區蜜蜂醫療科學研究所，簡稱「北京蜂療所」，是極
為特殊的醫院，它以蜜蜂的螫針為主要的醫療工具。醫院成立於 1990
年，主持人王孟林醫師是清朝御醫世家，家學淵源，醫理精湛。王醫
師主持蜂針治療，並辦理推廣教育工作，該醫院隸屬於北京紅十字會
的一個支會。蜜蜂螫針分泌的蜂毒，對於糖尿病、類風濕、風溼、高
血脂、高血壓、心胸血管病、腸胃炎等，有特殊的效果。除北京蜂療

▌4.3-3 拜訪張复興所長　　　▌4.3-4 北京明十三陵定陵博物館　▌4.3-5 登上長城

醫院之外，全國另有八個門診點。蜂針療法是中國古代的一種特殊醫術，目前各地都有蜂針研究學會，並召開過國際會議。順義北京蜂療所的蜂療，是一極為特殊的中國傳統醫學，他們有意願來臺灣推展蜂療事業。

　　在北京訪問期間，受蜜蜂研究所張复興所長熱情招待（圖 4.3-3），安排到北京遊覽明十三陵定陵博物館（圖 4.3-4）、參訪附近景點、遊北京頤和園、八達嶺，並登上長城（圖 4.3-5），完成了參訪的另一心願。

4.3.4 福建農大蜂學系

　　福建農大蜂學系成立於 1960 年，是中國大陸唯一的蜜蜂學系。原為二年制，1980 年改為四年制，每年招收 30 名學生及少數碩士班研究生。1999 年該系有三位教授、八位副教授，另有講師及助教，該系畢業生分布於全國各地，為各省主要的養蜂基層幹部。蜂學系設有蜂產品加工場、產品經營部、教學用實習蜂場。研究方面以蜂種及育種方面最為突出，退休龔一飛教授是養蜂界最資深具世界知名度的學者，對於蜜蜂的起源進化及分類有長期性研究。龔教授願與我方合作研究相關題目，值得進一步洽商或探討。在該系參觀期間，觀摩人工受精及蜂王乳生產，並參觀蜂農的養蜂場，生產技術及設備等。中國大陸的蜂蜜及蜂王乳的產量及外銷量，當年居全世界第一位。

4.3.5 福建農業大學蜂療研究所

　　福建農業大學蜂療研究所於 1986 年成立，參訪時繆曉青所長親

自接待。研究所的房舍仍在建築中，該所以蜂產品加工利用、蜂膠、與蜂毒的應用研究為主，極具發展潛力。整體而言，中國大陸在養蜂學方面，不論是教學，或對養蜂事業的推廣都有良好的進展。其中福建農業大學的蜂療研究所非常突出，已經發展出整

▍4.3-6 遊福建石林

套體系。蜂產品的蜂毒方面，也發展出治療人類疾病的模式，並有良好的成效。參訪福建後，轉到附近景點石林（圖 4.3-6）等地旅遊。

4.3.6 兩岸交流緣起

　　1993 年 9 月，第 33 屆國際 APIMONDIA 蜂會在北京召開，當年臺灣蠶蜂業改良場場長謝豐國博士、臺灣大學昆蟲學系何鎧光教授，率團參加。並專程前往中國農科院蜜蜂所參訪，提議海峽兩岸的養蜂專家學者，應有較為固定的交流形式。1999 年 4 月，福建省農業專家團來臺灣考察，代表團高文仲副團長及繆曉青所長向臺灣大學何鎧光教授及安奎教授提議，海峽兩岸輪流舉辦蜜蜂生物學研討會。

　　此次何教授等人再度訪問中國農科院蜜蜂所，與張復興所長研商海峽兩岸交流事宜，一致結論樂觀其成。回臺後何教授與作者研商，預定 2000 年辦理蜜蜂研討會，確定命名「兩岸蜜蜂生物學研討會」，以便符合國立臺灣博物館支援相關經費要件，接著與何鎧光教授、陳裕文，研商辦理交流活動細節。第一屆研討會，於 2000 年 7 月 10 至 11 日，在苗栗區農業改良場舉辦。主辦單位是國立臺灣博物館及國立臺灣大學昆蟲學系，出版《兩岸蜜蜂生物學研討會專刊》，由何鎧光、安奎、陳裕文編輯，國立臺灣大學昆蟲系編印。大陸中科院蜜蜂所所長張復興率團，連同龔一飛、陳崇羔、繆曉青、匡邦郁、陳震、王建鼎共七位專家學者，來臺訪問 10 日，參觀養蜂場及有關機構。兩岸蜜蜂交流正式開始，作者也於 2000 年 10 月就任國立臺灣博物館館長，頗為巧合。次年 11 月輪由大陸主辦第二屆海峽兩岸蜜蜂生物學研討會，福建省科學技術協會在福州市閩江飯店舉辦，臺灣有 4 人出席此次會議。

2002 年 12 月在臺灣辦理第三屆兩岸蜜蜂生物學研討會。於國立臺灣大學圖書館國際會議廳舉辦。由臺灣昆蟲學會、國立臺灣大學昆蟲學系及國立臺灣博物館主辦，臺灣省養蜂協會、財團法人臺灣博物館文教基金會協辦。因大陸交流團 11 位團員入臺申辦不及，研討會延至 2003 年 1 月。大陸專家學者有 12 篇論文，2002 年 12 月 27 日出版 2002《兩岸蜜蜂生物學研討會》專刊。主編是陳裕文、安奎、江敬皓，由臺灣昆蟲學會系編印。

4.3.7 結語

首次隨何鎧光教授到大陸，參訪「中國農科院蜜蜂研究所」，了解中國投入龐大人力、物力、資源，對蜜蜂做全面性的研究，頗為震撼。創設「蜜蜂博物館」，重視科普教育及發揚蜜蜂文化藝術，更是感動。到順義北京蜂療所拜訪王夢林院長，體會到中國傳統醫學「蜂療」的精深博大，無比敬佩。

轉往福建拜訪農大蜂學系陳崇羔主任，見到專門培訓養蜂專業人員的大學，看到全國對養蜂事業的重視。拜訪福建農業大學蜂療研究所繆曉青所長，則是另一種投入蜜蜂專業研究的新方向。中國在養蜂研究及事業方面，全方位動員及推動，未來發展必然亮麗。

4.4 泰國清邁第 5 屆亞洲蜂會

　　2000 年 3 月 20 至 24 日在泰國清邁舉辦第 5 屆亞洲蜂會（Fifth Asian Apicultural Association Conference），與第 7 屆熱帶蜜蜂管理與多樣性會議（Seventh IBRA Conference on Tropical Bees；Management and Diversity）合併舉辦。主辦單位分別為國際蜜蜂研究會（International Bee Research Association）及亞洲蜂會（The Asian Apicultural Association）。會議內容，分為論文宣讀、研究報告海報、養蜂產品及新技術展示等三個部分。

4.4.1 組團前往

　　國立臺灣大學何鎧光教授領隊，安奎、陳裕文隨行，於 2000 年 3 月 20 日搭乘 8 點 40 分班機直飛，中午 12 時 20 分抵達泰國清邁。進駐旅館時，泰北臺商同鄉聯誼會徐壬發會長及三宜養蜂場林豐泉董事長送花束歡迎（圖 4.4-1），另

▋4.4-1 泰北臺商聯誼會徐壬發會長（左 2）、林豐泉（右 4）歡迎

有農林廳張國輝技正、蜂友陳銀貞夫婦等人參加會議。接著當天下午 2 點趕到大會會場參加亞洲蜂會，臺灣代表團除發表論文外，並參加大會議程及活動，藉以瞭解國際及亞洲對於蜜蜂研究的方向及進展。

4.4.2 論文發表

　　論文宣讀分為蜜蜂生物學、蜜蜂多樣性、熱帶蜂群管理、蜜蜂病蟲害、蜜蜂在生態系的保育、蜜蜂遺傳基因、蜜蜂產品改良、國際援助養蜂業發展等八大單元。臺灣代表陳裕文博士提交的論文在蜜蜂產品改良部分，於 3 月 20 日下午宣讀，題目是「The bioassay technique to identify the quality of royal jelly」，作者江敬皓、安奎、陳裕文、何鎧光。

4.4.3 會後參訪

　　論文發表完拜訪清邁大學（圖4.4-2）理學院的蜜蜂研究單位，參觀一間蜜蜂研究室時，看到陽台外垂懸了一窩大蜜蜂（圖4.4-3）忙著飛進飛出，都駐足觀看十分興奮。大蜜蜂是亞洲重要蜂種，臺灣從來沒有見過，大家都非常好奇。大蜜蜂只有單片巢脾沒有外巢，通常懸掛在高大的樹枝上、岩洞壁上或屋簷下，大多生活在露天環境。一片巢脾就是一群蜜蜂，有1至2公尺寬、1公尺長。大蜜蜂看起來非常友善，好奇心驅使下，作者與陳博士爬出矮牆，躲到小陽台下方，點支香菸，向大蜜蜂噴了兩口煙。說時遲那時快，數十隻大蜜蜂衝進屋內，直向人群攻擊。大家嚇得四散逃避，跑得愈快，追得愈快。陳博士與作者趁大蜜蜂出動攻擊之際，爬回矮牆與大家一同跑開。逃竄之際很多人都被蜂螫，痛了兩三天。大蜜蜂螫人的痛是椎心之痛，與西洋蜂感覺完全不同。

　　泰國主要有四種蜜蜂：大蜜蜂、小蜜蜂（*A. florea*）、東方蜜蜂（*A. cerana*）及西方蜜蜂（*A. mellifera*）。大蜜蜂多半築巢於森林中或岩壁上，無法飼養，當地住民零星獵取蜂蜜及蜂蠟。泰國小蜜蜂的蜂蜜產量極低，無經濟價值，沒有人飼養。東方蜜蜂飼養不易，僅有少數蜂農飼養，蜂蜜產量也不高。西方蜜蜂是泰國大多數蜂農飼養的種類，是主要經濟蜂種。

▌4.4-2 參訪清邁大學理學院

▌4.4-3 陽台外垂懸的一窩大蜜蜂

次日，拜訪華僑楊盛清董事長在泰國清邁的蜜蜂公司 Fora bee（圖 4.4-4）。楊董在 1975 年畢業於國立臺灣大學園藝系，大學期間選修何鎧光教授的養蜂課，某年暑假，何教授曾介紹他到關西宋德奎的養蜂場實習。楊董從臺灣返回泰國後，最先 2 至 3 年種植草菇，每年只做半年，其他時間養蜜蜂。當年投資約 3 萬元發展養蜂，蜜蜂每箱 3,000 元，曾到英國購買養蜂器具，並向臺灣三宜養蜂場林宜鐘先生學習製作巢脾的技術，回泰國自行製作巢脾。

楊董的蜜蜂工廠，廠區有 3 條生產線，員工約 130 人。主要蜂產品來自契作蜂農及少數游離蜂農，所有進貨均通過廠內自主檢驗，公司販售養蜂器具及資材，並設有蜂具展覽室。楊董的公司經營非常成功，是清邁數一數二的大公司。工廠內飼養數十箱蜂群，供訪客參觀（圖 4.4-5）。公司最多曾飼養一萬多箱蜜蜂，一組約 1 千箱，共 10 組，分置於 200 多個地點，分布在 100 公里範圍內。

楊董帶領參觀清邁著名的雙龍寺（圖 4.4-6），接著參觀臺灣蜂農程日德先生的養蜂場，程先生約在 1984 年到清邁養蜂。當年飼養數百箱，雇請 10 多名工人，經營得相當成功。養蜂場的管理模式非

4.4-4 參訪楊盛清的蜜蜂工廠

4.4-5 楊盛清工廠的蜂群

4.4-6 參訪雙龍寺

4.4-7 楊盛清（前左 2）宴客劉英昕教授（前右 2）

常眼熟，與臺灣養蜂場頗為相似，唯一差異是養蜂幫手都是泰國人。晚餐楊董作東，座上賓有三宜養蜂場林豐泉、農林廳張國輝、美國劉英昕教授（Christion Y. S. Peng）等（圖4.4-7）。劉教授是國立臺灣大學昆蟲系的校友，在加拿大獲得學位後，到美國加州大學戴維斯分校教授養蜂學多年，此次在清邁不期而遇，相談甚歡。

4.4.4 泰國曼谷第一屆亞洲蜂會憶往

整理清邁第五屆亞洲蜂會文稿之際，檔案中找到1992年參加泰國曼谷第一屆亞洲蜂會的照片。當年也是由國立臺灣大學何鎧光教授帶團，團員有安奎、陳裕文、藍國賢、李福涼等人。藍國賢先生的太陽谷養蜂場向亞洲蜂會申請展覽攤位，展出臺灣養蜂概況及蜂產品（圖4.4-8）。當年朱拉隆宮大學的王西里教授（S. Wongsiri）陪同泰國公主，參觀太陽谷養蜂場攤位，作者協助解說（圖4.4-9）。會場有許多國外養蜂團體，泰北養蜂公司、泰北養蜂協會（圖4.4-10）、韓國東亞養蜂園、澳洲的銷售蜂王公司（圖4.4-11）等攤位，同時展出。

會後轉到曼谷參訪佛寺，看大象表演（圖4.4-12）、泰國藝文表

▌4.4-8 太陽谷養蜂場攤位，何鎧光教授（左），藍國賢（中）、李福涼（右）　▌4.4-9 泰國公主由王西里教授陪同（白衣）參觀太陽谷養蜂場攤位

▌4.4-10 泰北養蜂協會攤位

▌4.4-11 澳洲銷售蜂王公司的攤位

▌4.4-12 參觀大象表演

演等，可惜當年的文字紀錄已散失，僅留下一些值得回味的精彩照片，與讀者分享。

4.4.5 結語

參加泰國清邁第 5 屆亞洲蜂會，並提出論文報告，是臺灣養蜂業走向世界的另一歷史軌跡。清邁之旅，無端噴煙招惹看似溫和的大蜜蜂，不料被猛烈反擊螫刺，留下深刻印象。華僑楊盛清董事長在清邁經營養蜂事業成功，晚宴中見到美國加州大學的養蜂學劉英昕教授，更是意外驚喜。在清邁見到臺灣蜂農將養蜂技術引入泰國，促成泰國養蜂業快速發展，感覺與有榮焉。

4.5 菲律賓拉古納第 7 屆亞洲蜂會

第7屆亞洲蜂會在菲律賓舉行，我國亞太糧食肥料技術中心是贊助單位，會議地點在拉古納的菲律賓大學（University of the Philippine Los Baos, College, Laguna, Philippines），會議日期在 2004 年 2 月 23~27 日。日本玉川大學蜜蜂研究所主任松香光夫博士是亞洲蜂會的理事長，也

▌4.5-1 何鎧光教授發表演講（江敬皓攝）

是此次會議的主席，開幕式在主席臺上，有我國亞太糧肥中心主任吳同權博士，並在大會開幕式中發表簡短賀詞。何鎧光教授代表臺灣發表論文（圖 4.5-1），題目是「臺灣控制蜜蜂幼蟲病的策略」。

4.5.1 大會概況

亞洲養蜂協會會員約 280 人，此次參加開會註冊有 105 人，分別來自澳大利亞、柬埔寨、中國大陸、德國、印度、印尼、義大利、日本、韓國、馬來西亞、尼泊爾、紐西蘭、波蘭、巴基斯坦、蘇俄、臺灣、泰國、英國、美國、越南（圖 4.5-2）等。中國大陸有 23 人參加，人數最多。臺灣代表有吳同權博士、古德業博士，學界有何鎧光教授、安奎、陳裕文、江敬皓，另有亞太糧肥駐菲律賓主管亞吉柏博士（圖 4.5-3），共 7 人。菲律賓大學與著名的亞洲稻米研究中心為鄰，是一

▌4.5-2 各國與會代表（江敬皓攝）

▌4.5-3 臺灣團員在亞吉柏（右3）家早餐、團長吳同權（右4）

個學術小鎮，離馬尼拉約有五十公里，因為附近沒有任何景點，五天會議幾乎全部在會場中度過。

4.5.2 研討會重點

　　大會第一天 2 月 23 日上午的主題，是國際農糧組織報告世界有關養蜂的活動，由韓國籍負責人 Ho Zoo Lea 報告。另有介紹蜜蜂與環境（Bees and the Environment）、對亞洲蜜蜂生物學認知的差距（The Biology of Asian Bees: Gaps in Our Knowledge）、亞洲南部中國蜂的生物地理（Biogeography of *Apis cerana* in South Asia）等專題演講。下午是論文發表，主題為授粉生物學，除了西方蜜蜂之外，無螫蜂（stingless bees）在溫室作物授粉，也是論文發表的重點。實際上，無螫蜂授粉有很大潛力，臺灣如有豐富經驗的專家投入研究，頗值得進一步開發利用。

　　第二天的主題是蜜蜂生物學，包括蜜蜂行為學、生理學及養殖學等。比較有趣的一項專題是將大蜜蜂（*A. dorsata*）及黑大蜜蜂（*A. laboriosa*）封蓋的巢脾，放入西方蜜蜂蜂群中（*A. mellifera*）羽化，觀察並比較成蜂的行為。研討會有數篇關於大蜜蜂的研究成果，臺灣沒有大蜜蜂及小蜜蜂，對於這兩種蜜蜂的生態比較陌生。另外的專題討論（圖 4.5-4），包括熊蜂的飼養成果，是比較受關心的議題，下午安排蜜蜂人工受精的操作示範（圖 4.5-5），因大會工作人員準備不及，臨時取消。

▌4.5-4 專題討論（江敬皓攝）

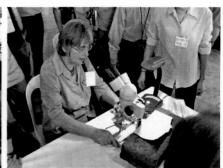

▌4.5-5 蜂王人工受精示範（江敬皓攝）

第三天安排參觀養蜂場，分別參訪一個西方蜜蜂及東方蜜蜂的養蜂場。飼養西方蜜蜂的是「瑪麗亞養蜂場（Ilog Maria Honeybee Farms）」（圖4.5-6），用繼箱飼養，有日光集蠟器（圖4.5-7），專門運送授粉蜂群的拖車，是美國的養

▌4.5-6 瑪麗亞養蜂場主人解說

蜂方式，該養蜂場自行研發數十種蜜蜂產品，有蜂蜜香皂、蜂膠軟膏、蜂膠液、蜂蠟黏土、蜂王乳霜、沐浴乳、蜂蠟蠟燭、蜂蠟玩偶等，賣店的商品多樣化是主要特色。養蜂場中有數群使用美式蜂箱（圖4.5-8）及椰子殼飼養無螫蜂（圖4.5-9），大家頗覺新鮮。

第四天的主題是蜜蜂病蟲害，蜂蟹蟎（*Varroa jacobsoni*）是重要主題，亞洲各國幾乎都有蜂蟹蟎危害，有多篇研究報告。展覽會場中除介紹一般蜂蟹蟎藥劑，有臺灣尚未使用的新藥劑，「Api-life-var」及「Apiguard」都是以強力防腐劑為主成分，蜂蟹蟎防除率達百分之九十，且蜂產品中無殘毒，當時索取少許樣品帶回臺灣，提供給國內相關學術機構詳細研究。

最後一天介紹各國的養蜂事業現況及發展，有利用蜂毒、蜂膠、其他蜂產品的蜂療保健專題報告，此應用領域是養蜂業未來發展的趨勢。蜂膠很受重視，研究及報告最多，無螫蜂在菲律賓的分布很普遍，生產蜂膠的量很大，是值得開發的蜂種。

▌4.5-7 日光集蠟器

▌4.5-8 飼養無螫蜂的蜂箱

▌4.5-9 使用椰子殼飼養無螫蜂

| 4.5-10 EZI-QUEEN 展覽攤位（江敬皓攝） | 4.5-11 APIGUARD 展覽攤位（江敬皓攝） | 4.5-12 中國蜜蜂展覽攤位繆曉青教授（右）（江敬皓攝） |

4.5.3 海報展示及展覽

　　大會會場旁有海報展示區，展出各國學者的部分研究成果，距離會場約十分鐘的大學社團活動花園中，另外設有蜂業展覽區，展出養蜂業的相關產品，如花粉採集器、藥品、養蜂社團、EXI-QUEEN 攤位（圖 4.5-10）、APIGUARD 攤位（圖 4.5-11）等。亞洲養蜂協會的攤位在第一展區，陳列許多出版的養蜂會刊及蜜蜂書籍等。第二展區是中國養蜂學會（圖 4.5-12）攤位，展出各類蜂產品及福建福州蜂學院的相關資訊。另有韓國、菲律賓、澳洲等攤位，介紹各國相關蜜蜂產品。展覽會場收取門票，並對社會大眾開放。

4.5.4 結語

　　此次開會帶回的新學術資料，是蜜蜂的種類增加為九種。大蜜蜂類增加一種，除大蜜蜂（*A. dorsata*）外，增加體型更大的黑大蜜蜂（*A. laboriosa*）。西方蜜蜂（*A. mellifera*）外，另有比西方蜜蜂體型更小的沙巴蜂（*A. koschevnikovi*）、綠努蜂（*A. nuluensis*）、印尼蜂（*A. nigrocincta*）三種。東方蜜蜂是已知種類，體型比以上蜜蜂都小，小蜜蜂類除了原有的小蜜蜂（*A. florae*）外，另有體型更小的黑小蜜蜂（*A. andreniformis*）。

　　五天的會議，瞭解許多亞洲地區蜜蜂的研究概況、各國養蜂業的進展及各國養蜂業的問題，也分享了許多專家學者的研究成果。另外，也瞭解無螫蜂在東南亞地區有發展潛力，不但能大量生產蜂膠，而且可為高經濟作物授粉，將來期望能大量引進臺灣。

4.6 武漢第 4 屆兩岸蜂會

　　第 1 屆海峽兩岸蜜蜂生物學研討會，於 2000 年 7 月在臺灣苗栗農改場舉辦，第 3 屆於 2003 年 1 月在臺北舉辦。兩岸相互邀約，輪流舉辦，推展養蜂業的交流活動。第 4 屆海峽兩岸蜜蜂生物學研討會，在湖北武漢舉辦，簡稱武漢第 4 屆兩岸蜂會。

4.6.1 大會概況

　　武漢第 4 屆兩岸蜂會，於 2004 年 11 月 10 至 13 日，在湖北省武漢湖北飯店舉辦。報到註冊的會議代表共 93 人（圖 4.6-1），臺灣代表 34 人，由安奎教授領隊，中興大學杜武俊、宜蘭大學陳裕文、臺灣大學江敬皓與會。另有臺灣養蜂協會尹平成理事長、黃東明榮譽理事長、蔡炳煌、朱清相、鄭清隆、蘇添福、李麗玉、蘇昆隆、江仟枝、程錡、陳金堆、彭運隆、賴國賢，及蘇添福秘書長等人同行。此外，

▌4.6-1 武漢第 4 屆兩岸蜂會開幕合照

▋4.6-2 臺灣代表團全體團員

有美健實業公司林順天及蜂針協會的蜂療顧問魏明珠，參加人員幾乎囊括了臺灣養蜂業的精英及傑出人士（圖4.6-2）。

　　大陸方面主辦單位的中國養蜂學會，共有7位正副理事長參加，最資深者是78歲廖大昆先生及76歲黃文誠先生，另有張复興理事長及陳黎紅、房柱、陳盛祿、胡福良、繆曉青、葛鳳晨、梁勤、匡邦郁、顏志立、王振山、方兵兵、蘇松坤、羅輔林、朱黎、孫毅等人。該次兩岸蜂會是歷年最盛大的一次，也是臺灣蜂業界參加人士最多的一次。

4.6.2 大會開幕

　　大會開幕式由張复興理事長（圖4.6-3）及安奎教授共同主持，並致開幕詞。湖北省政府、農業局代表及湖北養蜂學會張瓊江理事長，都致慶賀詞。開幕式簡單隆重，隨後全體代表合影，這次何鎧光教授因事未能參加，以書面祝詞：「無論是與會人數還是論文篇數都是空前的，是一次成功的盛會」。開幕後，雙方互贈紀念品留念（圖4.6-4）。

▋4.6-3 張复興理事長開幕致詞

▋4.6-4 陳裕文教授贈旗

4.6.3 研討會重點

　　此次兩岸蜂會共選論文 47 篇，分為 6 個專題，包括兩岸綜述、蜂病防治、蜜蜂生物學、蜜蜂醫療、中華蜜蜂、蜜蜂文化等。兩岸綜述最多共 17 篇，占總篇數的 36%，分別介紹大陸和臺灣的蜂業教育、科研發展、蜂產品營銷方式、蜂王漿及蜂膠等產品的產銷等。

　　臺灣方面有杜武俊的「蜂毒抑制癌細胞與腫瘤之作用」，陳裕文的「臺灣地區蜜蜂病敵害的發生與防治」，江敬皓的「臺灣養蜂的出版物」，系統性的列出 25 年來臺灣各大學養蜂研究的論文。黃東明前理事長的「臺灣蜂采館實施蜜蜂生態文化的行銷策略」，尹平成理事長的「臺灣省養蜂協會的宗旨、任務、主要工作」等。江仟枝董事長的「臺灣蜂產品的主體營銷方式」，蜂療顧問魏明珠的「蜂針在傳統醫療上的應用」等。大陸學者發表 35 篇論文，分子生物技術應用占較大比重。

　　該屆研討會中，特別安排 2 小時自由座談交換心得，場面活潑親切，是最成功的一個項目。座談會針對兩岸養蜂事業共同的問題，如蜜蜂病蟲害、藥物殘留、人造蜂蜜、如何辨認純真蜂蜜等，都提出不同見解。

4.6.4 會後參訪

　　會後參訪華中農業大學，由該校副校長陳煥春教授親自接待，並設宴款待，接著參觀華中農業大學養蜂場（圖 4.6-5）。隨後，參觀武漢葆春蜂王漿公司（圖 4.6-6）的專賣店，座談時非常高興見到大陸蜂療專家房柱教授。黃東明即興演講，提出多元化手法，使蜂產品上升為禮品級，讓消費者看到經過包裝後的蜂產品，可提升養蜂企業的效益。隨之參訪武漢小蜜蜂公司、蜂朝科技公司、武漢大學（圖4.6-7）、武漢江灘公園、黃鶴樓（圖 4.6-8）及辛亥革命紀念館等。

　　11 月 14 至 18 日顏志立副理事長安排作者一行 6 人，到湖北省荊門、當陽、沙洋及荊州等地，實地考察湖北的養蜂場。首先參訪當陽市育溪鎮陳建國蜂場，陳師傅養蜂 22 年飼養 91 箱繼箱群，實行轉地

▌4.6-5- 參訪華中農業大學養蜂場

▌4.6-6 參訪葆春蜂王漿公司、房柱教授（中）

▌4.6-7- 參訪武漢大學

▌4.6-8 參訪黃鶴樓

飼養，設有「蜂群越冬室」，是一間普通的平房，窗上裝有遮光板，地下開有通風孔道，牆上裝有電風扇，可以達到通風、降溫、遮光效果，首次見到養蜂越冬的特殊設計，頗感興趣。隨後到沙洋縣十里鎮的高占全蜂場，當地使用的蜂箱很特別，蜜蜂出入口在蜂箱的上方或上側方，養蜂場也有「蜂群越冬室」設施。荊門縣順昌蜂業公司的何慶彪總經理說明，湖北有「十月小陽春」，對蜂群的越冬危害很大，次年春季蜂群會衰弱。如果蜂群放入越冬室，次年蜂群就會興盛，這種蜂群越冬室的設計，與北方寒帶地區的蜂群越冬方式完全不同。

4.6.5 結語

　　這次兩岸蜂會是歷年最盛大的一次，是臺灣養蜂界參加人士最多的一次。蜂會中安排 2 小時的自由座談，交換心得，是最大特色。大家無所不談，道出所有難言之隱最有價值，值得回味。

　　會後，參訪華中農業大學、武漢大學、武漢江灘公園、黃鶴樓及

辛亥革命紀念館等單位，留下深刻印象。此外，在湖北省荊門、當陽、沙洋及荊州等地參訪養蜂場，見到湖北特有的「蜂群越冬室」設施，是最大的收穫。

4.7 杭州第 9 屆亞洲蜂會

第 9 屆亞洲蜂會暨博覽會（The 9th Asian Apicultural Association Conference；AAA），於 2008 年 11 月 1 至 4 日，在中國杭州市舉辦，是中國舉辦的第一次亞洲蜂會。

4.7.1 大會概況

大會以宣傳蜂業知識，加強交流合作為目的，促進中國蜜蜂產業的持續發展。主辦單位有杭州人民市政府、中國養蜂學會、浙江省農業廳、浙江大學。協辦單位有中國農業科學院蜜蜂研究所、中國食品土畜進出口商會蜜蜂分會、中國醫藥保健品進出口公司蜂王漿分會、義大利國際蜂聯（Apimondia，Italy）、法國養蜂學雜誌（Apidologie Magazine，France）、澳洲蜜蜂雜誌（Australian Bee Journal）、英國蜜蜂發展雜誌（Apicultural Development，Britain）、中國養蜂雜誌（Apiculture of China）、蜜蜂月刊（Journal of Bee）、日本蜂王漿有限公司（Japan Royal Jelly Co., Ltd）、北京蜜香村蜂膠公司、北京市蜂業公司、北京東方頤園蜂品公司、杭州天廚蜜源保健品公司及武漢葆春蜂王漿公司。為了辦理亞洲蜂會，中國許多相關機構均踴躍參加，並有國外的蜜蜂雜誌及公司協辦，聲勢浩大。

大會主席是農業部副部長高鴻濱及杭州市副市長王金財，大會執行主席是中國養蜂學會張复興理事長，秘書長是中國養蜂學會秘書長陳黎紅。參加會議的代表來自亞洲、美洲、大洋洲、非洲及歐洲，五大洲 28 國的學者專家及養蜂業者，共計一千多人。本屆蜂的博覽會中展示各國蜂產品加工技術，及蜂業科技發展的成果，是歷屆亞洲蜂會中參加人數及國家最多的一次。

4.7.2 臺灣代表團

臺灣代表團由安奎領隊，團員有陳裕文教授、陳春廷、鄭浩均、葉秀如、吳佩珊，以及臺灣養蜂協會理事長李景庭、宋威霆、陳炳輝、

李仁傑、張瑞祥、李岳隆、張耀文、陳嘉南，總計 14 人。作者 10 月 31 日抵達杭州，當晚參加在浙江省人民大會堂花中城宴會廳舉辦的「歡迎晚宴」，11 月 1 日上午 9 點，參加在浙江世貿中心廣場舉辦的「博覽會開幕式」。11 月 1 日下午在杭州之江飯店浙江會議中心會堂，開始第 9 屆亞洲蜂會。

4.7.3 歡迎晚宴

10 月 31 日晚上的歡迎晚宴是以「接待酒會」方式辦理（圖 4.7-1），由杭州人民政府及中國養蜂學會主辦。晚宴重要貴賓有亞洲蜂會主席泰國王西里教授（Prof. Siriwat Wongsiri）、前亞洲蜂會主席日本松香光夫教授、中國蜂會理事長張復興及歷任亞洲養蜂協會的理監事等。主席致詞後，張復興理事長致歡迎詞，接著享用豐盛晚餐。

一面用餐，一面觀賞大會安排的精采節目，有中國太極拳表演、古裝長袖舞、美女國樂演奏、南胡獨奏等。用餐之際，見到陳黎紅秘書長、中國養蜂協會副理事長顏志立、美國密西根大學黃智勇教授、吉林養蜂所薛遠波所長（圖 4.7-2）等好友，相互寒暄，其樂融融。

▌4.7-1 接待酒會

▌4.7-2 吉林養蜂所薛遠波與陳裕文教授
（顏志立攝）

4.7.4 開幕典禮

11 月 1 日早上 9 點在浙江世貿中心外的廣場，舉辦「第九屆亞洲蜂會暨博覽會」開幕式（圖 4.7-3），廣場前擠滿了貴賓及觀眾。開幕式之前有舞龍表演，當地舞的龍是大棕龍，與臺灣的舞龍完全不同。

經查資料，大棕龍是蒼龍又稱東方青龍，是古代漢族神話傳說中的靈獸，屬於漢族傳統文化中的四象之一，四象即是東方青龍、西方白虎、南方朱雀、北方玄武四聖獸，是鎮守華夏大地的神獸。蒼龍的屬性為木，其色為青，主宰著四序之一的

▌4.7-3 第9屆亞洲蜂會暨博覽會開幕式

春季。博覽會以舞蒼龍開幕，有分享吉慶之意。

　　大棕龍長蛇形，有20多公尺長。頭部似毛茸茸的狗熊狀、微張的大寬嘴、一口白牙齒，嘴下有長的灰黑鬍鬚，一對大眼睛黑白相映，頗為可愛。頭上有一對似鹿似羊的短角，兩側還有鐮刀狀的側凸，鯉魚尾，有五爪。全身灰褐色、毛蒼蒼，帶有青色鱗片，頭上綁有喜氣洋洋紅色彩帶。一隻大棕龍，腹部呈土黃色，另一隻腹部呈青色，可能是雌雄一對。演出的戲碼是雙龍戲珠（圖4.7-4），頗為逗趣，與以前見過的臺灣舞龍完全不同，留下深刻印象。

　　舞龍之後，由大會主持人及貴賓演講，泰國的王西里教授、日本的松香光夫教授（圖4.7-5）及張复興理事長等名人演講過後，再由雙龍戲珠畫下句點。接者亞洲蜂會的貴賓參觀世貿中心內的蜜蜂博覽會，蜜蜂博覽會有優良蜂產品評審一項，張理事長邀請作者擔任優良蜂蜜評審委員，並與其他菲律賓、日本、泰國等的委員溝通，完成評審任務。

▌4.7-4 舞龍表演－雙龍戲珠

▌4.7-5 日本松香光夫教授致詞

4.7.5 學術論壇

　　學術論壇於 11 月 2 至 3 日，在杭州之江飯店的浙江會議中心舉辦，該次亞洲蜂會發表的論文分為六單元，蜜蜂生物學與多樣性論文 53 篇，蜜蜂飼養技術與機具論文 20 篇，蜜蜂疾病與防治論文 37 篇，蜜源植物與授粉論文 26 篇，蜂業經濟論文 29 篇，蜂產品論文 70 篇及蜂療論文 4 篇。總計論文 239 篇，是歷屆論文最多的一次。

　　不同單元論文在不同的大講堂或小講堂發表，講堂布置氣派又壯觀，演講者多使用英文，中國學者多使用中文，有專人翻譯為英文。11 月 2 日陳裕文報告「蜜蜂美洲幼蟲病的防治與羥四環素殘留量的檢測」，作者鄭浩均、安奎及陳裕文。另一篇論文「利用草酸糖液防治蜂蟹蟎效果及對蜂群影響」，作者陳春廷、黃國靖及陳裕文，這些論文均收集在第 9 屆亞洲蜂會的論文集中。

　　學術論壇最後一場的閉幕典禮，由張复興理事長及吳杰博士主持，感謝參與大會的貴賓及贈送紀念品，並致贈紀念狀給對大會有功的代表，最後將亞洲蜂會的會旗，交給下一屆舉辦國家。

4.7.6 答謝晚宴

　　11 月 4 日上午遊覽西湖，下午參訪桐廬縣養蜂基地，晚上在桐廬縣的浙江紅樓國際飯店舉行「答謝晚宴」。晚宴貴賓致詞，仍然由泰國王西里教授、松香光夫教授及張复興理事長等名人上臺。

▌4.7-6 答謝晚宴的紹興戲表演

　　一面享用豐盛的晚餐，一面欣賞精彩的餘興節目，其中嗩吶高手演奏加特別的口技表演及古裝「紹興戲」表演（圖 4.7-6），都留下深刻印象。久仰紹興戲的大名，表演者唱作俱佳，優雅動人，首次欣賞深受感動。接者有老奶奶及小朋友的剪紙表演，表演的背景音樂以古箏搭配，很有特殊風味，剪紙的作品當場送給貴賓。答謝晚宴安排用心，節目表演都有中國特色。

4.7.7 會後旅遊

　　臺灣代表團一行會後參訪杭州、蘇州、烏鎮及寒山寺等名勝，留下美好回憶。11月5日代表團參訪浙江省桐鄉市的烏鎮，是江南六大古鎮之一。烏鎮的水系四通八達，是典型的江南水鄉古鎮。烏鎮街道民居以清代建築為主，全鎮以河成街，街道較窄，橋街相連。各式的民居、店鋪等依河築屋，是典型的「小橋、流水、人家」。

　　接著參訪寒山寺，相傳該寺最早在六朝的梁武帝建造，名稱是「妙利普明塔院」。唐朝貞觀年間，當時的兩位名僧寒山和拾得從天台山來此當住持，改名為寒山寺。寒山寺因唐朝張繼的「楓橋夜泊」名詩：「月落烏啼霜滿天，江楓漁火對愁眠，姑蘇城外寒山寺，夜半鐘聲到客船。」而聞名中外。寒山寺現有兩口百年老鐘，另有鐘樓，開放給民眾體驗早年「夜半鐘聲到客船」的清幽之美。

　　11月6日參訪蘇州古城西部的「留園」，有五百年歷史，占地約五十畝，分中、東、西、北四個景區，是一個住宅式的林園。西區有南北向的土阜，為全園最高處，上面有小亭兩座，可遙望虎丘、天平，及上方諸山。土阜上種植青楓、銀杏等，秋季滿山紅黃相映。北區的建築已損毀，現植有竹、李，並有盆景園。中區以明瑟樓為主景，樓前一個水池。對望有牡丹花臺，四季分明的植物配置，妝點了留園的景觀。東區有五峰仙館，是江南最大的楠木建築，內部有精緻的楠木家具。

　　「長廊」是留園的一大特色，七百米長廊貫穿整座庭園。高高的廊牆上有一百八十個各式各樣的「花窗」，每個花窗設計各有千秋，透過「花窗」所看到的景物叫「漏景」，又名「框景」，框住窗外四季景致，不禁讚嘆中國庭園設計的文藝巧思。

　　留園裡有三件寶物，一是「天然石畫」，它能預測當天的天候。早晨，天然石畫上的雲空部位若有大水滴出現，當天就會下大雨，只出現小水滴就是小雨天。石畫後來被觀光客在上面刻字留念，壞了石畫的靈氣，從此不再顯靈。第二件寶物是「絲綢屏風」，它是蘇州名品，薄如蟬翼的絲綢刺繡，嵌在畫框內當屏風。由廂房望廳堂可看得一清二楚，由廳堂看廂房則完全看不清，這是古代預防偷窺廳堂動靜

的最佳屏障。第三件寶物是「太湖石」，它是留園裡假山假水的主角，特色是「瘦、漏、透、皺」，體態有如仙風道骨，庭園有它妝點更增添意境。這三件寶物與池水、曲橋、荷花、柳樹一同，使留園遠近馳名。這些著名景點，親眼目睹，留下深刻印象。11 月 7 日參訪城隍廟後，由上海返臺。

4.7.8 結語

中國第一次舉辦亞洲蜂會，主辦單位籌畫周到並且非常用心。從歡迎晚宴、開幕典禮、論文發表，到最後的答謝晚宴，都安排得無微不至。餘興節目多元且深具東方文化特色，盡心盡力熱情歡迎來自亞洲各地的蜂友，讓所有與會嘉賓深感賓至如歸。此次亞洲蜂會錄製一片微電影，記錄學術會議的各項細節，與讀者分享。

趁著參加亞洲蜂會之便，參訪中國江南地區人文薈萃的名勝，蘇州、烏鎮、寒山寺及留園等地，是參加杭州亞洲蜂會的額外收穫。

4.8 法國蒙彼利埃第 41 屆國際蜂會

　　第 41 屆國際 APIMONDIA 蜂會於 2009 年 9 月 15 至 20 日，在法國蒙彼利埃（Montpellier）舉辦。國際蜂會是由國際蜂聯主辦的世界性養蜂會議，每兩年召開一次。當年宜蘭大學陳裕文博士告知，共同發表的論文已經被大會接受，並排定發表口頭宣讀，接到消息非常興奮。法國是非常嚮往的國家，立即辦理出國手續。

　　該次在法國舉辦的國際蜂會，報名參加除了需要繳交註冊費 250 歐元之外，每天進入大會會場專題報告，或聽演講都需另外繳交入場費，每日 80 歐元，按日計費。為了節省經費，只繳兩天入場費。因為嚮往法國巴黎的文化氣息，提前在 9 月 11 日搭機前往法國。在巴黎停留 3 天，參訪凱旋門、香榭大道、羅浮宮、凡爾賽宮等著名景點。9 月 15 日搭機到蒙彼利埃大會會場，發表論文。9 月 18 日返國。

4.8.1 訪巴黎景點

　　9 月 12 至 14 日停留在巴黎觀光，參訪的第一站是凱旋門（圖 4.8-1）。凱旋門坐落在戴高樂廣場，是 12 條大街的交會點。凱旋門由四根大柱子支撐，形成四個拱門，圓弧形通道極為寬廣。登上凱旋門頂可搭乘電梯或爬 284 層階梯，上面有博物館及禮品店，可俯瞰香榭麗舍大道。從凱旋門上的浮雕，可深深體會藝術之都的氣息。但當我們轉到凱旋門下方地道時，看到跪地的乞丐，令人心酸。從凱旋門到香榭麗舍大道上，一路都是露天咖啡座（圖 4.8-2），可感受到當地的輕鬆愉快及自由浪漫。沿路兩旁是世界級的經典名店。但又看到趴在地上的乞丐，路過的行人都視若無睹，天堂與地獄同一時空，形成強烈對比。

　　不遠的前方是由建築師吉羅（C. Girault）建造的小皇宮，建築氣派，使用了玻璃天棚、大玻璃觀景窗、內部花園及敞開的列柱廊等，大量湧入的光線使整座小皇宮通體透亮，宛如一曲「光亮的頌歌」。它採用古典柱形及雕塑裝飾，形成兼容並蓄的藝術風格。接著看到富麗堂皇的大皇宮（圖 4.8-3），和小皇宮一樣，這裡曾是 1900 年萬國

▌4.8-1 作者與陳裕文教授在凱旋門前

▌4.8-2 香榭麗舍大道上的露天咖啡座

▌4.8-3 大皇宮

▌4.8-4 杜勒斯花園的空中餐廳

▌4.8-5 協和廣場

博覽會的展覽場。沿路走下看到塞納河遊船在河上經過，船上坐滿觀光客。接著走到了杜勒斯花園，首先看到一個懸空的、像是大船般的黑色垂吊物，仔細看才知道是空中餐廳（圖 4.8-4），法國人的生活頗有創意。遊客走累了，可坐在大池塘周邊躺椅上，休閒又自在。

　　走到協和廣場就感覺到一種「肅殺之氣」，1763 年這裡曾是以當時國王命名的「路易十五廣場」。法國大革命期間，路易十五雕像被推倒，廣場被改名為革命廣場。1793 年 1 月 21 日，第一位法國國王路易十六，在革命廣場被處決，有許多重要人物接著在這裡上斷頭臺。在 1795 年它被更名為協和廣場（圖 4.8-5），到 19 世紀，這座廣場又曾經更名數次，但最終還是定名為協和廣場。方尖碑是協和廣場的著名地標，它是一座高 23 公尺（包含基座），重 250 公噸的紅色花崗岩柱。方尖碑兩側有噴水池，後來原始的尖頂遺失了，1998 年法國政府在方尖碑的頂端加上了金色的金字塔尖頂取代。其後方是綠地、高大的樹林及寬敞的道路，路邊有許多精美雕塑，風景優雅。小

▌4.8-6 寬宏的巴黎鐵塔基部

▌4.8-7 巴黎艾菲爾鐵塔內部

▌4.8-8 羅浮宮中米羅的維納斯雕像

▌4.8-9 拿破崙加冕典禮的原畫

凱旋門位於卡魯索廣場，大理石的淺浮雕及頂端的雕塑，表現拿破崙在外交及軍事上的勝利。

次日到參訪巴黎艾菲爾鐵塔，鐵塔建於 1889 年，為了迎接 1900 年巴黎世博會及法國大革命 100 周年而建。塔高 324 公尺，上下分為三層，共有 1,711 級階梯，第一層 57 公尺，第二層 116 公尺。走近鐵塔可見到許多警察在巡守，氣氛有點緊張，附近又是許多乞丐。艾菲爾鐵塔寬宏的基部（圖 4.8-6）有售票處，上鐵塔需先排隊購票，站在這裡深深感覺到鐵塔的巨大。上鐵塔頂端可購票搭乘電梯，也可免費爬梯階。我們選擇了爬上鐵塔，不僅省了門票，也可看到艾菲爾鐵塔錯綜複雜的內部結構（圖 4.8-7）。與年輕的陳博士一起上到鐵塔的第一層平台休息，一面用餐一面欣賞四面不同的景觀。陳博士更上一層樓，自行上到第二層，該處視野更開闊，可看到艾菲爾鐵塔在塞納河上的倒影，河上有遊船來往，船上有各國遊客。登高望遠，頗覺心曠神怡。

第三日參訪聞名遐邇的羅浮宮，進門最先映入眼簾的，是孤寂地站在走道中央，著名的「米羅的維納斯」雕像（圖 4.8-8）。接著到第六展覽室見到仰慕已久的 500 多年的「蒙娜麗莎的微笑」，這幅世界著名的達文西油畫只有小小的 77×53 公分，卻占了整個牆面。與展覽室其他三面牆懸掛眾多名畫相較，突出了她的珍貴。參觀中難得的見到 1804 年「拿破崙一世加冕典禮」的原畫（圖 4.8-9），該畫中拿破崙的黃袍上有蜜蜂的圖騰，對研究蜜蜂的我們，是一項意外驚喜。羅浮宮的寶藏太多，一個下午只欣賞一小部分，也頗為興奮。

4.8.2 蒙彼利埃大會會場

　　9 月 15 日搭飛機轉到蒙彼利埃，次日前往大會會場，大會籌辦單位對國際會議的整體規劃很人性化。走進大會外圍區域，老遠就看到高聳的大幅迎賓旗（圖 4.8-10），大會服務臺設在精緻的尖頂帳篷內（圖 4.8-11），沿著步道可至會場外展區，展出大型室外蜜蜂觀察箱（圖 4.8-12）、波蘭博物館提供的大主教蜂箱系列（圖 4.8-13）、大

▌4.8-10 國際蜂會外部的展場

▌4.8-11 尖頂帳篷中的服務臺

▌4.8-12 大型的蜜蜂室外觀察箱

▌4.8-13 大主教雕像蜂箱系列

主教雕像手中拿的是古代蜂箱（圖4.8-14）、主題帳棚中有古代蜂巢（圖4.8-15）。另有大型的蜜蜂鐵絲造型（圖4.8-16）、各種花粉的電子顯微鏡照片（圖4.8-17）、巨大蜜蜂頭部的電子顯微鏡照片（圖4.8-18）等。還沒到大會會場，已強烈感受到國際蜜蜂會議的學術氣氛。

國際會議會場的大門在梯階之上（圖4.8-19），黃色六角形的蜜蜂巢室標誌清晰可見，許多會員在大門口留下照片紀念。大門右側有

▌4.8-14 大主教雕像手中拿的蜂箱

▌4.8-15 展示古代的蜂巢

▌4.8-16 大型的蜜蜂鐵絲造型

▌4.8-17 各種花粉的電顯照片

▌4.8-18 蜜蜂頭部的電顯照片

▌4.8-19 國際會議會場的大門

▌4.8-20 室內展覽廳展出的早期蜂箱

▌4.8-21 蜂箱專賣店

▌4.8-22 藝術蜂蠟蠟燭專賣店

新型養蜂工具展，並有現場操作示範，包括輕便的蜂箱搬運車、大型拖車、蜂箱吊桿、蜂箱搬運車、蜂箱搬運桿、蜂箱搬運叉車等，引起許多觀眾圍觀。

　　大門兩側牆面懸掛國際會議的宣傳圖騰，API 主要標誌在各處出現。進入大門是報到區、觀眾休息區、免費電腦區等。會場內有國際會議廳，供專題報告使用。另有展覽專廳，展出波蘭蜜蜂博物館提供的各種古代蜂箱（圖 4.8-20）。各國展覽攤位展出各國養蜂相關資訊，著名的養蜂公司都設置攤位，展出與蜜蜂相關的展品。包括有蜂箱專賣店（圖 4.8-21）、蜂蜜展示、各式採蜜機及養蜂用具、藝術蜂蠟蠟燭專賣店（圖 4.8-22）、室內蜜蜂觀察箱等。

4.8.3 發表論文

　　發表論文的時間排定在 9 月 17 日中午 12 時至 12 時 10 分，只有 10 分鐘時間做口頭宣讀。老遠從臺灣到法國參加國際蜂會，只為了這 10 分鐘上臺，回想起來代價實在太大，不過還是物超所值。由陳裕文

▋4.8-23 踩高蹺的服務人員　　　　　　　　▋4.8-24 鴕鳥生蛋表演

博士報告，題目是「Plant Origin and Anti-bacterial Activity of Taiwanese Green Propolis」，作者 Yue-Wen Chen, Show-Ru Yeh, James Kwei An, and Chia-Nan Chen。

　　論文發表完，回到室外展覽區，舒緩一下緊張情緒，突然看見踩著高蹺，裝扮成小丑的服務人員，穿梭在觀眾群中（圖 4.8-23）分發大會宣傳單。他們踩高蹺高人一等之外，還有「天女散花」表演，散出一把一把的碎金紙花，散布吉祥。另有鴕鳥生蛋的精彩演出（圖 4.8-24），也頗富創意。

4.8.4 結語

　　花費大量金錢及八天時間，雖在國際蜂會上只報告十分鐘，仍是臺灣蜜蜂研究人員的榮耀。實際上，研究及撰寫論文投入的時間、精神及資源，遠大於八天。參加國際蜂會帶回許多養蜂新知識、新研究方向，以及國外養蜂從業人員的努力成果，記述國際蜂會的各項展覽，留下深刻印象，可提供國人舉辦國際會議的參考。此外，錄製三片微電影，包括新型養蜂器具展、大會場外的展覽及踩高蹺的服務員，難得一見非常精采，與讀者分享。

　　參加國際蜂會及巴黎觀光三天，體驗到法國巴黎文化蘊藏、光輝亮麗的一面，也見到街頭許多乞丐的悲慘，形成強烈對比。搭飛機回國路上很納悶一件事，法國羅浮宮典藏眾多世界級名畫及藝術品，為什麼讓觀眾拍照及錄影，而臺灣許多博物館卻要禁止拍照及錄影？孰是孰非，百思不解。

4.9 首屆新疆黑蜂論壇

　　新疆尼勒克縣政府，為了全面提升尼勒克縣蜜蜂產業發展，規劃永續發展的整體方案，建立與國內外蜜蜂產業研究及合作機制，決定舉辦首屆新疆黑蜂論壇。於 2012 年 7 月 26 至 28 日在尼勒克縣辦理三天，7 月 25 至 26 日報到，7 月 27 日新疆黑蜂論壇開幕式（圖 4.9-1）。接著是論壇學術報告（圖 4.9-2），下午安排蜂產業科普展、民族文化藝術展、奴拉賽胡銅礦遺址遊、晚上安排歡迎晚宴，另有甜蜜尼勒克歌舞晚會。邀請國內外專家 40 多人、自治區領導 10 人、蜂業代表及蜂農代表 60 多人，總計約請貴賓 160 人參加。

　　這次參加新疆黑蜂論壇，由中國養蜂協會顏志立副理事長悉心安排。臺灣代表團 7 月 20 日從臺北出發，在西安轉機後半夜直飛烏魯木齊，7 月 25 日轉飛伊寧到尼勒克參加大會，7 月 29 日轉回西安，7 月 30 日返回臺北。

4.9.1 新疆黑蜂論壇

　　臺灣代表團純屬學術團體，由國立臺灣大學名譽教授徐爾烈擔任團長，出席人員有何照美、王重雄、安奎、張世揚、陳裕文、杜武俊、高靜華、林佳靜、楊恩誠、陳怡伶、林鶯熹、江敬皓、王珮珊、陳春廷、沈秀美。參加論壇研討題目，有王重雄的「臺灣蜜蜂微粒子病」、張世揚的「臺灣蜂產品的認證體系」、陳裕文的「開發蜂膠的利用價值以臺灣綠蜂膠為例」、楊恩誠的「非致死劑量殺蟲劑對蜜蜂的影響」、江敬皓的「臺灣精選熊蜂在亞熱帶地區受粉應用」、杜武俊的「虎頭

4.9-1 新疆黑蜂論壇開幕式

4.9-2 尼勒克黑蜂論壇會場

蜂主要蜂毒勝肽」、陳春廷的「利用彩酸與百里酚防治大蜂蟎」。由於論壇的題目太多，大會經過討論後只安排安奎的「尼勒克新疆黑蜂與旅遊文化」，及陳怡伶的「開發蜂王乳作為抗氧化壓力造成老化之保健產品」，於 7 月 27 日上臺報告。

▌4.9-3 陳裕文教授接受新疆日報網專訪

　　學術研討會期間的中午，臺灣蜜蜂與蜂產品學會理事長陳裕文教授接受新疆日報訪問（圖 4.9-3），介紹臺灣養蜂概況。7 月 30 日安奎接受伊犁新聞網記者專訪時表示：「伊犁有非常良好的自然資源，具備生產優質蜂蜜的絕佳條件，伊犁如果在蜂產品加工方面下工夫，在行銷方式上改變思路，伊犁的蜂業勢必有更好的發展」。

4.9.2 甜蜜尼勒克旅遊節

　　新疆黑蜂論壇之後，7 月 29 日上午甜蜜尼勒克旅遊節開幕（圖 4.9-4），開幕式安排得多彩多姿，有五彩的煙火釋放（圖 4.9-5），還

▌4.9-4 尼勒克旅遊節開幕

▌4.9-5 尼勒克旅遊節開幕煙火

▌4.9-6 兒童黑蜜蜂表演（杜武俊攝）

▌4.9-7 萬人同繡科賽繡部分實況（杜武俊攝）

有小朋友穿著黑色小蜜蜂的服飾表演（圖 4.9-6），頗富創意。在唐布拉路上有大規模的遊行，接著有「萬人同繡科賽繡」活動（圖 4.9-7）。尼勒克街頭有眾多遊客聚集，彩色充氣拱門帶來歡樂氣息。

4.9.3 參訪活動

臺灣代表團曾參訪烏魯木齊的養蜂發展基地，看到穿著迷彩軍服的養蜂裝（圖 4.9-8），及當地的繼箱養蜂，並參訪新疆黑蜂育種站。很難得的機會，到郊外拜訪了新疆當地蜂農，住在帳篷中使用繼箱養蜂，仍然過著真正的游牧生活。一大片空蕩蕩的土地上，前後沒有村落，在一個小山丘下擺放了數十箱的蜜蜂（圖 4.9-9）。蜂農有最現代的設備，利用煤氣爐烹煮食物，利用太陽能板發電，並且還有碟形天線架設在帳棚外，頗感意外。也參訪烏魯木齊的新疆國際大巴札（圖 4.9-10），大巴札是烏魯木齊的大型伊斯蘭風格地標建築，是新疆最大最具民族特色的購物市場，包括美食廣場、宴會廳、觀光塔及清真寺等。

▌4.9-8 烏魯木齊的養蜂基地人員，穿著迷彩軍服的養蜂裝

▌4.9-9 住在帳篷中的現代化蜂農（江敬皓攝）

▌4.9-10 烏魯木齊的新疆國際大巴札

開會之前，參訪吐魯番窪地（圖 4.9-11），吐魯番最有名的 3 大風景，交河故城（圖 4.9-12）、坎兒井、火燄山都沒有錯過。到了火焰山，老遠就看到孫悟空的金箍棒聳立在半空中（圖 4.9-13），原來是一支超大的溫度計，記錄當地的超高氣溫，頗有創意。火燄山是中

▌4.9-11 吐魯番窪地（杜武俊攝）

▌4.9-12 吐魯番的交河故城（杜武俊攝）

▌4.9-13 火燄山的金箍棒（杜武俊攝）

▌4.9-14 坎兒井博物館（杜武俊攝）

國最熱的地方，夏季最熱氣溫高達攝氏 47.8 度，地表溫度最高達攝氏 70 度以上。在附近見到駱駝群，提供遊客拍照，留下騎駱駝的英姿。參訪坎兒井博物館（圖 4.9-14），新疆坎兒井已有 2,000 多年歷史，坎兒井是荒漠地區地下水渠的管理系統，吐魯番七克台鎮的 60 多道坎兒井，多為清代林則徐興建，人稱「林公井」。坎兒井由豎井、地下渠道、地面渠道和澇壩四部分組成，地下水不會因炎熱及狂風而被蒸發或汙染，澇壩將水蓄積供人使用。交河故城在吐魯番以西 13 公里處，長約 1,650 公尺，兩端窄，中間最寬處約 300 公尺，呈柳葉形半島，是古代西域 36 城郭諸國之一的「車師前國」，也是該國政治、

經濟、軍事及文化中心。遺址屬於「唐代時期」的建築群，建築年代距今約兩千三百年以上。

此外，也參訪頗負盛名的葡萄園，嘗到有名的「馬奶子葡萄」，看到維吾爾族女童精彩的歌舞表演（圖 4.9-15）。很難得的是在新疆，喝了真正的馬奶，又是平生第一次。參訪正在興建中的黑蜂文化博物館，更了解當地政府的用心。

▌4.9-15 維吾爾族女童歌舞表演

4.9.4 新疆的物產文化

新疆山川壯美，有雄偉的高山、遼闊的草原、浩瀚的沙漠、美麗的綠洲、茂密的森林、幽深的湖泊、縱深的河流及神奇的冰川等，構建了許多極高、極低、最熱、最冷、最大及最長特色，被稱為「世界之最」和「中國之最」。新疆地大物博、資源豐富，有發展工業、農業、畜牧業的良好條件。

新疆溫帶農作物齊全，糧食作物以小麥、玉米、水稻為主，經濟作物有棉花、甜菜、啤酒花、油菜等。伊黎河谷發現中國獨有的小麥始祖植物「粗山羊草」，證明新疆是小麥的故鄉。新疆適宜種植棉花，棉花的產量占全國的 1/3。新疆有「瓜果之鄉」的美譽，溫帶瓜果蔬菜種類齊備，最著名的是吐魯番的無核葡萄、鄯善和伽師的哈密瓜、庫爾勒的香梨、莎車的巴旦杏、阿圖什的無花果、和田的核桃、葉城的石榴等，新疆還有十分豐富的野果資源。

新疆的牧畜品種，名冠全國。自古有著名的「天馬」和「西極馬」。羊的品種更是豐富，羔皮用羊有庫車卡拉庫爾羔皮羊和策勒黑羊，供肉食的和田羊、阿勒泰大尾羊、巴音布魯克大尾羊、塔什庫爾幹大尾羊等。牛的名氣比馬遜色，飼養量卻是馬的三倍以上。還有新疆雙峰駝、新疆白豬、新疆黑豬、良種絨山羊，塔里木馬鹿和天山馬鹿。伊犁和塔城有會飛的新疆鵝、吐魯番有大骨鬥雞、新和縣有食用家鴿等。

新疆是中國通往西方的古「絲綢之路」，有三條主線骨幹，縱深

支線四通八達，古絲綢之路在新疆境內有 5,000 多千米以上的幹線，沿途數以百計的古城池、古烽燧、千佛洞、古建築、古屯田遺址等，沿古絲綢之路成群、呈帶狀分布。新疆也是世界上古城數量最多、保存最完好的地區，堪稱「世界古城博物館」。新疆是多民族聚居區，有伊斯蘭教、喇嘛教、佛教、道教、基督教、天主教、東正教、薩滿教等八種宗教並存。

4.9.5 新疆黑蜂

　　中國的蜜蜂有八種，中華蜜蜂、義大利蜂、東北黑蜂、新疆黑蜂、大蜜蜂、黑大蜜蜂、小蜜蜂及黑小蜜蜂。20 世紀初由俄國引入新疆黑蜂，新疆黑蜂是世界四大名蜂之一，主要分布在新疆維吾爾自治區的伊犁、塔城及阿勒泰地區的特克斯、尼勒克、昭蘇、伊寧、布林津等地。新疆黑蜂在新疆已有幾十年飼養歷史，對當地氣候、蜜源等自然環境，具有極強的適應性。新疆黑蜂的抗寒力強、越冬性能好、體形大、採集力強、愛採蜂膠、分蜂性弱、繁殖快、特別能抗蟎害，是最大特點。

▌4.9-16 尼勒克的黑蜂蜂蜜（陳春廷攝）

　　1980 年 5 月 27 日，新疆維吾爾自治區發布文告，建立了西至霍城縣五台及東至和靜縣巴倫台的「新疆黑蜂資源保護區」。新疆蜜蜂約 60 萬群，本地飼養 38 萬群，內地轉來約 22 萬群，分布在伊犁、吐魯番、阿勒泰、奇台縣等地。尼勒克縣飼養蜜蜂有 2 萬群以上，蜂產品有 600 噸，開發有蜂王漿、王漿乾粉、花粉、蜂膠、蜂蠟等產品。尼勒克黑蜂蜂蜜（圖 4.9-16）已深受大眾信賴，部分外銷日本及東南亞國家。2012 年籌資 300 萬人民幣，扶持蜂業發展，完成尼勒克黑蜂蜂蜜的原產地保證及品質標準化，選擇優秀產業授權使用「尼勒克黑蜂蜂蜜」商標，建立高品質引導機制。

4.9.6 行銷尼勒克新疆黑蜂

　　新疆黑蜂對遊客而言，是新奇的事物，黑蜂生產的產品更是現代人喜好的保健食品。黑蜂文化博物館（天山黑蜂產業園）如果能夠將絲綢之路沿線如甘肅省、新疆省，到中亞、西亞、阿拉伯、波斯灣、地中海等地區或國家，有興趣的潛在遊客，列為行銷對象，並訂定推廣營運策略，將有無可限量的遠景。

　　黑蜂文化博物館與北京蜜蜂博物館、新疆地質礦產博物館、伊犁西域酒文化博物館、新疆數字博物館、烏魯木齊新疆博物館（新疆維吾爾自治區博物館）、新疆大學民族民俗博物館等，結合成博物館群的夥伴關係，互相陳列博物館簡介，在網路上聯結行銷是便捷之道。此外，進一步與國際蜜蜂組織，如 APIMONDIA（International Federation of Beekeepers' Associations）、IBRA（Internal Bee Research Association）、AAA（Asian Apiculture Association）等連結，可激起世界各國「熱愛蜜蜂與養蜂」遊客的遊興。但是提高黑蜂產品的品質控管，及服務態度品質，才是行銷的最基本要件。

　　如果將新疆境內 5,000 多公尺，數以百計的古城池、古烽燧、千佛洞、古建築、古屯田遺址，以「新疆古絲綢之路」名稱，申請為新的世界「文化景觀遺產」。對於發展新疆旅遊文化，行銷尼勒克新疆黑蜂，將會有更大助益。

　　尼勒克縣縣長努爾卡•卡那於 2012 年 1 月 16 日，在第十六屆人民代表大會第二次會議的工作報告指出：要把新疆的自然風光、民俗風情、歷史文化、冬季冰雪旅遊融為一體，做響品牌、做精產品，努力把旅遊業培育成改善民生的富民產業。縣長對旅遊文化的重視，是令人振奮的訊息。尼勒克新疆黑蜂在新疆旅遊文化行銷中，有獨特的價值，可提升遊客對文化知性之旅的滿意度。

4.9.7 結語

　　參訪烏魯木齊的養蜂發展基地，看到穿著迷彩軍服的養蜂裝及當地的繼箱養蜂，又參訪新疆黑蜂育種站，非常難得。在郊外一大片空

蕩蕩的土地上，一個小山丘下擺放了數十箱的蜜蜂的蜂農，住帳棚用繼箱養蜂，過著真正的游牧生活，使用現代化的煤氣爐烹煮食物，用太陽能板發電，還架碟形天線在帳棚外，最感意外。

　　新疆黑蜂論壇的大會現場，尼勒克旅遊節開幕典禮、各項精彩的表演活動、萬人同繡－柯賽繡、唐布拉大道的盛大遊行，大會前後參訪交河故城、火燄山景點、烏魯木齊的國際大巴札等，都留下美好的回憶。彙整成一片微電影，與讀者分享。

4.10 美國華府的世界蜜蜂日

　　為了感謝「蜜蜂及蜂農」對人類的貢獻，斯洛維尼亞共和國（The Republic of Slovenia）向歐盟（European Union）建議，將 5 月 20 日訂為世界蜜蜂日（World Bee Day）。美國華府（Washington D. C.）的歐盟駐美國代表團（Delegation of the E.U. to the U.S.）將此項活動，列入歐盟 2016 年 5 月的文化活動（圖 4.10-1），由斯洛維尼亞大使館於當年 5 月 20 日主辦。

▍4.10-1 歐盟世界蜜蜂日的海報

　　歐盟 28 個駐美國代表團，5 月份辦理系列文化饗宴（圖 4.10-2），包括歐盟各國舞蹈音樂表演、電影戲劇及藝術展覽等，例如比利時的神奇比利時音樂、芬蘭的 Marlboro 音樂、德國的首都交響樂團演出，以及愛爾蘭建國百年文化藝術展等。恰巧 2016 年 5 月中旬到美國加州聖地牙哥探親時，得知此訊息。經由電話及網路聯繫，收到主辦單位的活動票卡，隨即轉往華府參加此項活動。

▍4.10-2 歐盟 2016 年 5 月系列文化饗宴

4.10.1 世界蜜蜂日活動

　　受到國際恐怖份子的影響，美國境內的「安檢」特別嚴格。華府的各大博物館及公共場所都有複雜的安檢流程，進入斯洛維尼亞大使館參加此項活動，也不例外，要打開皮包、脫掉外套、皮鞋及取出手機接受安全檢查。

　　進入歐盟活動會場的斯洛維尼亞大使館後（圖 4.10-3），先享用了一個精緻又豐盛的斯洛維尼亞式「蜂蜜早餐」。用餐之際，見到斯

▌4.10-3 歐盟的活動會場（安 守中攝）　▌4.10-4 作者與大使 Dr. B. Cerar 交換意見（安守中攝）　▌4.10-5 斯洛維尼亞駐美大使開幕致詞

洛維尼亞大使希拉博士（Dr. Bozo Cerar），寒暄並交換意見（圖 4.10-4）。會議開始，大使宣讀發起「世界蜜蜂日」（World Bee Day）的意義（圖 4.10-5），文稿由該國副總理兼農業、森林及食品部部長齊丹（Dejan Zidan）先生撰寫，摘記如後：

　　莎士比亞在「哈姆雷特」戲劇中的名言，「生存或毀滅（To be or not to be）」，被隱喻為「蜜蜂的生存或毀滅（To bee or not to bee）」，以此雙關語為活動主題。全球人類食品的三分之一與蜜蜂有關，人們食用的農作物，有 71% 依賴蜜蜂授粉，全球農作物與蜜蜂授粉的年產值，約美金 2 億 3 千 5 百萬至 5 億 7 千 7 百萬。近年來受到全球氣候變遷影響，加上農業大面積栽植單一農作物，強化草原種植技術及蜜蜂的新病蟲害嚴重危害，使全世界蜜蜂族群逐年減少，人類將面臨嚴重挑戰。

　　因此斯洛維尼亞養蜂協會（The Slovenian Beekeepers' Association）提出，並由斯洛維尼亞共和國政府向歐盟建議，訂定 5 月 20 日為世界蜜蜂日。斯洛維尼亞擁有豐富的自然資源，以及高度的多樣性生態植物，國土有 35% 列入特殊的自然保護區，斯洛維尼亞也被稱為「獨具文化特色的養蜂國家」。飼養的蜂蜜是斯洛維尼亞原生種，灰色系卡尼阿蘭蜂（Carniolan bee；*Apis mellifera carnica*），是全世界第二大亞種。蜂箱置放在有文化特色的「蜜蜂公寓」（Bee House），數十箱蜂箱疊放在蜜蜂屋公寓中，可以預防下雪、保溫、防風又防雨，而且便於用拖車運載轉地飼養。蜂箱前的面板採用彩繪藝術裝飾，造成極為獨特的養蜂藝術風格，被歐盟評價為地球上最關懷蜜蜂的國家。

　　為了提升對蜜蜂的關懷，宣傳蜜蜂產品對人類的重要性，並保護蜜蜂及養蜂事業。特別提出世界蜜蜂日計劃，目標是積極因應全球

糧食安全方面的挑戰，促進國際合作持續發展養蜂事業。選定 5 月 20 日為世界蜜蜂日，係因為該日是斯洛維尼亞養蜂先驅——安東‧揚沙（1734~1773 年）的生日。揚沙先生是全世界第一位現代養蜂教師，在全世界第一所養蜂學校任教，該校在維也納的哈布斯堡

▌4.10-6 世界蜜蜂日的專題演講

（Habsburg），由皇后瑪麗亞特里薩（Empress Maria Theresa）開辦。

　　宣讀世界蜜蜂日的宣言後，另外安排四位演講者（圖 4.10-6），討論目前有關養蜂事業最熱門的話題，題目如下：

1. 歐盟對蜜蜂健康的努力（European Union Effort for Bee Health）

　　主講人賈米拉女士（A. Jarmula），歐盟駐華盛頓 DC 代表團的食品安全、衛生和消費事務的高級顧問。

2. 蜜蜂為什麼消失（Why Bees are Disappearing）

　　主講人特雷諾女士（K. S. Traynor），馬里蘭大學昆蟲學系研究助理。

3. 蜜蜂與杏仁樹授粉的關係（Almonds and Honey Bees-a Pollination Partnership）

　　主講人路德維女士（G. Ludwig），美國加州杏仁局局長。

4. 蜜蜂研究室工作經驗談（Work at the Bee Research laboratory）

　　主講人埃文（J. Evans）美國農部蜜蜂研究室，馬里蘭研究部主任。

　　四位演講者之後，進行綜合討論（圖 4.10-7），各國代表都踴躍發言。

▌4.10-7 主講人主持綜合座談（安守中攝）

4.10.2 斯洛維尼亞的養蜂特色

斯洛維尼亞位於中歐南部，毗鄰阿爾卑斯山，西界義大利，西南方通往亞得里亞海，東部及南部是克羅埃西亞，東北鄰匈牙利，北接奧地利。國土面積 20,273 平方公里，人口約 2,047,000 萬。據 2013 年統計，飼養卡尼阿蘭蜂（圖 4.10-8）170,000 群，養蜂場 12,500 個，蜂農超過 9,600 人，以副業養蜂為主。18 世紀中期，農村家具塗裝和玻璃彩繪極受歡迎，是哈布斯堡王朝獨特的民間藝術。這種文化特質使養蜂事業，融入藝術氣質，蜂農在蜂箱前方木板，彩繪不同圖案（圖 4.10-9），不但可以防止蜜蜂迷巢，還可使蜂農明確記住哪一箱蜜蜂曾發生分蜂，蜂箱藝術成為獨具特色的戶外畫廊。蜂箱前方木板由著名彩繪師畫成圖片（圖 4.10-10），如今被搜存在拉多夫利察養蜂博物館（Beekeeping Museum in Radovljica）永久保存。斯洛維尼亞的另一種蜂箱文化特色，是蜂農將蜂箱集中疊放在「蜜蜂公寓」中（圖 4.10-11），一個公寓可住數十群蜜蜂，這種集中管理的方式，可以預防下雪、保溫、防風又防雨。蜜蜂公寓有許多種形式（圖 4.10-12），頗富創意。除管理方便外，蜜蜂公寓還能用大卡車運送蜂群轉地飼育（圖 4.10-13），成為行動養蜂車（圖 4.10-14）。這種蜜蜂公寓的養蜂方式，僅需很小地方，即可飼養大量蜂群，適合在人口稠密的地區使用，或許可供臺灣蜂農參考。

▌4.10-8 卡尼阿蘭蜂
（Carniolan bee）

▌4.10-9 蜂箱前方木板的彩繪藝術

▌4.10-10 彩繪的藝術蜂箱

▌4.10-11 具文化特色的蜜蜂公寓

▌4.10-12 各種大小型的蜜蜂公寓

▌4.10-13 大卡車運送蜂群轉地飼育

▌4.10-14 轉地飼育的行動養蜂車

　　卡尼阿蘭蜂的腹部有一層灰毛覆蓋，蜂農稱為灰色的卡尼阿蘭蜂。這種蜜蜂又稱為淑女蜂（lady bee），性情溫和工作努力，定位能力強容易飼養，一般人喜歡把蜜蜂飼養在居家附近。因之鄰近國家蜂農原先飼養攻擊性較強的歐洲黑蜂（*Apis mellifera mellifera*），都逐漸改

養卡尼阿蘭蜂種。第一次世界大戰時期，斯洛維尼亞曾運送數千噸蜜蜂到歐洲飼養黑蜂地區。該國養蜂技術先進，目前仍有販售蜂王的交易，每年約有 3 萬隻蜂王，銷售到中歐及西歐各國。

斯洛維尼亞的諺語：「飼養蜜蜂是農業的詩篇（beekeeping is the poetry of agriculture）」，一千位斯洛維尼亞人中有四人是蜂農，這是世界紀錄。全世界各國，唯有斯洛維尼亞，對蜜蜂有如此深厚的戀情。他們早在 1873 年即成立了「斯洛維尼亞養蜂協會」，會址設在首都盧比安納附近的盧克維維（Brdo Pri Lukovivi）。當年協會之下有 200 個地區協會，共有蜂農 6,500 人。協會的主要任務為教育訓練蜂農，做為終身學習的一部分。每月發行養蜂通訊，出版專業書籍、規劃展覽、安排會議、專題討論，協助學校辦理活動、蜜蜂研習營及研討會等。除對大眾宣導蜜蜂的重要性和自然保育外，還宣傳蜜蜂產品是天然的健康食品，並加強推廣「蜂蜜早餐」（圖 4.10-15）。這種創意的蜜蜂產品銷售方式，值得臺灣蜂農學習。

4.10.3 斯洛維尼亞主辦國際 APIMONDIA 蜂會

2013 年國際 APIMONDIA 蜂會在的該國首都盧比安納（Ljubljana）召開，全世界有數千人參加。各國蜂農對斯洛維尼亞的養蜂特色都很感興趣，此後每年世界各國都有養蜂團體參訪。斯洛維尼亞的蜂農開放養蜂場及住家，供給觀光旅遊者參觀，形成該國國內觀光的特色。這種連接養蜂業及農業的觀光路線規劃，可提供臺灣觀光業界推展

▌4.10-15 斯洛維尼亞推廣的蜂蜜早餐（安守中攝）▌4.10-16 斯洛維尼亞規劃的養蜂場之旅的地圖

參考。

目前斯洛維尼亞養蜂協會總部設有蜂蜜研究室、養蜂圖書館、蜜蜂產品專賣店，並販售養蜂設備，建築物前方開發一個藥用植物園，以及三個傳統的蜜蜂公寓，設有 10 個房間及 20 張床可供住宿。在拉多夫利察（Radovljica），另有蜜蜂博物館，在布雷茲尼（Breznica）有揚沙的蜜蜂屋。養蜂協會規劃 12 條「養蜂場之旅」路線（圖 4.10-16），供遊客選擇，斯洛維尼亞共和國的養蜂事業，已發展為成熟的國家級觀光產業。

4.10.4 歐美的蜜蜂日

斯洛維尼亞共和國向歐盟建議將 5 月 20 日訂為世界蜜蜂日，除了歐盟成員國之外，歡迎全世界對此活動有興趣的國家參加。

早在 2009 年 8 月 22 日美國農部曾表揚對養蜂事業有貢獻的蜂農，同時發起「國家蜜蜂日（National Honey Bee Day）」，並訂在每年八月份的第三個星期六。當年已排出後續的紀念日期，2016 年 8 月 20 日、2017 年 8 月 19 日、2018 年 8 月 18 日、2019 年 8 月 17 日及 2020 年 8 月 22 日。

英國哥倫比亞省（British Columbia）為響應此項盛舉，紀念世界著名蜂農希拉里爵士（Sir E. Hilary），第一個探險成功攀登珠穆朗瑪峰，將他的生日 5 月 28 日訂為「國際蜜蜂日」（The International Day of the Honeybee）。另英國科學與天候全球新聞（Science and Weather Reporter Global News）記者模特拉（N. Mortillaro）報導：2011 年英國的薩斯喀徹溫省（Saskatchewan）及哥倫比亞省（Columbia）通過每年的 5 月 29 日為「國家蜜蜂日」（National Bee Day）。因此，英國有兩個紀念蜜蜂的節日。

近年來，世界各國先後發起感謝「蜜蜂及蜂農」對人類貢獻的活動，倡導並推展「世界蜜蜂日」或「蜜蜂宣傳日」概念。主要原因是由於發生蜂群衰竭失調症（Colony Collapse Disorder；CCD），此症造成全世界各國的蜂群大量死亡，對人類將產生極大的影響。美國在 2015 年曾因衰竭失調症損失 40% 蜂群，引起各國對於蜜蜂生態的高度關注。

4.10.5 結語

　　參加歐盟斯洛維尼亞共和國的世界蜜蜂日活動，了解該國對於養蜂事業的重視，許多特點值得借鏡，例如蜂蜜早餐，是促銷蜜蜂產品的一項創意活動。彩繪蜂箱具有文化特色，可吸引遊客。獨特的蜜蜂公寓，使養蜂場具有吸引力。卡尼阿蘭蜂，是各國養蜂事業想要改良蜂種的另一個選項。在政府協助下養蜂協會規劃 12 條「養蜂場之旅」路線，供遊客選擇，使養蜂事業成為國家級的精緻觀光產業。

　　看到斯洛維尼亞共和國的世界蜜蜂日活動，了解該國對於發展養蜂事業的用心規劃。特別製作一片微電影，除了紀錄參加活動的歷程，並介紹將該國的養蜂特色，如彩繪蜂箱、蜜蜂公寓、行動養蜂車、蜂場之旅的觀光地圖等，與讀者分享。本文於 2016 年 12 月 1 日刊登《中國養蜂》雜誌後，引起熱烈反應。

PART 5
蜜蜂與養蜂的資源

國際間具有哪些養蜂重要團體？哪些相關雜誌、書籍？精彩內容盡在本章。

5.1 國際養蜂重要團體：重要團體有 1. 國際蜜蜂研究會（International Bee Research Association; IBRA）。2. 國際養蜂者聯合會（International Federation of Beekeepers' Association; APIMONDIA）。3. 亞洲養蜂協會（Asian Apicultural Association; AAA）。4. 歐盟養蜂協會（European Professional Beekeepers Association; EPBA）。另外介紹美國的養蜂團體、英國的養蜂團體、中國的養蜂團體及其他各國的養蜂團體。

5.2 國際養蜂重要雜誌：中國出版的《中國蜂業》、《蜜蜂雜誌》。美國出版的 American Bee Journal，Gleanings Bee Culture。英國 IBRA 出版的 Bee World、Apicultural Abstracts、Journal Apicultural Research，及 International Conference on Tropical Bees。APIMONDIA 出版的 International Congress of Apiculture of APIMONDIA。Asian Apicultural Association 出版的 Asian Apicultural Association Conference。日本玉川大學出版 Honeybee Science。英國出版的 Bees Development Journal。

5.3 國際養蜂重要書籍：蜜蜂與養蜂的中文及英文書籍，是作者蒐藏及授課用的重要參考書，部分書籍已經絕版。中文書籍 12 本，包括范宗德，1959，《蜂話》。王金庸、王夢林、王潤洲主編，1997，《中醫蜂療學》。安奎、何鎧光、陳裕文，2004（1997），《養蜂學》。張復興主編，1998，《現代蜜蜂生產》。吳杰主編，2012，《蜜蜂學》等。英文書籍 16 本。Snodgrass, R. E. 1956. Anatomy of the Honey Bee. Morse, R. A. 1974. The Complete Guide to Beekeeping. Root A.I. 1974. ABC and XYZ of Bee Culture. Hodges, D. 1974. The Pollen Loads of the Honey Bee. Crane, E. 1976. Comprehensive Survey Honey. Erickson, E. H., S.D. Carlson and M. B. Garment. 1986. A Scanning Electron Microscope Atlas of the Honey Bee. 等。

5.1 國際養蜂重要團體

5.1.1 國際養蜂重要團體

1. International Bee Research Association; IBRA

國際蜜蜂研究協會，是養蜂學者的組織。有 180 多個國家參與。1949 年英國蜜蜂研究協會（BRA）正式成立。1976 年 BRA 改成 IBRA。該組織擁有世界上最大的蜜蜂及養蜂的科學資料庫，發行出版物及學術期刊。

發行三種雜誌：1950 年《養蜂文摘》（Apicultural Abstracts）、1952 年《蜜蜂世界》（Bee World）、1962 年《養蜂研究雜誌》（Journal of Apicultural Research）。1976 年在英國倫敦主辦首屆國際熱帶蜂會。1980 年在印度新德里舉辦第 2 屆蜂會。1984 年在肯尼亞內羅畢舉辦第 3 屆蜂會。1988 年在埃及開羅舉辦第 4 屆蜂會。1992 年在千里達及托巴哥共和國舉辦第 5 屆蜂會。1996 年在哥斯達黎加舉辦第 6 屆蜂會。2000 年在泰國清邁舉辦第 7 屆蜂會。2004 年，在巴西舉辦第 8 屆蜂會。

2. International Federation of Beekeepers' Association; APIMONDIA

國際養蜂者聯合會又稱國際蜂聯，是蜂農、養蜂業、養蜂學者的組織，是最大的國際養蜂組織。1893 年國際 APIMONDIA 蜂會委員會成立。目前總部設於義大利羅馬市。國際蜂聯之內設有：1. 會員大會。2. 科學委員會：包括蜂療委員會、蜜蜂生物學委員會、養蜂經濟學委員會、養蜂農村經濟發展委員會、蜜蜂健康委員會、授粉及蜜源植物委員會。3. 區域委員會：包括非洲委員會、美洲委員會、亞洲委員會、歐洲委員會、大洋洲委員會。

1897 年第 1 屆國際蜂會，在比利時布魯塞爾，有 636 人參加。配合世博會，有 10 個歐洲國家的 339 家廠商參加。1900 年第 2 屆蜂會，在法國巴黎，有 16 個歐美國家的 266 人參加。1902 年第 3 屆蜂會，

在荷蘭。1924 年第 7 屆蜂會在加拿大魁北克，有 900 多人參加。1977 年第 26 屆蜂會，在澳洲亞特蘭大舉行，有 45 個國家的 894 人參加，臺灣代表團首度參加此次國際蜂會。1995 年第 34 屆蜂會，在瑞士洛桑，有 72 個國家 1,598 人參加。2009 年第 41 屆蜂會，在法國的蒙彼利埃。每兩年召開一次國際蜂會暨國際養蜂博覽會。1965 年的會議，決定成立 APIMONDIA 出版社。1966 年出版 APIACTA 兩期。1967 年後每季出版一期。

3. Asian Apicultural Association; AAA

亞洲養蜂協會，是亞洲蜂農、養蜂業、養蜂學者的組織。目前會址在中國、北京。有亞洲、太平洋國家及地區，共 30 多成員國參加。該會設有科學委員會，內容包括蜜蜂生物學、蜜蜂病蟲害、蜜蜂與環境、蜜蜂授粉、養蜂技術、蜂產品與蜂療、養蜂經濟學、養蜂推廣教育。

每兩年舉辦一次亞洲養蜂大會暨博覽會，出版《亞洲蜂會論文集》。1992 年第 1 屆亞洲蜂會，在泰國曼谷舉行。1994 年第 2 屆蜂會，在印尼日惹舉行。1996 年第 3 屆蜂會，在越南河內舉行。1998 年第 4 屆蜂會，在尼泊爾舉行。2000 年第 5 屆蜂會，在泰國清邁舉行。2002 年第 6 屆蜂會，在印度班加羅爾舉行。2004 年第 7 屆蜂會，在菲律賓洛斯巴尼奧斯舉行。2006 年第 8 屆蜂會，在澳洲亞珀斯舉行。2008 年第 9 屆蜂會，在中國北京舉行。2010 第 10 屆蜂會，在韓國釜山舉行。2012 年第 11 屆蜂會，在馬來西亞瓜拉丁加奴舉行。2014 年第 12 屆蜂會，在土耳其安塔里亞舉行。2016 年第 13 屆蜂會，在沙特阿拉伯吉達舉行。2018 年第 14 屆蜂會，在印尼雅加達舉行。

4. European Professional Beekeepers Association; EPBA

歐盟成員國養蜂協會，沒有個人會員。組織成員包括專業蜂農及副業蜂農團體，可派代表參加歐盟會議，與歐盟的農業及環境相關部門舉行會議。會員國有法國、斯洛伐克、瑞士、瑞典、波蘭、愛爾蘭、愛沙尼亞、奧地利、塞浦路斯、希臘、匈牙利、芬蘭、德國、馬耳他、捷克共和國。

5.1.2 各國養蜂重要團體

1. 美國的養蜂團體

　　有美國養蜂聯盟（ABF）及美國蜂蜜生產者協會（AHPA）。美國養蜂聯盟是美國最大的養蜂組織，擁有超過 4,700 名會員，包括專業和業餘養蜂者、養蜂相關企業、研究機構、教育教學等多個方面。主要目標是打擊蜂蜜造假、促進人與蜜蜂和諧共處、保證蜂蜜食用安全、貫徹政府政策法規等，同時舉辦蜜蜂學術研討會、商業展銷洽談等內容的年會，至 2018 年已經 75 屆。美國蜂蜜生產者協會致力於維護和提升蜂蜜生產者的權利與利益，擁有超過 550 名註冊會員，這些會員包括從僅有 1~2 個蜂群的業餘愛好者，到擁有 80,000 個蜂群的大型專業蜂場。

　　美國計 47 州有州養蜂協會，通常有些州只有一個養蜂協會，如新墨西哥州養蜂協會、印第安那州養蜂協會、路易斯安那州養蜂協會等。有些州有一個以上的養蜂協會，如密西根州有州養蜂協會及密西根州東南養蜂協會。明尼蘇達州有明尼蘇達州蜂蜜生產商協會及明尼蘇達州副業養蜂協會。最多的是紐約州有 5 個協會，長島養蜂協會、紐約市養蜂協會、帝國蜂蜜生產協會、卡茨基爾山養蜂俱樂部、南阿迪朗達克養蜂協會。

　　美國選拔「蜂蜜女王及公主」是最大特色，發起於 1959 年，由美國養蜂聯盟贊助。每年從全國的大學生中選拔蜂蜜女王及公主，為美國的整個養蜂業代言。入選者可獲得高額獎學金，積極參與大量公眾活動，向社會尤其是兒童宣傳蜜蜂和蜂蜜的重要性。

2. 英國的養蜂團體

　　英國養蜂協會（BBKA）於 1874 年成立，協會下有許多地方協會，如北愛爾蘭人的阿爾斯特養蜂協會（UBKA），蘇格蘭人的蘇格蘭養蜂人協會（SBA），威爾士的威爾士養蜂協會（WBKA）。英國（UK）專業蜂農另外成立英國蜂農協會（BFA），目前代表約 450 家養蜂企業，成員在英國各地生產蜂蜜，並大量批發及零售。此外，該協會還

為種植大面積果樹的果農提供合同授粉服務。

3. 中國的養蜂團體

中國養蜂學會（Apicultural Science Association of China; ASAC）1979 年成立於北京，是由農業部批准的一級國家組織。1,380 個人會員，300 多團體會員，委員會及董事會委員來自於中國各主要養蜂省分，出版《中國蜂業月刊》。會址設在中國農業科學研究院蜜蜂研究所中，各省設有省分會。另有中國蜂產品協會。

4. 其他國家的養蜂團體

加拿大有九個養蜂協會，如多倫多省養蜂協會、魁北克省養蜂協會、曼尼巴省養蜂協會、安大略省養蜂協會等。愛爾蘭共和國的養蜂協會，有愛爾蘭養蜂協會聯合會（FIBKA）、愛爾蘭養蜂協會（CLG）。北愛爾蘭，主要有阿爾斯特養蜂協會（UBKA）及北愛爾蘭養蜂協會（INIB），還有愛爾蘭土著蜜蜂協會（NIHBS）及愛爾蘭巴克法斯特養蜂人協會（IBBA）。許多國家都有養蜂協會組織，目前用網路查閱非常方便。

5.2 國際養蜂重要雜誌

《中國蜂業》（Apiculture of China）月刊：中國農業科學院蜜蜂研究所及中國養蜂學會主辦。北京。1951 年創刊。	《蜜蜂雜誌》（Journal of Bee）月刊：雲南省農業科學院主辦。雲南。1981 年創刊。

American Bee Journal《美國蜜蜂雜誌》：1861 年 1 月創刊。美國達丹父子公司（Dadant and Sons, Inc.）出版。	Gleanings Bee Culture《蜜蜂文化》：美國魯特公司（A. I. Root）出版。

Bee World《蜜蜂世界》：英國 IBRA（International Bee Research Association）出版。2006 年停刊。	Apicultural Abstracts《蜜蜂文摘》：英國 IBRA 出版。1950 年創辦。

 Journal Apicultural Research《蜜蜂研究雜誌》：英國 IBRA 出版。	 International Conference on Tropical Bees《國際熱帶蜜蜂會議論文集》+《亞洲蜂會論文集》：亞洲養蜂協會（Asian Apicultural Association）與 IBRA 合辦。
 International Congress of Apiculture of APIMONDIA《國際 Apimondia 蜂會論文集》：國際蜂聯（APIMONDIA）出版。	 Asian Apicultural Association Conference《亞洲蜂會論文集》：亞洲養蜂協會出版。
 Honeybee Science《蜜蜂科學》；日本玉川大學出版。	 Bees for Development Journal《蜜蜂發展》：針對 130 開發中國家，英國出版。

Indian Bee Journal《印度養蜂雜誌》：印度養蜂協會出版	BeesThe New Zealand Beekeeper《紐西蘭養蜂雜誌》：紐西蘭養蜂協會出版

5.3 國際養蜂重要書籍

　　蜜蜂與養蜂的中文及英文書籍，是作者蒐藏及授課用的重要參考書，部分書籍已經絕版，僅供參考。

5.3-1 中文書籍

	書名、作者、出版年代及內容簡介
1	《中醫蜂療學》　王金庸、王夢林、王潤洲主編。（中國）
	1997 出版。編輯委員 258 人。全書 27 章 1226 頁。內容包括上篇、中篇、下篇。上篇有中醫蜂療史、蜜蜂簡介。中篇有蜂蜜與醫療、蜂花粉與醫療、蜂膠與醫療、蜂毒與醫療、蜂產品的加工技術。下篇有中醫蜂療與食療文化、中醫蜂療與美容、中醫蜂療與惡性腫瘤、中醫蜂療與類風濕性關節炎、中醫蜂療與前列腺肥大等。蜂療解決疑難雜症特殊療法系列的經典書籍。
2	《臺灣產蜜源植物圖說》（上）　安奎、鄭元春　著。
	1990 出版。全書 116 頁。內容以臺灣的蜜源植物為主。包括水稻、玉米、高粱、蕎麥、龍眼、荔枝、桶柑、柳橙、椪柑、茶、大葉桉、鴨腳木、鹽膚木、埔姜、油菜、向日葵、紫雲英等 35 種蜜粉源植物。分別記述學名、英名、科名、別名。性狀、分布、特性及養蜂價值。每種蜜源植物都附有多張精美圖片。臺灣第一本彩色蜜源植物專書。
3	《臺灣產蜜源植物圖說》（下）　安奎、鄭元春　著。
	1993 出版。全書 290 頁。包括蜜源植物與蜜蜂、影響花蜜分泌的因素、蜜源植物的調查、提高蜜源植物的利用價值、有毒的蜜源植物、蜜源植物各論。蜜源植物各論包括鳳梨、咸豐草、甘藍、蕎麥、馬櫻丹、月桃等，100 種蜜源植物。分別記述學名、英名、科名、別名。性狀、特性及養蜂價值。每種蜜源植物都附有多張精美圖片。臺灣第一本彩色蜜源植物專書。
4	《養蜂學》　安奎、何鎧光、陳裕文　著。
	1997 初版，2004 再版。全書 18 章 524 頁。包括養蜂學發展史、蜜蜂的種類、蜜蜂的外型及解剖、蜜蜂的行為、費洛蒙、蜜粉源植物、蜜蜂授粉、蜜蜂營養、養蜂管理、蜜蜂產品、蜜蜂中毒、蜜蜂病蟲害等。臺灣第一本部編大學用教科書。國立編譯館主編。
5	《與虎頭蜂共舞——安奎的虎頭蜂研究手札》　安奎　著。
	2015 出版。日本山根爽一博士校訂。全書 5 章 234 頁。照片 237 張。內容包括與虎頭蜂的一段情、虎頭蜂的祕密、虎頭蜂的防除、蜂螫的預防及處理、虎頭蜂與人類。臺灣第一本介紹虎頭蜂專書。
6	《蜜蜂學》　吳杰　主編。（中國）
	2012 出版。編輯委員 33 人。全書 13 章 860 頁。內容包括蜜蜂生物學、蜂群管理、蜜蜂育種、蜜蜂授粉、養蜂管理、蜜蜂毒理學、蜂產品加工、蜂業經濟發展、世界蜂業等。北京農科院蜜蜂研究所及大學專家學者編撰。中國蜜蜂與養蜂的經典專書。

	書名、作者、出版年代及內容簡介
7	《蜂話》 范宗德 著。
	1959 出版。全書 3 篇 217 頁。內容包括上篇蜜蜂、中篇養蜂、下篇蜂蜜。上篇有蜂種的由來、蜜蜂的視覺、蜜蜂的嗅覺與味覺、蜜蜂的生活、蜜蜂的分工、蜜蜂的生育等。中篇有養蜂始業、蜂群管理、進修。下篇有蜂蜜的成分、蜂蜜的醫藥價值、蜜蜂的古代記載、蜂蜜的吃法等。臺灣早期第一本養蜂進修專書。
8	《現代養蜂法》 范宗德 著。
	1997 出版。全書 10 章 186 頁。內容包括養蜂的目的、蜜蜂的生活、養蜂場、管理蜂群、天然分蜂、人工養王、臺灣的蜜源植物、蜜蜂的生理與病害、蜂蜜的分配等。臺灣第一本養蜂入門專書。
9	《中國蜜蜂學》 陳盛祿 主編。（中國）
	2001 出版。編輯委員 23 人。全書 22 章 777 頁。彩色圖片 71 張，花粉電顯圖版 16，含電顯照片多張。內容包括中國養蜂發展、蜜蜂種質資源、蜜蜂遺傳育種、蜜蜂生物學、蜜蜂生態學、蜜蜂的營養、蜜粉源植物、飼養工具、蜂群管理、育種育王、中華蜜蜂管理、蜜蜂授粉、蜜蜂病防治、蜂產品及加工、蜂業經濟管理等。浙江大學、北京農科院蜜蜂研究所及大學專家學者編著。中國蜂蜜與養蜂的經典專書。
10	《現代蜜蜂生產》 張復興 主編。（中國）
	1998 出版。編輯委員 26 人。全書 8 章 554 頁。內容包括世界養蜂概況、蜜蜂生物學、飼養管理、遺傳育、飼養工具、蜜源與蜜蜂授粉、蜜蜂病蟲害防治、蜂產品等。北京農科院蜜蜂研究所及大學專家學者編撰。中國蜂蜜與養蜂的經典專書。
11	《古代蜂業文獻譯註》 喬廷昆 主編。（中國）
	1995 出版。編輯委員 17 人。全書 5 章 284 頁。內容包括古代蜂業文選、古代蜂產品與飲食文化、古代蜂產品在醫療上的應用、古代蜜蜂圖畫。將中國古代文獻中，有關蜜蜂及養蜂的文選、詩詞、圖畫等，精選 150 篇。另外附有原文、名家註釋、白話譯文、作者簡介、年代。中國最早蜜蜂與養蜂文化的專書。
12	《蜜蜂的神奇世界》 蘇松坤 譯。（中國）
	2008 出版，原著陶茨（德國）。全書 10 章 275 頁。內容包括蜜蜂採集飛行的光流理論、蜜蜂與植物的共同演化、蜜蜂觸角與語言、蜂群溫度調整、處女王婚飛等，介紹最新的蜜蜂研究成果。原著翻譯成全球 10 種語文。

註：按作者姓名排序。

5.3-2 英文書籍

序	書名、作者、出版年代及內容簡介	書影
1	A Comprehensive Survey Honey. Crane, E.	
	1975 初版。全書 5 篇 19 章 608 頁。內容以蜂蜜為主。包括蜂蜜的生產、蜂蜜的特性、蜂蜜準備上市、蜂蜜是一般商品、其他的蜂蜜製品。蜂蜜的權威專書。英國 IBRA 的經典書籍。	
2	Bees and Beekeeping: science , practice and world resources. Crane, E.	
	1990 初版。全書 6 篇 16 章 614 頁。包括蜜蜂與養蜂的源流、活框養蜂、早期的蜂箱、維持蜜蜂的健康、蜜源植物與蜂產品、養蜂者等。英國養蜂學的權威專書。英國 IBRA 的經典書籍。	
3	Honey Bee Biology and Beekeeping. Caron, D. M. and L. J. Connor.	
	1999 初版，2013 第 3 版。全書 20 章 377 頁。圖片 539 張，用圖片說故事。內容以蜂蜜生物學為主。包括蜂蜜的解剖、蜂蜜的巢、蜂蜜的舞蹈、蜂蜜的費洛蒙、蜜源植物、蜂群管理、蜂蜜及蜂產品、蜂王交配、蜜蜂授粉、蜜蜂病蟲等。美國大學用教書。	
4	The Hive and The Honey Bee. Dadant and Sons.	
	1946 初版，1992 第 9 版修訂版。全書 27 章 1,324 頁。包括養蜂與蜜蜂的所有主題，每一章都由世界知名學者撰寫，美國養蜂與蜜蜂的權威專書。養蜂學的聖經。研究養蜂學必讀。	

序	書名、作者、出版年代及內容簡介	書影
5	Anatomy and Dissection of the Honeybee. Dade, H. A.	
	1962 初版，1977 再版。全書 2 篇 158 頁。圖片 41 張。圖版 20，含圖片多張。內容以蜂蜜的解剖為主。包括第一篇有消化器官、循環器官、呼吸器官、神經系統、生殖系統等。第二篇有解剖方法及儀器、解剖的實際操作、工蜂的解剖、雄蜂的解剖、蜂王的解剖等。有精細的手繪圖片及說明。蜜蜂解剖的專書。英國 IBRA 的經典書籍。	
6	A Scanning Electron Microscope Atlas of the Honey Bee.Erickson, E. H., S.D. Carlson and M. B. Garment.	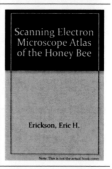
	1986 初版。全書 2 篇 292 頁。內容第一篇蜜蜂的自然史，第二篇顯微下的蜜蜂。包括蜂王圖版 44、工蜂圖版 41、雄蜂圖版 41，圖版有手繪圖或電顯照片多張。用掃描電子顯微鏡，呈現蜜蜂身體結構。最新蜂蜜解剖的權威專書。	
7	The Backyard Beekeeper. Flottum, K.	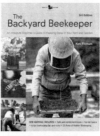
	2005 初版，2014 第 3 版。全書 5 章 207 頁。內容包括開始養蜂、認識蜜蜂、如何養蜂、蜂群管理紀錄、病蟲管理、關於蜂蠟、現代化管理。指導養蜂入門專書。現代副業養蜂入門暢銷書。	
8	The Pollen Loads of the Honey Bee. Hodges, D.	
	1952 初版，1974 第 3 版。全書 9 章 30 頁。彩色花粉顏色圖片 120 張，花粉粒圖版 30，含圖片多張。內容包括蜜蜂採集花粉的過程、開花時期、花粉團的色、花粉顏色變化的原因、用顏色鑑定花粉的處理、花粉顏色表的討論、顯微鏡檢查花粉粒等。蜜蜂採集花粉的權威專書。英國 IBRA 的經典書籍。	

序	書名、作者、出版年代及內容簡介	書影
9	Apitherapy. Khismatullina, N.	
	2005 初版。全書 3 章 207 頁。內容包括第 1 章俄國的蜂療概況。第 2 章蜜蜂產品,包括蜂蜜、蜂花粉、蜂膠、蜂王乳、蜂蠟。第 3 章蜂療效果,包括腸胃系統、心臟系統、泌尿系統、神經系統、呼吸系統等。本書記述作者的蜂療經驗。	
10	The Complete Guide to Beekeeping. Morse, R. A.	
	1972 出版。全書 14 章 219 頁。內容包括蜜蜂與養蜂、如何開始養蜂、四季管理、蜜蜂病蟲害及敵害、蜂王、主要及次要蜜源植物、蜜蜂授粉、蜜蜂生物學、蜂蜜酒等。副業養蜂入門專書。	
11	Honey Bee Pests, Predators, and Diseases. Morse, R. A.	
	1978 初版。Morse 主編。編輯委員 16 人。全書 19 章 424 頁。內容以蜜蜂病蟲害為主。包括細菌病、病毒病、真菌病、蠟蛾、蜂蟎、虎頭蜂、青蛙及蟾蜍、鳥類、哺乳類、生理病、植物中毒、預防方法等。每一章皆由專家撰寫。全面性並探討蜜蜂病蟲害的專書。	
12	The Rooftop Beekeeper. Paska, M.	
	2014 初版。全書 7 章 169 頁。內容有為什麼在屋頂養蜂?了解你的蜂群、蜂箱、如何飼養、採收蜂蜜、養蜂季結束了、蜂蜜食譜。是一位住在紐約的女生,體驗都市養蜂的全紀錄。現代副業養蜂入門暢銷書。	

序	書名、作者、出版年代及內容簡介	書影
13	ABC and XYZ of Bee Culture. Root A.I.	
	1877 初版。全書 712 頁。以英文字母 ABC 排列，便於查閱是最大特色。內容以蜜蜂與養蜂為主。包括早年所有的蜜蜂與養蜂問題，並配合手繪圖片及詳細說明。最古老的養蜂學經典之作。	
14	Honeybee Democracy. Seeley, T. D.	
	2010 初版。全書 10 章 273 頁。內容以蜜蜂分蜂群選擇新巢址為主。包括蜂群的生活、蜂群理的家、偵查蜂的辯論、同意一個新位址、建立共識、飛往新家、睿智的抉擇等。記述分蜂群的偵察蜂用民主方式，決定新位址的過程。研究蜜蜂行為的專書。	
15	Anatomy of the Honey Bee. Snodgrass, R. E.	
	1956 初版。全書 15 章 334 頁。手繪圖版 107，含圖片多張。內容以蜜蜂解剖學為主。包括蜜蜂的體節與肌肉、口器、胸部、足、雙翅、腹部、消化器官、循環器官、呼吸器官、神經系統、生殖系統、排泄系統等。精細手繪圖片及詳細說明，是最大特色。蜜蜂解剖學最早的經典之作。	
16	The Biology of the Honey Bee. Winston, M. L.	
	1987 初版，1991 再版。全書 13 章 281 頁。內容以蜜蜂生物學為主。包括蜜蜂的構造及解剖、蜜蜂的營及發育、蜜蜂築巢、蜜蜂分工、蜜蜂的化學世界、蜜蜂的通訊及定位、蜜蜂的採集、蜜蜂的繁殖、蜂王交配等。蜜蜂生物學的專書。	

附錄 1　主要參考資料

1. 王金庸、王孟林、王潤洲。1997。中醫蜂療學。1226 頁。瀋陽出版社。

2. 安奎、何鎧光、陳裕文。2004。養蜂學。524 頁。國立編譯館主編，華香園出版社印行。臺北。

3. 何鎧光。2002。蜜蜂研究三十年。臺灣昆蟲特刊 4：1-6。

4. 吳杰主編。2012。蜜蜂學。960 頁。中國農業出版社。

5. 范宗德。1959。蜂話。217 頁。仁和蜂場。

6. 范宗德。1967。現代養蜂法。186 頁。仁和蜂行。

7. 張复興主編。1998。現代養蜂生產。527 頁。中國農業大學出版社。北京。

8. 蔡聰明。1996。蜜蜂與數學，科學月刊 27（7），580-592。

9. 羅輔林、吳銀松、李淑瓊。2006。海峽兩岸蜂業交流回顧。蜜蜂與蜂產品研討會。臺灣昆蟲特刊 8，187-191。

10. 蘇松坤譯。2008。蜜蜂的神奇世界。275 頁。科學出版社。北京。

11. Caron, D. M. and L. J. Connor. 2013. *Honey Bee Biology and Beekeeping*. Wicwas Press. USA.

12. Cherbuliez, T. 1997. Bee Venom in Treatment of Chronic Disease. P213-220. In '*Bee Products: Properties, Applications, and Apitherapy*'. 269pp. by A. Mizrahi.and Y. Lensky. Plenum Press.

13. Collison, C. 2016. A Closer Look: Sound Generation and Hearing. 2016. Bee culture.

14. Crane, E. 1990. *Bees and Beekeeping: science, practice and world resources*. Cornell Univ. Press：Ithaca.

15. Crane, E. 1999. Recent research on the world history of beekeeping. Bee World 80（4）：174-186.

16. Dietz, A. 1992. Ch2. Honey bees of the world. p23-71. In "*The Hive and the Honey Bee*" Dadant Publication.

17. Dadant & Sons. 1992. *The Hive and the Honey Bee*. Hamilton, Ill., Dadant.

18. Dade, H. A. 1977. *Anatomy and Dissection of the Honeybee*. International Bee Research Association, London.

19. Erickson, E. H., S.D. Carlson and M. B. Garment. 1986. *A Scanning Electron Microscope ATLAS of the HONEY BEE*. The Iowa University Press. Ames, Iowa.

20. Feraboli, F. 1997　Apitherapy in Orthopaedic Diseases. P221-226. In　'*Bee Products: Properties, Applications, and Apitherapy*'. 269pp. by A. Mizrahi.and Y. Lensky. Plenum Press.

21. Gary, N. E. 1992. Chapter 8. Activities and behavior of honey bees. P269-361. In "*The Hive and The Honey Bee*". Dadant Publication.

22. Gould, J .L & C. G. Gould. 1988. *The Honey Bee*. Scientific Americans Library. New York.

23. Inoue & Inoue, 1964. The world royal jelly industry: present status and future prospects.

Bee World 45（2）：59-69.

24. Root,A. I. 1874. *The ABC and XYZ of Bee Culture*. The A. I. Root. Company, Medina, Ohio. USA.

25. Schmidt, J.O. and S. L. Buchmann 1992. Chapter 22: Other Products of the Hive. P927-988. In 'The Hive and the Honey Bee'. 1324pp. by J.M. Graham. Dadant & Son. Hamilton. U.S.A.

26. Seeley, T. D. 1995. *The Wisdom of the Hive*. Harvare Universtiy Press, Cambridge, England.

27. Seeley, T. D. 2010. *Honeybee Democracy*. Princeton University Press. Princeton and Oxford.

28. Snodgrass, R. E. 1956. *Anatomy of the Honey Bee*. Ithaca, Cornell Univ. Press.

29. Snodgrass, R. E. and E. H. Erickson 1992. Ch4. The Anatomy of The Honey bees. P103-169. In "*The Hive and the Honey Bee*" Dadant Publication.

30. Stangaciu, S.2002. The First German Congress for Bee Products and Apitherapy. 140pp.

31. Winston, M. L. 1987. *The Biology of the Honey Bee*. Harvard University Press： Cambridge.

32. Winston, M. L. 1992. The biology and management of Africanized honey bees. *Annu. Rev. Entomol*. 37:173-193.

附錄2 《蜂衙小記》

作者：棲霞 郝懿行
來源：光緒五年（1879）。本書存於美國史丹佛大學圖書館。

昔人遇鳥啼花落，欣然有會於心。余蕭齋岑寂，閒涉物情，偶然會意。率爾操瓢，不堪持贈，聊以自娛，作蜂衙小計十五則。

一、識君臣

蜂蟻皆識君臣，其長據謂之王，但蟻王比眾蟻魁大。蜂王獨么小。入群不見，而群中畏之。王居中，群衛其外。【王元之曰：王所居一臺，大如栗，俗曰王台】人欲薄而觀之，不可得。其王蒼黑色，形與常蜂差異，無毒，不螫，如麟角，然不觸，為德也。

二、坐衙

蜂所居曰衙，色如凝脂，密過蓮房，千門萬戶，累累如貫，亦號蜂房。蜂居常甚肅，及王作衙，則群響，應如官府，鹵簿呵殿，聲經時寂然矣。有朝暮兩衙，視官府獨較勤。嘗見昧旦，群蜂皆起，飛翔戶外。昔人詞云，暮衙蜂鬧，大抵暮衙，在日入時也。

三、分族

凡蜂盛極必分，分必以產其房之下銳處。先別垂一房，形如罾繭而小，淺黃色，中有小蜂王，若親子弟。然迨其生，不過十日，必分族而去矣【王元之曰：蜂居王台，生子其中，或三或五歲，分其族而去。山虻患其分也，以棘刺關於王台，其子盡死】。然數分則勢弱，固畜蜂之家，察其有若罾繭形者，摘去之，則勢強而蜜多。

四、課蜜

蜂所釀曰蜜，亦名百花饍。昔崔處士立護花幡，而陶家姊妹各攜花朵以報，謂服之延年。余謂此特花之糟粕耳，若蜜乃其精液也。凡釀蜜之法，必須鹹水和之。嘗見海邊有蜂往來，及人家陽溝中多有之。然蜂之采花者，不釀蜜。釀蜜者別一蜂，視常蜂差，肥大而黑，俗曰：蜜婦【列子曰：純雌其名稚蜂。按此蜂無毒也。陰陽變化錄曰：此蜂名將蜂，又名相蜂】。語婦者，或以能釀得名耳。如婦以酒食事人之義。詩曰：稚蜂趨衙，供蜜課。

五、試花

蜂之戀花，尤甚於蝶。凡花初開，其中有一點甘露芳馥之氣，蜂雖遠無不聞，

聞則纍至。蕊未吐，乃穴而入，藉露濡體，還裹其花。復穴而出，則體盡黃，著人衣，雖拂拭之不去也。風過竟體皆香。其尤勤者，貪裹不出，至體累垂不能舉，足股皆滿。然采花，而於花無損，故人亦不憎之。每春和景霽，簾影斜垂，鑪煙徐裊。聽蜂聲滿院，與禽聲互答，洵足樂也。詩曰：枝頭蜂抱，花鬚墜。又曰：花藥上蜂鬚，閒中逸趣，頗嘗親領。

六、割蜜

風善偷花，人善盜蜜。偷花以晝，蜂無廉節也。盜蜜以夜，人有禮義也。盜之之法，先用艾火熏之，蜂則皆辟聚一處，守其蜜，而不知人已盜之矣。割蜜須擇善割者，蜜盡而蜂不傷。然割之之法，亦無令其盡者，必留數停，使足禦冬，名曰蜂糧。待來年二月再割之，謂之歲察。割蜜時，多在初冬，晚者乃至仲冬。割後必剉稾秸，實其中，否則凍死矣。詩曰：天寒割蜜房，不言盜，諱之耶。

七、相陰陽

蟻冬居山陽，夏居山陰。蜂即不然，無冬夏，皆向陽迎暖，或易其戶使北向，多不育。雁以隨陽明陽鳥，然則蜂宜名陽蟲。

八、知天時

燕辟戊己，不以銜泥，人皆知之。乃畜蜂之家，謂分蜂之日，必是吉日，余驗之良然。又謂蜂忌老人，如有老人之家，蜂乃不蕃，此說余未之審【按王漁洋池北偶談，二十三載，謝皋羽晞髮集，有粵山蜂分日。記云：甌粵之南某山，其民老死，不知歲歷，惟戶養蜂，四時且暮，悉候之蜂之分也。其日必吉云云】。

九、擇地利

蜂所居必吉地，每分蜂時，或其自擇，或人家收養。既定居，蜂王必出戶周巡，群蜂隨之，得樂土，然後居停。畜蜂之家有吉祥善事者，其蜂大，蕃息大，約性潔淨，喜懊煖。凡蜂所居，每十餘日，必為掃除。不則，生蟲蠹。夏月須防守宮食之。其性大，較如此。然亦隨緣隨分，有時頗不揀擇，如寒鄉僻壤，屋宇湫隘，嘗見畜蜂者於竈徑旁，及鑿壁為穴居之，類雞塒然。

十、惡螫人

爾雅：蜂醜螫「螫－欲虫」【孝經援神契曰：蜂蠆垂芒】。蓋蜂之屬，嘗垂其腹以自休息，非欲螫也。猛虎在深山，不履其尾，則不咥人。惟蜂亦然，自求辛螫，其將焉咎。蜂既螫，即自拔出其毒，其蜂亦死。若虎失去牙爪，不能存活也。

十一、祝子

蜂祝而生者也。每祝子時，或破其房視之，中有子，僅如米粒，數日即成蜂矣。然其子非胎，非卵，亦非蜾蠃、螟蛉之比。竊疑蜂是化生，化乃以聲。其祝之之辭，亦當云，似我似我，但其兄弟，初不相見。莊生云：細腰者化，母有弟，而兄啼。解之者曰：母孕弟，則兄病也。然則，蜂有君臣，無兄弟。

十二、逐婦

畜蜂之家為余言，蜜婦於春夏釀蜜，秋冬即死。否則諸蜂亦必醢殺之，或逐出之。嗟乎以我禦窮，蜂乃不免。故余嘗謂蜂備數德，獨此節頗無足取。

十三、野蜂

蜂有野處者，或居古木及石壁中。亦作蜜，與常蜂等。而性野，喜螫，不及居人家者馴良也。余謂此種無官衛，止是山寨大王耳。

十四、草蜂

又有一種蜂，形細長，黃赤色。作房異常蜂，而蜜色純白，尤甘美，山中人有得而啖之者，然亦不多也。

十五、雜蜂

鄭康成註中庸蒲盧也，用爾雅文，謂蒲盧為蜂。即詩之蜾蠃也。形纖長，色赤，銜泥作房，上開一孔出入。余嘗見其醢青蟲，閉置房中，蓋螟蛉也，因歎詩人體物之工。又一種俗名土蜂，穴木以居，作房類蜾蠃，壺蜂者【楚辭：元蜂若壺】。形肥短，黍黑色，獨背上一點黃，俗名葫蘆蜂。又有所謂：陽溝蜂者，小於常蜂而黑，極調馴。白臉蜂者，類草蜂，而面白。此二蜂皆無毒，不螫。又一種長腳蜂，其踦獨長，其餘亦類白臉，而喜螫，則德不及也。蠮蜂者，蜂之最大者也，其房中藥材大如車蓋，此蜂最毒。俗云：有能斃牛者。

附錄 3 安奎教授的蜜蜂與養蜂報告

一、學術期刊

1. 何鎧光、徐爾烈、安奎。1980。蜜蜂蟹蟎的藥劑防治 I. 本省蜜蜂用殺蟎劑之調查及五種殺蟎劑對蜜蜂之毒性。國立臺灣大學植物病蟲害學刊。7:78-83。

2. 何鎧光、安奎。1980。蜜蜂主要病蟲彙報—I. 蜜蜂蟹蟎。國立臺灣大學植物病蟲害學刊。7:1-14。

3. 安奎。1980。臺灣蜜蜂微粒子病之研究。中國文化大學博士論文 76 頁。

4. 安奎、徐爾烈、何鎧光、嚴奉琰。1980。臺灣蜜蜂微粒子病之研究。II. 蜜蜂微粒子病之藥劑防治。國立中興大學昆蟲學報。15：203-210。

5. 安奎、何鎧光、嚴奉琰。1983。臺灣蜜蜂微粒子病之研究。III. 微粒子病之病理學及其對蜂王乳產量之影響。臺灣省立博物館年刊。26:63-86。

6. 鄭元春、蔡振聰、安奎。1986。臺灣蜜源植物之調查研究。臺灣省博物館年刊。29:117-155。臺灣省立博物館。

7. 安奎。1990。蜜蜂的種類。臺灣省立博物館年刊。33:55-76。臺灣省立博物館。

8. 安奎。1990。二十世紀初期臺灣省的養蜂事業。昆蟲學會會報。23:63-70。國立中興大學昆蟲學會。

9. 安奎、陳運造。1992。臺灣省立博物館「蠶與蜂特展」之評量及建議。博物館學季刊 6（2）:67-82。國立自然科學博物館。

10. 安奎、陳裕文、何鎧光。2002。虎頭蜂的危害及防除策略。蜜蜂生物學研討會專刊 125-136 頁（臺灣昆蟲特刊第四號）。臺灣昆蟲學會。

11. 陳裕文、劉瑞生、何鎧光、王重雄、安奎。2001。輕四環素防治蜜蜂美洲幼蟲病的效果。臺灣昆蟲 21:209-220。臺灣昆蟲學會。

12. An, J. k. and, K. K. Ho. 1980. Effects of Gubitol and its application methods on Honeybee Mite（*Varroa jacobsoni* Oudemans）in Taiwan. Honeybee Science（1980）1（4）：155-156. XVI Intern. Cong. Of Entomol. Abs.16-1,3:425.

13. An, J. k. and K. K. Ho. 1980. Studies on Nosema Disease of Honeybee（*Apis mellifera*）I. The Seasonal variations of *Nosema apis* Zanderin in Taiwan. Honeybee Science（1980）1（4）：157-158. XTI Intern. Cong. Of Entonol. abs. 16S-1,4:426.

14. Chen, S. H. , J. T. Tsai, J. K. An and Y. C. Jeng. 1984. Melitopalymological Study in Taiwan I. Taowama 29:121-140. Dept of Botany, National Taiwan University.

15. Chen, Y. W., C. H. Wang, J. k. An and K. K. Ho. 2000. Susceptibility of the Asian honey bee, *Apis cerana*, to American foulbrood, *Paenibacillus larvae larvae*. Journal of Apicultural Research 39（3-4）：169-175. IBRA.

16. Chen Y. W., S. R. Yeh, J. K. An and C. N. Chen. 2009. Plant Origin and Anti-bacterial

Activity of Taiwanese Green Propolis. 41th International Congress of Apiculture of APIMONDIA. France.

17. Chiang, C. H., J. K. An, Y. W. Chen and K. K. Ho. 2000. The bioassay technique to identify the quality of royal jelly . 7th IBRA Conference on Tropical Bees: Management and Diversity & 5th Asian Apicultural Association Conference. Tailand.

18. Chiang, C. H., J. K. An, and Chen Y. W. 2008. The Control of American Foulbrood Disease Using Oxytetracycline and Its Residues in Honey. The 9th Asian Apicultural Association Conference and Exhibition. China.

二、專業書籍

1. 安奎。1986。蜂螫與救治。28 頁。臺灣省政府教育廳。

2. 安奎。1986。小蜜蜂的大祕密。41 頁。臺灣省立博物館。

3. 安奎、鄭元春。1990。臺灣產蜜源植物圖説（上）。116 頁。臺灣省立博物館。

4. 安奎。1991。小蜜蜂的小祕密。36 頁。臺灣省立博物館。

5. 安奎、鄭元春。1993。臺灣產蜜源植物圖説（下）。290 頁。臺灣省立博物館。

6. 安奎、何鎧光。1997。養蜂學。部編大學用書。國立編譯館主編。444 頁。華香園出版社。

7. 安奎、何鎧光、陳裕文。2004。養蜂學（二版）。部編大學用書。國立編譯館主編。524 頁。華香園出版社。

8. 安奎。2015。與虎頭蜂共舞──安奎的虎頭蜂研究手札。234 頁。秀威資訊科技股份有限公司。

三、研討會報告

1. 尹平成、鄭清隆、黃添福、安奎。2004。臺灣養蜂協會現況。23-27 頁。海峽兩岸第四屆蜜蜂生物學研討會論文集。206 頁。中國養蜂學會。

2. 安奎、何鎧光。1990。蜜蜂傳染性病害與蟲害之發生及防治。有用昆蟲研討會。中華昆蟲特刊第五號。5:119-130。中華昆蟲學會。

3. 安奎、何鎧光。1993。蜂花粉的加工利用趨勢。蜂產品加工與利用研討會論文集。75-84 頁。苗栗蠶蜂業改良場。

4. 安奎、何鎧光。1999。東方蜂的開發潛力。臺灣養蜂業展望研討會專刊。60-69 頁。國立臺灣大學昆蟲系。

5. 安奎、盧思登、陳裕文。2000。臺北市主要胡蜂類的越冬族群研究。兩岸蜜蜂生物學研討會專刊。45-60 頁。國立臺灣大學昆蟲系。

6. 安奎。2004。養蜂事業的品質管制與行銷。14-18 頁。海峽兩岸第四屆蜜蜂生物學研討會論文集。206 頁。中國養蜂學會。

7. 安奎、蘇昆隆。2004。臺灣主要蜂產品的產銷。52-57 頁。海峽兩岸第四屆蜜蜂生

物學研討會論文集。206 頁。中國養蜂學會。

8. 安奎。2004。博物館與蜜蜂推廣教育。9 頁。第二屆海學兩岸科技與經濟論壇。386 頁。福建省科學技術協會等。福州。

9. 安奎、李麗玉。2008。臺灣養蜂產業的轉型。海峽兩岸蜂農專業合作社發研討會。南京。

10. 安奎。2012。尼勒克新疆黑蜂與旅遊文化。首屆新疆黑蜂論壇。新疆。

11. 安奎。2016。參加第 26 屆國際 APIMONDIA 養蜂大會紀實。2016 蜜蜂與蜂產品研討會論文集。26-31 頁。臺灣。臺中。

12. 安奎。2017。四十五年前臺灣的養蜂事業。2017 蜜蜂與蜂產品研討會論文集。28-37 頁。臺灣。苗栗。

13. 安奎。2018。1977「全國蜂蜜品嘗展示會」回顧。2018 蜜蜂與蜂產品研討會論文集。24-30 頁。臺灣。虎尾。

14. 李麗玉、安奎。2004。臺灣養蜂育種之理論與實務。93 頁。第二屆海學兩岸科技與經濟論壇。386 頁。福建省科學技術協會等。福州。

15. 李麗玉、安奎。2008。二十一世紀臺灣養蜂現況。海峽兩岸蜂農專業合作社發展研討會。南京。

四、專業報告

1. 安奎。1989。蜜蜂病蟲害之發生及防治。40 頁。臺灣省立博物館印行。

2. 安奎。2013。探索蜜蜂的神祕世界－概念規劃。期中報告。77 頁。小蜜蜂公司。湖北武漢。

3. 安奎。2014。小蜜蜂觀光工廠－整體規劃。期末報告。66 頁。小蜜蜂公司。湖北武漢。

五、一般期刊及雜誌

1. 安奎。1976。談蜜蜂微粒子病。農業推廣參考資料 134：1-2。中興大學農學院農業推廣會。

2. 安奎。1976。蜜蜂蜂王的病蟲害。農業推廣參考資料 134：2-4。中興大學農學院農業推廣會。

3. 安奎。1977。蜂王乳。臺灣養蜂通訊。臺灣省養蜂協會。

4. 安奎。1982。美國防治蜜蜂幼蟲病的變遷。興農 157：52-53。

5. 安奎。1982。蜜蜂病蟲害的鑑定及防治措施。科學農業 30（1-2）118-123。科學農業社。臺北。

6. 安奎。1983。蜜蜂、蜂蜜。臺灣畫刊。九月號：4-9。

7. 安奎。1984。蜜蜂幼蟲的新病害白堊病。農藥世界 7:8-10。農藥世界雜誌社。

8. 安奎。1984。蜂類的螫針和蜂毒。臺灣博物 3（2）6:57-58。臺灣省立博物館。

9. 安奎。1985。省產螫人毒蜂。農藥世界 28：20-24。農藥世界雜誌社。

10. 安奎。1985.11.10。虎頭蜂檔案 -1 有系統、最完整、最正確報告。中國時報。

10. 安奎。1985.11.11。虎頭蜂檔案 -2 促使蜂群螫人的因素。中國時報。

12. 安奎。1985.11.12。虎頭蜂檔案 3 蜂類螫針的奧秘。中國時報。

13. 安奎。1985.11.13。虎頭蜂檔案 -4 蜂類有什麼毒。中國時報。

14. 安奎。1985.11.14。虎頭蜂檔案 -5 行走山野如何防蜂螫。中國時報。

15. 安奎。1985.11.15。虎頭蜂檔案 -6 螫人蜂飛來了！怎麼辦？中國時報。

16. 安奎。1985.11.16。虎頭蜂檔案 -7 蜂螫後的處理與急救。中國時報。

17. 安奎。1985.11.17。虎頭蜂檔案 -8 蜂螫後的過敏與毒性反應。中國時報。

18. 安奎。1985.11.18。虎頭蜂檔案 -9 治地不如避地。中國時報。

19. 安奎。1986。認識虎頭蜂－兼談預防及急救。臺灣畫刊。元月號。10-13。

20. 安奎。1987。看圖認識蜂。臺灣博物 6（1）13:29-35。臺灣省立博物館。

21. 安奎、何鎧光譯。1989。為害蜜蜂的蟎類。科學農業 37（5-6）153-156。科學農業社。臺北。

22. 安奎。1989。蜂膠－蜂箱中的新產品（上）。蠶蜂業推廣簡訊 10：11。臺灣省農林廳蠶蜂業改良場。

23. 安奎。1989。蜂膠－蜂箱中的新產品（下）。蠶蜂業推廣簡訊 11：13。臺灣省農林廳蠶蜂業改良場。

24. 安奎。1989。巢礎的製造選擇及保存（上）。蠶蜂業推廣簡訊 12：7-8。臺灣省農林廳蠶蜂業改良場。

25. 安奎。1989。巢礎的製造選擇及保存（下）。蠶蜂業推廣簡訊 13：9-10。臺灣省農林廳蠶蜂業改良場。

26. 安奎。1990。蜂蜜酒。蠶蜂業推廣簡訊 14：13-14。臺灣省農林廳蠶蜂業改良場。

27. 安奎。1990。塑膠巢礎（一）。蠶蜂業推廣簡訊 16：13。臺灣省農林廳蠶蜂業改良場。

28. 安奎。1990。塑膠巢礎（二）。蠶蜂業推廣簡訊 17：7-9。臺灣省農林廳蠶蜂業改良場。

29. 安奎。1991。蜜蜂對人類的貢獻。臺灣農業雙月刊。27（1）:78-81。

30. 安奎。1991。封面故事 - 穿蜂衣。臺灣博物 10（4）：80。臺灣省立博物館。

31. 安奎。1992。春暖花開談蜜蜂。中央月刊。25（4）:93-97。

32. 安奎。1993。蜂膠的應用。蠶蜂業專訊 27：3-4。臺灣省農林廳蠶蜂業改良場。

33. 安奎。1993。蜂毒。蠶蜂業專訊 27：5-7。臺灣省農林廳蠶蜂業改良場。

34. 安奎。1994。蜜蜂的費洛蒙。科學月刊。25（4）:281-289。

35. 安奎。1996。如何預防蜂螫。環境有害生物防治通訊。24：1-4 頁。

36. 安奎。2003。穿蜂衣的故事。農業世界 241：44-49。農業世界雜誌社。

37. 安奎。2003。訪臺灣的虎頭蜂飼養場－兼談蜂螫的經驗。農業世界 244：71-77。

農業世界雜誌社。

38. 安奎。2004。養蜂場中的虎頭蜂。苗栗區農專訊 25：10-13。農委會苗栗農改場。

39. 安奎。2005。預防虎頭蜂的危害。苗栗區農專訊 30：13-16。農委會苗栗農改場。

40. 安奎。2007。休閒養蜂。苗栗區農專訊 39：12-15。農委會苗栗農改場。苗栗。

41. 安奎。2015。虎頭蜂的行為。苗栗區農專訊 71：20-24。農委會苗栗農改場。苗栗。

42. 安奎。2016。世界蜜蜂日。中國養蜂 67（12）：65-67 頁。北京。

43. 安奎。2020。黃雨之謎。農業世界 440：113-117 頁。臺灣。

44. 吳培基、安奎。1984。蜂螫及其處理。臺中榮總藥訊 1（2）1-3。

謝辭

本書於 2019 年 12 月甫完成初稿時，得知恩師國立臺灣大學何鎧光榮譽教授於 12 月中旬往生。原先預定請何老師校訂文稿，已經時不我與。何老師溫文儒雅的氣度及提攜後進的學養胸懷，永遠留在心中，致上無限感念及感謝。

《與蜜蜂共舞──安奎的蜜蜂手札》能夠順利完成，先要感謝養蜂協會翁文炳理事長授權，率領「臺灣養蜂代表團」參加 1977 年 10 月在澳洲亞特蘭大，舉辦的第 26 屆國際 APIMONDIA 蜂會。還要感謝密西根州立大學昆蟲系胡品納教授（Dr. Roger Hoopingarner）邀請，1985 年 3 月在美國密西根州養蜂協會的年會中，發表專題演講。

1999 年追隨何鎧光教授到大陸參訪，感謝中國農科院蜜蜂所張复興所長等熱忱招待，是兩岸蜂會開始交流的起點。2004 年 11 月帶團參加在武漢舉辦的第 4 屆兩岸蜂會，感謝中科院蜜蜂所張复興所長，及陳黎紅秘書長、吳杰、陳盛祿、繆曉青、房柱等，熱忱接待。2012 年 7 月參加尼勒克縣辦理的首屆新疆黑蜂論壇，感謝中國養蜂協會顏志立副理事長悉心安排。2016 年 5 月參加美國華府斯洛維尼亞大使館主辦的「世界蜜蜂日」活動，特別感謝美國華府知名作家安守中先生的精心安排。

國立臺灣大學昆蟲學系楊恩誠教授及準博士陳琬鎰，特別加工製作掃描式電子顯微鏡（SEM）蜜蜂照片，為本書增加質感。美國加州大學柏克萊分校的饒連財教授，提供 1962 年賴爾（Dr. Clay Lyle）博士在雲林斗六「榮民養蜂訓練班」的兩張黑白照片，極為珍貴，是歷史的見證。美國黃智勇教授、美國安守中先生、澳洲柯雷亞（Cassandra Correa）小姐、杜武俊教授、江敬皓博士、陳春廷博士、林俊聰先生、劉增城先生、林椿淞先生、Rei-rei 小姐、泰北臺商同鄉會程日德會長、湖北中國養蜂協會顏志立副會長，提供精采照片及圖片，為本書增添許多饒富生趣的佐證，特致謝忱。另外，特別感謝，英國 Mervyn Eddie（Trustee of IBRA）同意使用 Dade, 1977 圖片，美國 Cornell University Press 的 Tonya Cook（Subsidiary Rights Manager）授權使用 Snodgrass, 1956 圖片。

書成之後，蒙長榮大學前校長陳錦生、國際珍古德教育及保育協會（中華民國）理事長金恆鑣、國立臺灣大學昆蟲學系名譽教授吳文哲、國立中興大學昆蟲學系系主任杜武俊、國立宜蘭大學生物技術與動物科學系特聘教授陳裕文，以及臺灣蜜蜂與蜂產品學會理事長楊恩誠專文推薦，銘感五內。

最後，誠摯感謝親朋好友的支持與鼓勵，美國安守中先生特別抽空校稿，賢內助歐陽琇女士不厭其煩的再三除錯，是堅持信念完成本書的最大支撐力。

Do科學16　PB0041

與蜜蜂共舞
——安奎的蜜蜂手札

作　　者／安　奎
責任編輯／姚芳慈
圖文排版／陳秋霞、周好靜
封面設計／劉肇昇

出版策劃／獨立作家
發 行 人／宋政坤
法律顧問／毛國樑　律師
製作發行／秀威資訊科技股份有限公司
　　　　　　地址：114 台北市內湖區瑞光路76巷65號1樓
　　　　　　電話：+886-2-2796-3638　傳真：+886-2-2796-1377
　　　　　　服務信箱：service@showwe.com.tw
展售門市／國家書店【松江門市】
　　　　　　地址：104 台北市中山區松江路209號1樓
　　　　　　電話：+886-2-2518-0207　傳真：+886-2-2518-0778
網路訂購／秀威網路書店：https://store.showwe.tw
　　　　　　國家網路書店：https://www.govbooks.com.tw

出版日期／2021年3月　BOD一版　**定價**／590元

| 獨立 | 作家 |
| Independent Author |

寫自己的故事，唱自己的歌

讀者回函卡

與蜜蜂共舞：安奎的蜜蜂手札 = Dancing with
the Honey Bees / 安奎著. -- 一版. -- 臺北市：
獨立作家, 2021.03
　　面；　公分. -- (Do科學；16)
BOD版
ISBN 978-986-99368-5-9(平裝)

1.蜜蜂

387.781　　　　　　　　　　110001703

國家圖書館出版品預行編目